감
염
병

인
류

✳

감염병 인류

균은 어떻게 인류를 변화시켜왔나

초판 1쇄 발행 / 2021년 4월 5일
초판 3쇄 발행 / 2023년 5월 24일

지은이 / 박한선 구형찬
펴낸이 / 강일우
책임편집 / 이하림 배영하
조판 / 박아경
펴낸곳 / (주)창비
등록 / 1986년 8월 5일 제85호
주소 / 10881 경기도 파주시 회동길 184
전화 / 031-955-3333
팩시밀리 / 영업 031-955-3399 편집 031-955-3400
홈페이지 / www.changbi.com
전자우편 / human@changbi.com

ⓒ 박한선 구형찬 2021
ISBN 978-89-364-7867-4 03400

감염병 인류

박한선·구형찬 지음

창비

새로운 과거

코로나-19를 둘러싼 여러가지 희비극은 인류가 수없이 겪었던 사건의 재방송입니다. 우리는 백신과 항생제, 그리고 위생과 영양 개선 등을 통해 '이제 감염병으로부터 해방'되었다고 착각했던 것인지 모릅니다. 하지만 아닙니다. 1000만명이 넘게 결핵에 감염되어 있고, 매년 150만명이 결핵으로 사망합니다. 약 40만명이 말라리아로, 약 70만명이 에이즈로 매년 죽습니다. 5세 미만 아동 사망 원인 중 1위가 폐렴, 3위가 세균성 이질, 6위가 말라리아입니다. 5~14세 아동 사망 원인 중 3위가 말라리아, 4위가 에이즈입니다. 과거 우리 조상보다는 상황이 나아졌지만, 여전히 감염성 질환은 전체 사망의 약 25퍼센트를 차지합니다.

우리는 피할 수 없는 실존적 불안을 애써 외면하고 있었던 것일까요? 마이신 주사 한방이면 금방 낫는다고 믿고 싶었던 것일까요? 코로나-19는 얄팍하게 눈을 가리고 있던 보자기를 완전히 걷어젖혔습니다. 벌써 전세계에서 270만명이 죽었습니다(2021년 3월 기준). 기세가 전혀 꺾이지 않습니다.

바이러스와 질병의 이름이 확정되는 데도 한동안 진통을 겪었습니다. 우한폐렴이다, 아니다, 하면서 시대착오적인 코로나 예송논쟁이 벌어지기도 했습니다. 아직 바이러스의 정체도 제대로 밝혀지지 않았건만, 각국은 서로에게 책임을 전가합니다. 미국은 중국에 손해배상을 요구하고, 중국은 도리어 미국이 퍼트렸다고 의심합니다. 대구 신천지교회에서 집단발병하자 대구가 최초 발원지라는 터무니없는 주장도 있었습니다. 이태원 클럽이, 택배 물류센터가, 외국인 노동자가, 개척교회가, 정신병원이 차례대로 비난의 화살을 맞고 있습니다. 도움이 필요한 취약집단이 도리어 뭇매를 맞는 슬픈 현실입니다.

한때는 중국인의 입국을 막아야 한다며 논란이 커지더니, 곧 유럽 각국에서 도매금으로 동양인의 입국을 금지했습니다. 그러다 이탈리아와 스페인, 독일에서 창궐하자, 미국은 유럽인의 입국을 막았습니다. 그런데 이제는 미국의 환자가 가장 많은 지경입니다. 급기야 전세계 모든 국가가 다른 모든 국가에 대해 입국을 통제합니다. 그냥 다 같이 출국을 금지하자고 말하고 싶을 정도죠. 전세계를 하나의 지구촌으로 만들겠다는 장밋빛 미래. 그러나 이제 그 오랜 비전을 이야기하는 사람은 없습니다. 최악의 시나리오에 의하면

2020년에 태어난 아이는 평생토록 외국에 가보지 못할 수도 있습니다.

한 나라 안에서도 갈등이 첨예하게 벌어집니다. 대구를 봉쇄하라는 주장이 나돌더니, 특정 종교와 특정 집단에 대한 공격적 반응이 쏟아져 나옵니다. 축구경기를 보듯이 방역에 '실패했다' 혹은 '성공했다' 하면서 국가간 순위를 매깁니다. 같은 병을 앓는 병동 내 환자가 서로의 치료 경과를 두고 으스대는 꼴입니다. 2020년 12월 말 현재 전세계에서 170만명이 죽었고, 앞으로 얼마나 더 죽을지 모르는 일입니다. 팬데믹은 이제 시작된 것에 불과합니다. 인류가 겪은 어떤 팬데믹도 단기간에 종결된 적이 없습니다. 짧아도 몇년, 길면 수백년을 유행했습니다. 영화의 예고편을 보았을 뿐입니다. 이 와중에 세계가 '한국의 방역을 보고 부러워한다'는 식의 국가주의적 보도는 참 이상한 일입니다. 소위 'K-방역'을 찬양하려면, 몇년 이상 천천히 지켜보아도 늦지 않습니다. 미국 다음에 인도, 브라질… 게다가 아프리카는 제대로 된 통계조차 없습니다. 어떤 나라가 다시 '1위'를 차지해도 전혀 이상하지 않습니다. 물론 우리나라가 될 수도 있습니다.

터무니없는 민간요법이 난무합니다. 심지어 한 국가의 지도자가 먼저 나서 검증되지 않은 치료법을 전파합니다. 지푸라기라도 잡는 심정으로 전세계에서 온갖 약물이 임상시험되고 있습니다. 2020년 4월 3일 프랑스 텔레비전의 한 토론에서 파리 코생병원의 집중치료실장 장-폴 미라(Jean-Paul Mira)와 카미유 로슈(Camille Locht)

프랑스 국립보건의학연구소(INSERM) 연구부장은 아프리카에서 코로나 치료제 임상시험을 하자고 주장했습니다.

아프리카인의 목숨은 더 가볍다는 뜻일까요? 괴짜의 돌발발언 같지만, 사실 임상연구에서 벌어진 인종차별의 역사는 제법 깁니다. 20세기 중반, 미국 공중보건국의 존 커틀러(John Cutler) 박사는 매독 연구를 위해서 일부러 흑인에게 매독 감염 사실을 숨기고 경과를 관찰하기도 했고, 과테말라의 죄수와 성매매 여성 등에게 매독을 고의로 감염시키기도 했습니다. 연구는 1972년까지 지속되었죠. 일본에서 위인으로 추앙받는 세균학자 노구치 히데요(野口英世)도 미성년자에게 매독균을 '동의하에' 감염시킨 바 있습니다. 지금도 자칫하면 일어날 수 있는 일입니다. 이른바 '대'를 위해서 '소'를 희생하자는 주장은 죽음의 공포를 겪는 집단이 가장 먼저 주장하는 '악'입니다.

인류를 괴롭히는 1400여종의 병원체 대부분은 인류 스스로 불러들인 녀석들입니다. 의도한 것은 아니지만, 인류의 진화사는 곧 감염병의 진화사입니다. 인류 스스로 끊임없이 감염병을 만들고, 그러고는 만들어낸 감염병을 두려워하고, 그 원인을 애꿎은 곳에 전가하면서 증오와 혐오, 공포에 시달렸습니다. 그러면서 효과가 미심쩍은 규율과 규칙, 교리와 의례를 만들어, 그걸 지키지 않는 사람을 배제하고 추방하고 죽였습니다. 이러한 증오는 집단 수준에서 거대하게 증폭됩니다. '왜 너희는 우리와 다른 규칙과 교리를 가지고 있냐'면서 서로 미워하고 싸우고 죽이기를 반복했습니다.

조너선 스위프트(Jonathan Swift)는 『걸리버 여행기』에서 이렇게 말했습니다.

계란을 먹기 전, 더 굵은 쪽 끝을 깨는 것이 모두가 지키는 예법이었습니다. 그런데 현 국왕폐하의 조부께서 소년 시절에 오랜 관습에 따라 껍질을 깨다가 손가락을 베이고 말았습니다. 그러자 황자의 아버지인 국왕폐하께서 계란의 가는 쪽 끝을 깨야 하며 위반 시에는 엄벌에 처한다는 포고를 내리셨습니다. 백성은 이 법에 몹시 분개하였고, 그 문제로 폭동이 여섯번 일어났습니다. 어느 국왕은 목숨을 잃었고, 어느 국왕은 왕좌를 잃었습니다. (…) 가는 쪽 끝으로 계란을 깨느니 차라리 죽음을 감수하겠다고 한 사람의 수가 1만 1000명이었습니다. 이 논쟁을 다룬 두꺼운 책이 수백권 출간되었지요. 그러나 '굵은 쪽 옹호자'의 책은 오래전에 금서가 되었고, 그쪽 무리 전체가 법에 따라 공직에 진출할 수 없게 되었습니다. (…) 하지만 브룬드레칼 54장에 나오는 대예언자 러스트로그의 말에 의하면 "진실한 신자는 편한 쪽으로 계란을 깰지어다"라고 했죠. (…) 이로 인해 피비린내 나는 싸움이 계속 일어났던 것입니다. 지난 36개월간 해군과 육군 3만명을 잃었습니다.[*]

---

[*] Jonathan Swift, *Gulliver's Travels into Several Remote Nations of the World*, Willoughby & Company 1825, 57~58면.

당시 유럽사회를 풍자한 글이죠. 그런데 계란 깨기 관습의 시작에 주목해봅시다. 귀한 옥체에 상처가 났다네요. 혹시 이차감염으로 인해 덧나기라도 했던 것일까요? 조선시대 문종과 정조는 종기가 덧나 사망했습니다. 세종은 아들의 종기가 걱정되어 죄인을 모두 사면한 적도 있습니다. "도죄(徒罪, 도형(徒刑)에 상당하는 죄) 이하의 죄를 저지른 자는 이유와 판결 여부를 막론하고 모두 사면"하라고 했습니다. 혹시나 억울한 죄인의 한이 세자의 종기를 부른 것이 아닐까 걱정한 것이죠. 하지만 효과는 없었습니다.

아니, 종기가 난다고 죽기까지야? 그러나 문종의 등에 난 종기는 작은 여드름이 아니었습니다. 무려 직경이 한자에 달했죠. 문종은 즉위 2년 만에 죽습니다. 정조도 종기가 난 지 24일 만에 승하합니다. 나라에서는 종기만 치료하는 치종의를 양성하고, 치종학서를 편찬합니다. 사정이 이러니 계란 깨는 방법을 선포한 소인국의 일이 터무니없어 보이지만은 않습니다.

혹시 인류가 가진 수많은 종교적, 문화적, 사회적 관습도 감염을 예방하려는 목적에서 시작된 것이 아닐까요? 인류사회의 다양한 강박적 관습은 합리적이지 않습니다. 그러나 그 기원으로 올라가면 분명 약간은 '합리적인' 이유가 있었는지도 모릅니다. 그러나 약간의 합리적 이유(가는 쪽으로 계란 깨기)가 질병과 죽음에 대한 원시적 공포와 결합하면 전혀 합리적이지 않은 일이 벌어집니다. 굵은 쪽으로 계란을 깨야 한다며 순교를 각오하고, 서로 미워하고 싸우고 죽이는 일이 벌어지는 것입니다.

'인플루엔자'(influenza)는 원래 이탈리아에서 유래한 말입니다. 라틴어 '인플루엔티아'(influentia)는 '흘러들어간다'는 뜻인데, 하늘의 별이 인간의 삶에 '흘러들어' 영향을 준다고 생각한 것입니다. 건강과 질병도 다 하늘의 뜻이었죠. 1743년 이탈리아의 전염병이 유럽으로 퍼지면서 '인플루엔자'라는 단어도 같이 전파됩니다. '코로나바이러스'(coronavirus)라는 이름도 별에서 유래합니다. 태양 주위에 나타나는 왕관 모양의 광원을 '코로나'라고 하죠. 원래 코로나(corona)는 왕관을 말하는데, 태양 주변에 빛나는 광원이 서양 왕관과 닮았기 때문에 코로나라는 이름이 붙었습니다. 그런데 바이러스의 전자현미경 사진을 보니, 마치 태양의 코로나를 연상시켰습니다(사실 왕관과는 별로 닮지 않았죠). 그래서 '코로나바이러스'라고 명명됩니다. 그런데 흥미롭게도 재난을 뜻하는 '디재스터'(disaster)도 비슷한 어원을 가집니다. '디스'(dis)는 부정적인 상태를 뜻하는 말이고, '아스트로'(astro)는 별을 뜻하죠.

이 책에서 다루는 이야기는 바로 '별'에 관한 이야기입니다. 저 하늘의 고장난 별, 즉 인플루엔자와 코로나바이러스 등 전염병의 이야기, 그리고 그로 인한 인간의 고통과 슬픔, 편견과 미움, 질병과 죽음에 관한 이야기, 즉 '디재스터'의 이야기입니다.

우리 사회의 천문이 좋지 않습니다. 기후변화와 생태계 파괴, 과도한 가축화, 도시화, 세계화, 집중화된 의료시스템, 항생제 남용 등이 불러온 '천체의 고장난 운행'입니다. 그러나 분명 천재(天災)는 아닙니다. 인류 모두가 '힘을 합쳐 이룩한' 인재(人災)입니다. 놀란

닭처럼 우리는 서로에게 날갯짓하면서 책임을 떠넘기고, 효과가 불분명한 각종 규율을 만들고, 그 규율을 어기지는 않는지 서로를 감시합니다. 우리 스스로 가택연금을 시키고, 또 당하고 있습니다. 이런 식으로 몇년 지나면 마스크 의무착용법이나 외출금지법이 제정될 것 같습니다. 만약 혹시라도 100년 넘게 팬데믹이 지속되면 마스크는 마치 속옷과 비슷한 문화적 의미를 가질지도 모릅니다. '어떻게 야만인처럼 입과 코를 드러내고 다니느냐'라고 할지도 모르죠. 부부가 되어야 비로소 마스크를 벗고 민낯을 보여주는 문화가 생기는 것입니다. 공상과학소설 같다고요? 글쎄요. 코로나-19가 물러가도 사람들은 쉽사리 마스크를 벗으려 하지 않을 것입니다. 물론 강박적인 위생규율과 서로에 대한 감시, 집단 사이의 미움과 혐오도 쉽사리 사라지지 않을 것입니다.

이 와중에 종교집단이 주목받는 일도 종종 일어납니다. 코로나-19로 인해 큰 어려움을 겪는 분을 돕고 위로하는 데 종교인이 발 벗고 나서고 있기 때문이라면 좋겠지만, 실상은 그렇지 않습니다. 오히려 특정 종교단체의 집단활동과 함께 감염병이 확산하는 일이 계속되기 때문입니다. 특히 2020년 2월과 3월에는 '신천지'라는 이름의 종교단체를 중심으로 감염자가 폭증했고, 그 이후로는 개신교 계열의 몇몇 교회와 선교단체를 중심으로 집단감염이 계속 발생하고 있습니다. 방역당국이 권고한 이른바 '거리두기'의 지침을 제대로 따르지 않고 각종 모임을 강행한 것이 문제였습니다. 환자 및 그와 접촉했던 사람의 건강과 생명이 위협을 받게 되고 방역과 역학조사에도 많은 사회적 비용이 지출되어야 했습니다. 당연히 해당 종교단체에 대한 비난 여론도 커졌습니다.

종교는 한명의 개인이 아니라 여러 사람의 상호작용과 집단활동을 통해 구체화되는 문화현상입니다. 여럿이 모이는 것 자체가 특별한 종교적 경험이 되기도 합니다. 이해할 수 있는 일입니다. 집단활동을 통해 특별한 경험을 하는 경우는 드물지 않으니까요. 많은 사람이 함께 모여 월드컵 축구경기를 응원하거나, 유명 가수의 공연을 보면서 '떼창'을 하거나, 이런저런 이유로 광장에 나가 촛불이나 태극기를 들었던 기억을 떠올려봐도 좋겠습니다. 여러 사람이 모여서 하는 집단활동은 종교적으로도 큰 의미를 가집니다. 그래서 종교 대부분은 신자를 일정한 공간에 모아, 정해진 의식을 행하거나 기도를 하게 하고, 종교적인 이야기를 듣고, 함께 식사하는 집단활동을 권장합니다. 종교적 삶의 핵심이 바로 이러한 집단활동에 있다고 보아도 좋을 정도입니다.

그런 점에서 집단활동을 최대한 줄이도록 하는 '사회적 거리두기'는 코로나-19의 팬데믹 상황에서 종교단체가 직면하는 최우선 해결 과제입니다. 지금까지의 경험에 비추어 볼 때 집단활동이 없는 종교는 상상하기 어렵습니다. 하지만 이런 어려움에도 불구하고, 많은 종교단체가 자발적으로 모임을 줄이고 팬데믹 상황에 더 적합한 신앙생활을 찾고자 노력 중입니다. 흥미로운 움직임입니다. 하지만 오래 지속할 수 있을까요? 종교가 오랫동안 중요하게 여겨온 규칙이나 관행이 그리 쉽게 바뀔 리 없습니다. 그리고 그러한 변화가 종교적으로 혹은 사회적으로 바람직한 일인지도 고민스럽습니다.

종교인은 꼭 지켜야 하는 일이 있습니다(물론 모두가 다 지키는 것은 아닙니다만). 예를 들면, 식사 혹은 취침 전에 기도해야 합니다. 하루 중 여러번 시간을 정해, 정해진 곳을 향해 절을 하기도 합니다. 종교에서 정한 규칙을 어기면 정해진 절차에 따라 참회합니다. 정해진 날에, 정해진 장소에 모여 의식을 가지는 것도 종교인의 의무 중 하나죠. '독실한 신앙인'일수록 그런 규칙과 관행을 충실하게 지킵니다. 이를 어기면 죄책감을 느낍니다. 뭔가 불행한 일이 일어날 것 같아 불안합니다. 외부인의 눈으로는 좀처럼 이해하기 어려운 강박적 죄책감이자 파국적 불안입니다.

지크문트 프로이트(Sigmund Freud)는 이에 대해 뭐라고 했을까요? 1907년 프로이트는 「강박행동과 종교행위」라는 논문을 발표합니다. 종교에 관해 쓴 첫번째 논문이죠. 종교적인 관행을 따르는 일이 강박장애를 겪는 사람의 행위와 흡사하다는 것입니다. 이미 깨끗한 손을 반복해서 씻거나, 어떤 물건의 배치와 균형이 흐트러지지 않게 정성을 기울이거나, 방금 닫은 문이 제대로 닫혔는지 반복적으로 확인하는 등의 행동은 강박장애의 전형적인 양상입니다. 그런데 종교의례에서도 비슷한 행동이 보입니다. 특정 행동을 실제로 필요한 수준 이상으로 더 많이 반복한다는 점, 그리고 그 행동을 제대로 하지 않으면 불안해진다는 점도 강박행동과 종교의례에서 공통적으로 보이는 현상입니다.

종교인이 꼭 지켜야만 한다고 여기는 규칙이나 관행에는 '해야 하는 일'에 관한 것도 있고, '하면 안 되는 일'에 관한 것도 있습니다. 절대 하지 말라며 금지하는 것이죠. 유대-기독교의 '십계명(十誡命)'은 거의 모든 계명이 바로 금지의 계명입니다. 불교 계율의 가장 근본이 되는 '오계(五戒)'도 마찬가지입니다. 살생, 도둑질, 사음, 거짓말, 음주 등 다섯가지 행동을 금하고 있죠.

종교적 규칙과 관행은 두려움을 동반합니다. 위반행동이 불러오는 처벌이나 불행에 관한 막연한 불안입니다. 내적 불안으로 한정되지 않습니다. 다른 사람을 비난하거나 저주하는 행동으로도 나타납니다. 종교인은 종교규범에 어긋나는 일을 보면 마음이 편치 않습니다. 종교에서 금지한 성적 행동이나 음식은 위험하고 더럽고 역겨운 것이라고 믿습니다. 이러한 믿음은 자칫 자신과 다른 신앙을 지닌 사람에 대한 편견이나 차별, 그리고 배제나 폭력으로 나타날 수도 있습니다. 유럽사회에서 일어났던 마녀사냥이나 십자군전쟁이 바로 그 예입니다. 기독교만의 이야기가 아닙니다. 유교사회였던 조선 후기, 천주교 박해로 수많은 사람이 죽었습니다. 유교적 규범의 위반이 불러온 거대한 사회적 차별과 폭력의 사례입니다. 역사적으로 세계 어디서나 끊이지 않았던 종교적 박해, 즉 신의 이름으로 타인을 죽이고, 다른 문화를 말살하던 종교사적 비극의 심리 동기가 바로 이것입니다.

아니, 종교는 사랑과 자비를 이야기하지 않느냐고요? 네, 그것도 맞습니다. 종교적 행동은 우리를 보다 사회적으로 행동하게 해주기도 합니다. 그러나 이러한 '우리' 사이의 친사회적 행동을 촉진하는 메커니즘은, 동시에 '그들'에 대한 편견, 차별, 배제, 폭력으로 발전하기 쉽습니다. 장기화한 감염병이 촉진할 강박적인 위생규율, 타인에 대한 감시, 집단 사이의 미움과 혐오 등이 만약 기성 종교와 결합하게 된다면 혹은 새로운 종교적 믿음으로 발전한다면 과연 어떤 일이 벌어질까요? 개인의 건강, 집단의 보건을 넘어 인류문명 자체에 대한 심각한 불안 요인입니다. 바이러스에 관해 수많은 의사와 과학자가 밤을 새워가며 연구하고 있습니다. 그러나 더 큰 문제는 바이러스 밖에서 일어나고 있습니다. 바로 인간입니다. 인간 본성(human nature)과 휴머니티(humanity), 즉 '인간다움'에 관한 다양하고, 폭넓고, 신선하고, 냉정한 성찰이 필요합니다.

이 책의 구성

이 책은 감염병의 탄생과 기나긴 진화사, 병원체와 면역체계의 진화, 행동면역체계의 진화, 혐오·배제·추방의 시작, 오염과 죽음에 대한 개인적 공포가 부른 정신병리, 그리고 감염병에 대한 사회문화적 공포가 부른 금기와 관습을 다룹니다. 또한 최근에 현대의학이 이룬 혁신이 어떤 의미에서 엄청난 파열음을 일으키고 있다는 사실을 다루고, 혐오와 배제의 심리가 어떤 인지적 과정을 통해 나타나는지 이야기합니다. 그리고 사회적 거리두기의 인류사와 앞으로 일어날 미래의 일을 예측해보고, 새로운 뉴노멀의 시대를 조망해봅니다.

1장에서는 코로나-19의 다양한 역설적 상황을 감염균의 입장에서, 그리고 사회적인 입장에서 조망합니다. 대단히 불행한 상황이며, 지금도 현재진행형입니다. '무엇을 아는지 또 무엇을 모르는지' 알아야 합니다. 그래야 희망, 그리고 절망이 무엇인지 이야기할 수 있습니다.

2~4장은 아직 인간이 지상에 발을 내딛기 이전부터 인간이 되어가는 과정에서 있었던 감염병과 면역의 공진화에 관한 이야기입니다.

2장은 감염병의 탄생에 대해 다룹니다. 인류만 감염병에 걸리는 것은 아니지만, 유독 인류는 다양한 감염병에 많이 걸립니다. 인류의 선조가 의도했던 일은 아니겠지만, 결과적으로 인류가 자초한 일입니다. 수만년 전부터 일어난 일이었죠. 점점 신종 감염병의 출현 주기가 짧아지고 있습니다. 조만간에 도무지 손을 쓸 수 없는 특이점이 올지도 모릅니다.

3장은 병원체와 면역의 군비경쟁 중 공격하는 쪽, 즉 병원체에 초점을 맞춰 이야기합니다. 바이러스, 박테리아, 진균… 이런 것들에 관심 없고, 그냥 병원체로 뭉뚱그려 생각하면 그만이라는 분은 바로 다음 장으로 넘어가도 좋습니다. 정상 세균총과 기생충, 박테리아, 바이러스에 대해 인류 진화와 관련하여 정리해봅니다. 불과 옷의 발명이 부른 뜻밖의 감염병 재앙은 아주 인기 있는 이야기이기도 합니다.

4장은 방어, 즉 면역계에 관한 이야기입니다. 어려운 이야기입니다. 골치 아프면 과감하게 넘겨도 좋습니다. 선천면역과 획득면역 등 인간의 면역계는 복잡한 시스템을 가지고 있습니다. 골수와 흉선, 림프선, 림프절, 비장, 점막 등이죠. 인류는 다양한 병원체, 즉 기생충, 박테리아, 바이러스 등과 공진화해왔습니다. 여러종류의 백혈구와 항체, 사이토카인 등이 활성화되고, 그 와중에 뜻밖의 신체적 질병도 생길 수 있습니다. 이 장은 인류가 오랜 세월 동안 빚어 만든 다양한 면역체계에 관해 이야기합니다. 아울러 면역체계가 왜 종종 과도하게 활성화되는지 설명합니다. 기생충 박멸이 부른 알레르기 역습에 관심을 가지는 분이 제법 있을 겁니다. 젊은 사람 다섯 중 하나꼴로 알레르기가 있으니까요.

5~8장은 인류가 두뇌를 얻으면서 일어난 독특한 면역체계, 감염균과의 싸움을 통해 빚어진 인간성에 관한 이야기입니다.

5장은 행동면역체계에 관한 이야기입니다. 행동면역은 신체적 면역과 좀 다릅니다. 별도의 면역조직이 없습니다. 인간의 중추신경계, 특히 뇌를 빌려 씁니다. 백혈구나 항체, 사이토카인 대신 정서나 인지, 행동반응을 활성화합니다. 일반적인 면역계처럼 잘못된 신호를 받아 과도하게 활성화되기도 하고(알레르기), 우리 자신을 공격하기도 합니다(자가면역). 이 책의 가장 핵심적인 부분이라고 할 수 있습니다.

6장은 행동면역체계의 과활성화와 관련된 인류사적 비극에 관한 이야기입니다. 인류의 탄생을 다루는 오랜 고전이나 신화를 보면 온통 감염병의 이야기로 가득합니다. 역병이 유행하여 떼죽음을 당하고, 온 몸에서 진물이 흘러 신을 저주하고… 그러면서 치료법과 약을 찾아 방황합니다. 신화와 역사에 등장하는 전염병, 그리고 추방, 배제, 혐오의 이야기를 통해서 감염병을 막으려는 강력한 심리가 태곳적부터 자리했음을 살펴봅니다.

7장은 사회문화적 수준에서 일어나는 감염병 회피 전략에 대해 다룹니다. 인류의 수많은 관습은 알고 보면 질병을 막기 위해 만들어진 것인지도 모릅니다. 음식 관련 금기, 의례, 관습, 성적인 터부(taboo)에 이르기까지 여러 사회적, 종교적 현상을 행동면역체계의 문화적 발현이라는 관점에서 알아봅니다.

8장은 감염병 회피 전략의 사회적 부작용에 대해 이야기합니다. 오염강박을 가진 사람의 마음속에서 무슨 일이 벌어지는지, 감염병 상황에서 그러한 현상이 혐오와 배제로 이어지는 과정에 대해 생각해보고, 건강한 위생행동과 부적응적 혐오의 미묘한 경계에 대해 이야기합니다.

9~10장은 최근의 이야기, 그리고 미래에 관한 이야기입니다. 작은 승리와 큰 실수, 그리고 안갯속의 미래에 대해 다룹니다.

9장은 감염병과의 전쟁에서 인류가 이룬 작은 승리에 대해 이야기해봅니다. 하지만 승리는 완전한 것이 아니었습니다. 불과 100여 년 남짓 이어진 짧은 전술적 승리가 가져온 거대한 전략적 실책도 있었죠. 잠깐 퇴각했던 감염병이 대역습에 나섰습니다. 위생과 항생제, 백신이 가지고 온 대중의 착시현상, 그리고 프네우마와 미아즈마에 관한 이야기를 나눕니다.

10장은 앞으로의 이야기, 즉 오래된 미래에 관한 이야기입니다. 포스트 코로나 시대, 아니 상시화된 감염병 유행의 시대가 불러올 인류의 미래에 대해 생각해봅니다. '위드 코로나'(with corona)라고도 하죠. 물론 코로나와 같이 지내고 싶은 마음은 추호도 없습니다만… 감염병 유행은 새로운 현상이 아닙니다. 인류의 과거에, 인류의 미래에 답이 있습니다. 감염병 시대에 사회와 종교는 어떻게 소통해야 할까요? 새로운 시대 언론은 어떤 입장을 취해야 할까요? 그리고 시민은 어떤 새로운 윤리를 갖추어야 할까요? 어떤 가치에 기반을 두어 사회를 새로 써나가야 할까요? 과연 그것이 가능할까요? 감염병 시대에 더 건강한 개인과 사회에 대한 나름의 희망을 제시하려고 합니다.

이 책은 박한선과 구형찬의 공동 저작입니다. 몇년 전, 같은 연구실 바로 옆자리에 앉아 연구하고, 같은 강좌의 분반수업을 나누어 했습니다. 농담처럼 공동 작업을 해보자는 막연한 희망을 나누곤 했는데, 정말 그 일이 일어났습니다. 멋진 기회를 준 창비에 감사드립니다. 책의 모든 내용은 두 저자가 같이 읽고, 서로 고쳤습니다. 따라서 책에 어떠한 오류가 있다면 전적으로 두 저자의 공동 잘못입니다.

전체적으로 내용을 풀어썼기 때문에 본문에 세부적인 각주를 달지는 않았습니다. 하지만 몇몇 중요한 자료를 찾아보는 데는 부족함이 없도록 참고한 자료나 문헌을 자세하게 적었습니다.

이 책을 쓰기 위해 많은 분의 도움과 조언을 받았습니다. 먼저 서울대 인류학과 박순영 교수님께 깊은 감사를 표합니다. 두 저자는 모두 박순영 교수님의 수업을 들으며 진화와 인간, 세상에 대해 배웠습니다. 사실 이 책에 적힌 여러가지 영감은 모두 박순영 교수님의 통찰에서 비롯한 것입니다. 책 내용 전체에 관한 단 하나의 참고문헌이라면, 박순영 교수님의 진화수업이라고 할 수 있습니다. 이 책은 그러한 통찰을 부족한 글로 옮겨 적은 것뿐입니다.

또한 창비 인문교양출판부 이하림 팀장께도 감사드립니다. 두 저자의 원고를 정리하고, 내용과 형식에 관해 귀한 조언을 해주었습니다. 이 책의 내용 중 일부는 여러 매체에 발표한 글이나 인터뷰 등에 바탕을 두고 있습니다. 동아사이언스와 아시아태평양이론물리센터, 롯데그룹, LG전자, 시사IN, 민음사, 바다출판사, 황해문화, 공동선, KBS, EBS, SBS, KNN, CBS, tvN 등에 깊이 감사드립니다. 또한 서울대 진화인류학 연구실의 유지현 선생님 및 여러 대학원생과 행동면역계 진화연구를 진행하며 나눈 이야기, 경희대 백종우 교수님을 비롯하여 '코로나-19 유행에 따른 정신건강 및 사회심리 영향 평가' 연구팀의 여러 연구원과 나눈 이야기도 직간접적으로 큰 도움이 되었습니다. 그리고 부족한 수업을 늘 경청해주는 '진화와 인간사회', '인류 진화와 질병', '진화인류학 연구방법론', '마음의 진화와 문화', '신화와 역사', '신화와 세계관 연구', '신화학' 수업의 여러 학생에게도 고마움을 전합니다.

코로나-19와 관련된 논문과 책이 쏟아져 나옵니다. 제목도 다 읽기 어려울 정도입니다. 어지럽습니다. 이 와중에 어지러움을 더할 책을 하나 더 내놓는 것이 꺼려집니다. 하지만 이 책과 비슷한 책이 없다는 것이 위안이 되었습니다. 기나긴 인류 진화사의 관점에서 감염균과 인류의 공진화적 투쟁, 그리고 투쟁의 과정 중에 빚어진 인류의 인지와 감정, 사회와 문화, 신앙과 종교에 관한 책은 좀처럼 없습니다.

코로나-19로 많은 시민이 지쳐가고 있습니다. 일기예보처럼 매일매일의 현황이 보도되지만 점점 마음은 무디어집니다. 언제 끝날지도 모릅니다. 이 책이 코로나-19로 지친 우리에게 조금이나마 도움이 될 수 있기를 희망합니다. 그래서 너무 엄숙하고 진지하게 이야기하고 싶지 않았습니다. 코로나-19는 수많은 시민에게 트라우마를 안긴 중대한 문제지만 의도적으로 조금 가볍게 적어보려고 했습니다. 특히 마지막 장은 '과도하게' 희망적인지도 모르겠습니다.

우리는 분명 이전으로 돌아갈 수 없습니다. 되돌아가는 길은 막

혔고, 앞에는 아무 길도 보이지 않습니다. 하지만 언제나 희망은 있습니다.

인간들은 늘 똑같은 것이다. 그러나 그것이 그들의 힘이고 순진함이기도 하다. 그런 점에서 리유는 모든 슬픔을 넘어서 자신이 그들과 통한다는 것을 느낄 수 있었다. (…) 의사 리유는, 입 다물고 침묵하는 사람들의 무리에 속하지 않기 위하여, 페스트에 희생된 그 사람들에게 유리한 증언을 하기 위하여, 아니 적어도 그들에게 가해진 불의와 폭력에 대해 추억만이라도 남겨놓기 위하여, 그리고 재앙의 소용돌이 속에서 배운 것만이라도, 즉 인간에게는 경멸해야 할 것보다는 찬양해야 할 것이 더 많다는 사실만이라도 말해두기 위하여, 지금 여기서 끝맺으려고 하는 이야기를 글로 쓸 결심을 했다.●

2021년 봄
박한선, 구형찬

● 알베르 카뮈 『페스트』, 김화영 옮김, 민음사 2011, 400~401면.

4장 ✳ **면역의 진화**

1장

감염병과
우리 안의
원시인

진화 그리고 인간, 마음, 의학, 종교

이 책은 무엇을 이야기하고 있을까요?

이 책은 소위 '너에 관한 이야기'가 아닙니다. 여기서 '너'란 감염을 일으키는 병원체도 될 수 있고, 감염으로 인한 질병도 될 수 있고, 혹은 감염을 확산시킨다는 '너희' 나라나 민족, 인종도 될 수 있고, 왠지 감염병을 퍼트릴 것 같은 '너네'가 될 수도 있습니다.

이 책의 주제는 오히려 '우리', 즉 인간에 대한 이야기이고, 이 책을 읽는 바로 '나'에 대한 이야기입니다. '왜' 그리고 '어떻게' 우리가 이런 모습으로 빚어졌는지, 인간과 병원체의 치열하고도 기나긴 애증관계를 이야기합니다. 주로 진화인류학, 진화의학 그리고 인지종교학의 설명 틀을 사용할 것입니다. 물론 아주 쉬운 용어로 말이죠.

진화와 인간

진화인류학은 인류학의 여러 분야 중 하나입니다. 인간의 신체와 정신, 즉 생리적 과정과 인간행동에 관해서 호미닌과 비인간 영장류를 통해 연구하는 학문 분야입니다. 학문의 시작점에는 물론 찰스 다윈(Charles R. Darwin)이 있습니다. 비글호 항해를 마치고 돌아온 다윈은 10년 넘게 자신의 집 다운하우스에 틀어박혀 수많은 실험과 연구를 통해 1859년 11월 24일, 그 유명한 『종의 기원』을 펴냅니다. 원제는 "*On the Origin of Species by Means of Natural Selection Or The Preservation of Favoured Races in the Struggle for Life*"입니다. '자연선택이라는 수단에 의한 종의 기원 또는 생존을 위한 투쟁 과정에서 유리한 종의 보존'쯤으로 옮길 수 있겠네요. 너무 길어서 원제를 다 이야기하는 사람은 별로 없습니다. 제목에서 더 핵심적인 부분은 '종의 기원'보다는 '생존을 위한 투쟁'인지도 모릅니다. 최소한 인류와 감염병의 공진화라는 측면에서는 말이죠.

다윈은 『종의 기원』 초판 3장에 '존재를 위한 투쟁'(struggle for existence)이라는 제목을 붙입니다. '존재를 위한 투쟁'은 다윈 진화론의 가장 중요한 개념 중 하나입니다. 동시에 다양한 분야에서 제멋대로 오용된 역사를 가진 용어이기도 합니다. 그래서 '존재를 위한 투쟁'을 다른 말로 순화해 부르는 경우가 많습니다. '투쟁'

이라는 어감이 왠지 서로 치고받고 싸우는 느낌을 준다는 것이죠. '존재'라는 말도 좀 어려운 철학용어 같아서 '생존'으로 바꾸거나 아예 '삶' 정도로 대신 사용하기도 합니다. 따옴말만 그런 것이 아니라 영어에서도 그렇게 쓰곤 합니다. 그러면 '삶을 위한 노력' 정도가 되겠네요.

하지만 이런 식으로 순화한다고 해서 '존재를 위한 투쟁'의 본질이 더 가벼워지는 것은 아닙니다. 세계는 냉혹하고 삶은 거칩니다. 가까스로 목숨을 부지하며 대를 이어간다는 말이 맞습니다. 보고 싶지 않고 믿고 싶지 않지만, 자연의 세계는 원래 그렇습니다. 아리스토텔레스(Aristoteles)는 『동물사』(*History of Animals*)라는 책에서 이렇게 말했습니다.

같은 지역에서 살아야 하거나 같은 먹이를 먹어야 하는 동물 간에는 적대감이 생길 수밖에 없다.

물론 동물만이 아닙니다. 아리스토텔레스는 박테리아나 바이러스를 알지 못했지만, 생존의 원리는 같습니다. 숙주가 없으면 생존할 수 없는 존재가 바로 감염체입니다. 숙주의 여러 사정을 봐주다가는 좀더 '효율적'인 다른 감염체에 금방 자리를 빼앗길 겁니다. 시간이 흐르면 점점 '적합'한 감염체가 나타나게 됩니다. 물론 인간 입장에서는 부적합한 녀석이죠. 아마 우리가 알지 못하는 수많은 신종 코로나바이러스가 이미 나타났다가 사라졌을 것입니다. 이번에 나타난 녀석이 '존재를 위한 투쟁'에서 상당히 성공적이었네요. 덕분에 세계가 이 난리입니다만.

오늘 다른 동물을 먹는 동물은 내일 다른 동물의 먹이가 될 수밖에 없습니다. 자연의 엄중한 진리죠. 어떤 생물도 피할 수 없습니다. 자신이 살기 위해 다른 생물의 생명을 빼앗고, 언젠가는 자신도 다른 생물의 삶을 위한 재료가 될 것입니다.

인간도 마찬가지입니다. 토머스 홉스(Thomas Hobbes)는 "인간은 인간에게 늑대다"(Homo homini lupus)라고 말한 적이 있습니다. 홉스가 처음 한 말은 아닙니다. 오랜 기원을 가진 라틴어 속담입니다. 고독하고, 가난하고, 추악하고, 야만스럽고, 짧은 것이 인간의 삶이라고 했죠. 프랑스혁명 당시 생존하고 있던 프랑스인의 12퍼센트만이 1세기 후에 자손을 남길 수 있었습니다. 1881년에 태어난 여성 중 절반이 자손을 남기지 못했고, 50년 후에는 자손의 3분의 2가 프랑스혁명 당시에 살았던 여성 4분의 1에서 태어났습니다. 혁명보다 치열했던 생존경쟁, 인류사 내내 지속하였습니다.

지크문트 프로이트는 이렇게 말했습니다.

인간은 사랑받고 싶어하는, 기껏해야 공격을 받을 경우에만 자신을 방어하는, 신사적인 피조물이 아니다. 인간은 본능적인 공격성을 가진다. 이웃은 잠재적인 조력자 혹은 성적 파트너가 아니다. 오히려 공격성을 만족시켜주는 대상이다. 동의 없이 성적으로 이용하고, 재산을 빼앗고, 모욕을 주며, 고통을 가하고,

결국 죽이는 데에 이른다. 인간은 인간에게 늑대다. 인간의 삶, 그리고 인류의 역사를 되돌아본다면, 누가 이러한 주장에 반기를 들 수 있을 것인가?•

존재를 위한 투쟁은 아주 명백한 사실이지만, 그리고 홉스나 프로이트의 학문적 명망에도 불구하고, 대중에게 별로 인기가 없습니다. 이유는 크게 두가지입니다. 첫째, 세상은 원래 조화로운 상생의 공간이라는 '바람직한' 믿음을 깨버렸기 때문입니다. 둘째, 자원은 결국 부족해지므로 투쟁은 불가피하다는 불편한 진실을 알려주기 때문입니다. 비록 사실이더라도 애써 부정해야 할 것 같은 심정, 그래야 조금이라도 균형점을 찾을 것 같은 심정일까요?

세계는 신의 섭리로 창조된 평화롭고 행복한 곳이라는 오래된 믿음이 있습니다. 악한 세상이 곧 심판받을 것이라는 주장과 양립합니다. 모순이죠. 세상이 이 모양 이 꼴인 것은 죄악 때문일 뿐, 본질적으로 세상은 온전하고 조화롭다는 이상한 결론으로 이어집니다. 뭔가 잘못된 것을 고치기만 하면, 죄악을 찾아 없애기만 하면, 원래 있었던 아름다운 세상으로 돌아갈 수 있다는 겁니다. 사자와 사슴이 다정하게 어울리는 에덴동산에 대한 믿음만이 아니라 배고픔과 전쟁이 없는 요순시절이라는 태곳적 이상향에 관한 믿음도 크게 다르지 않습니다.

• Sigmund Freud, *Civilization and its discontents* vol. XXI, ed. & trans. James Strachey, London: Vintage 2001, 111면.

그러나 진화론은 이러한 원시주의적 믿음을 산산이 조각냈습니다. 우리가 그리워하는 원시 이상향은 단 한번도 존재한 적이 없습니다. 지구상에 생명체가 나타난 이후, 존재를 위한 투쟁은 잠시도 멈추지 않았습니다. 설사 자발적으로 투쟁을 포기한 생명이 있었다고 해도, 아마 한 세대 만에 사라졌겠죠. 진화론이 아직도 많은 사람에게 정서적 배격을 당하는 이유 중 하나는, 마음 깊은 곳에 있는 '좋았던 과거'에 대한 깊은 환상을 무너뜨리기 때문인지도 모릅니다.

인간은 또한 밝은 미래를 꿈꾸는 본성이 있습니다. 어제보다 오늘이 낫고, 오늘보다 내일이 낫기를 기대하는 것입니다. 비록 현실은 시궁창이더라도 미래에 대한 희망만 있으면 살아갈 수 있습니다. 개인적인 삶도 그렇지만, 세상에 대한 믿음도 그렇습니다. 더 살만한 세상을 꿈꾸는 것입니다. 메시아가 올 수도 있고, 정도령이 올수도 있고, 미륵보살이 와서 중생을 구원하는 것일 수도 있습니다. 이러한 믿음을 가진 사람이 많습니다. 저도 그렇게 믿고 싶습니다. 그러니 홉스의 주장에 대해 거친 반박이 쏟아지는 것도 '자연'스러운 일입니다.

이런 주장은 크게 둘로 나눌 수 있습니다.

첫째, 기술적 혁신을 통해서 문제를 해결할 수 있다는 것입니다. 소출이 많은 작물을 육종하고, 효과적인 비료를 만들고, 자연재해를 줄이고, 관개시설을 개량합니다. 밀집 사육은 다양한 논란을 낳고 있지만, 어쨌든 전보다 적은 비용을 들여서 더 많은 고기와 우유, 달걀을 생산합니다. 태양에너지와 핵에너지를 통해 가용 에너지를 늘립니다. 땅이 꽉 차면 바다로 나가면 됩니다. 바다도 꽉 차면 우주로 나가면 됩니다. 달과 화성에 식민지를 건설하고 전우주에 인간이 살 곳을 건설합니다. 기술적 혁신을 통해서 자원을 둘러싼 필연적인 갈등을 원천적으로 해결할 수 있다는 것이죠. 우주도 꽉 차면 어떻게 해야 할지는 모르지만, 그때는 또 '뭔가 새로운 혁신'이 있을 테니 지금부터 걱정할 일은 아니라고 합니다. 과학과 기술의 혁명적 발전을 통해서 인류는 자원의 기하급수적 증산이라는 기적을 만들어낼 수 있다는 것이죠.

그러나 기술혁신은 늘 대재앙을 불러왔습니다. 뒤에서 다시 이야기하겠지만, 인류가 자랑하는 신석기 농업혁명이나 산업혁명은 모두 인류를 큰 어려움에 빠트렸습니다. 감염균은 새롭게 변화한 환경에 재빨리 적응했고, 수많은 사람과 가축이 떼죽음을 당했습니다. 사실 기술혁신은 역설적으로 인류사적 퇴보에 가깝습니다.

둘째, 사회적 혁신을 통해서 문제를 해결할 수 있다는 주장입니다. 문제는 자원의 양이 아니라 공평한 분배라는 것이죠. 모든 사람이 충분히 배불리 먹고살 수 있는데, 분배가 잘 안 되어 굶주린 사람이 생기고 싸움이 벌어진다는 것입니다. 인구가 늘어나면 교육과 계도를 통해서 인구를 줄이면 됩니다. 인간은 충분히 똑똑하기 때문에 스스로 인구집단의 크기를 조절할 수 있을 것이라 믿습니다. 인간은 사회적 협력을 할 줄 아는 동물이며, 따라서 협력과 상생을 만들어나갈 수 있다고 하죠. 적절한 통제와 규제, 교육, 계몽을 통해서 사회구조를 바꾸고, 생각도 바꿀 수 있다는 희망찬 바람입니다. 전지구적인 협력을 통해서 영구히 지속 가능한 발전을 이룩할 수 있다는 믿음입니다.

그러나 정말 그럴까요? 사회혁신을 향한 노력은 도리어 인류를 큰 어려움에 빠트렸습니다. 신석기혁명은 엄청난 수준의 불평등을 유발했습니다. 식량과 건강, 번식 가능성 등 모든 것이 차별적으로 분배되었습니다. 수렵채집사회의 인류에 비해 신석기인은 무려 10센티미터가량 신장이 작아졌고, 수명도 훨씬 짧아졌으며, 수많은 감염병에 시달리게 되었죠. 그리고 지난 1만년의 불평등은 지금도 그 기세가 꺾이지 않습니다. 평소에도 그렇지만, 전쟁이나 기아, 역병이 닥치면 불평등의 문제는 절박한 생존의 문제가 됩니다. 코로나-19의 주된 희생자는 요양원이나 요양병원에서 지내야 하는 저소득 노인, 집단으로 수용된 정신장애인이나 발달장애인, 열악한 밀집 환경에서 일하는 하층 노동자, 거처가 없이 역을 배회하는 노숙자, 인구가 밀집되고 위생이 열악한 슬럼가의 유색인 등입니다.

그래도 희망을 버리고 싶지 않습니다. 기술적 혁신을 더 인간 지향적으로 이루고, '노력을 통해' 사회를 더 살기 좋은 곳으로 바꾸면 될까요? 그러나 이상주의자의 희망과 달리 인류는 그 반대방향으로 폭주해왔습니다. 존재를 위한 투쟁에는 진보주의적 믿음이 자리할 곳이 없습니다. 지수함수적으로 증가하는 인구는 필연적으로 굶주림과 갈등, 전쟁, 역병을 일으키게 됩니다. 보다 살기 좋은 곳일수록 인구는 더 가파르게 증가합니다. 잠시 잠깐의 낙토는 있을 수 있지만, 영원한 낙토는 없습니다. 최소한 이승에서는 말입니다. 백신과 항생제의 개발은 인류역사상 처음으로 의미 있는 전술적 승리를 가져다주었지만, 전술 무기의 우수성은 곧 시대에 뒤떨어진 것이 되었습니다. 인간보다 병원체의 숫자가 훨씬 더 많고, 더 유연합니다. 인류가 저지른 거대한 규모의 전략적 실책에 비하면, 작은 의학적 개가의 전술적 성과가 초라할 수밖에 없습니다.

이러한 얼음장처럼 차가운 각성 앞에서 '보다 나은 미래'를 향한 따뜻한 소망은 사라졌습니다. 이러고도 진화론을 받아들이라면, '도대체 무엇 때문에?'라는 반박을 받을 수밖에 없습니다. 진화론은 우리 마음에서 태곳적 이상향과 언젠가 찾아올 파라다이스를 모두 앗아버린 것입니다. 슬픈 일입니다.

그렇다면 우리는 결국 자원 고갈과 과도한 투쟁, 기아, 전쟁으로 이어지는 벼랑 끝으로 피할 수 없는 행진을 하는 것일까요? 정답은 모릅니다. 하지만 만약 희망이 있다면, 그것은 우리의 과거, 진화적 인류사에서 찾아야 합니다.

지난 500만년간의 인류 진화사 전체가 '존재를 위한 투쟁'의 기록으로 가득합니다. 헤아릴 수 없이 많은 감염병 위기를 넘겼습니다. 마을 전체가 역병으로 떼죽음을 당한 일이 비일비재합니다. 한때 강성했다가 지금은 아예 흔적조차 찾을 수 없는 민족과 국가가 있습니다. 아마도 상당수는 감염병에 의해 무너졌을 것입니다. 겨우겨우 간신히 살아남았다는 말이 옳을 정도로 인류의 역사는 고통과 슬픔으로 가득합니다. 그리고 그러한 고통과 슬픔 속에서 겪었던 진화적 기억은 우리 몸과 마음에 깊이 새겨져 있습니다.

답은 과거에서 찾을 수 있습니다. 역사책에 나오는 과거를 넘어서, 문자가 존재하지 않던 시절로 더 거슬러올라가야 합니다. 언어마저 희미하던 그 시절, 인간과 야수의 차이가 종이처럼 얇던 태고의 기억에 뜻밖의 해답이 있을지도 모릅니다. 우리 조상이 겪었던 고통과 슬픔, 배고픔과 추위, 광기와 몽상, 갈등과 싸움, 열병과 죽음의 이야기입니다. 그러한 과거의 지혜를 통해서만 우리 인류는 한번도 가보지 못한 미래로 나갈 수 있습니다.

진화와 마음

『종의 기원』은 출간 당일에 초판 1250부가 매진될 정도로 반응이 열광적이었습니다.(이 책도 그럴 수 있으면 좋겠습니다만…) 『종의 기원』이 출간되고 약 10년 후, 책 두권이 더 출간됩니다. 1871년에 출간된 『인간의 유래와 성선택』, 그리고 이듬해 출간된 『인간과 동물의 감정 표현』입니다.

첫번째 책은 자연선택 외에도 짝을 고르는 이른바 '성선택' 과정을 통해 진화가 일어난다는 혁명적 주장을 담고 있습니다. 짝을 고르는 기준에 본성이 더 많은 영향을 미치는지 혹은 환경이 더 많은 영향을 미치는지 여전히 논쟁이 격렬합니다. 하지만 누구나 동의하는 확실한 기준이 하나 있습니다. 바로 건강입니다. 더 건강한 개체, 좀더 구체적으로 말하면 병원체 감염에 더 강한 개체가 바람직한 짝입니다. 당연한 일입니다. 역병에 걸린 병약한 개체를 선호했다면 십중팔구 자손을 낳지 못했을 것입니다. 병든 짝을 좋아하는 형질은, 그런 형질은 한번도 있었을 것 같지 않지만, 유전자풀에서 즉시 사라졌을 것입니다.

구체적인 짝선택은 다양한 방식으로 일어납니다. 그런데 인간의 경우 마음이 주로 추동합니다. 영희가 좋은 것도 '내 마음'이고, 철수를 보면 눈에 뿅뿅 하트가 생기는 것도 '내 마음'입니다. 시각적, 청각적 정보를 획득하고, 이를 통해서 상대에 관한 다양한 정보를 취합합니다. 그리고 사랑에 빠집니다. 물론 거의 무의식적으로 일어나는 과정이죠. 하지만 무작위로 일어나는 것은 아닙니다. 첫사랑과 비슷한 사람을 자꾸 만나는 것은 첫사랑을 잊지 못해서가 아닙니다. 원래 그런 형질을 가진 대상을 좋아하는 것이죠. 그리고 무의식적 혹은 의식적 짝선택 기준의 상당 부분은 바로 감염 가능성입니다. 일단 병에 걸리지 않아야만 잠재적인 배우자가 될 가능성이 커집니다.

두번째 책은 마음에 대해 다루고 있습니다. 다윈은 인간의 다양한 정서가 진화의 산물이라고 주장합니다. 다양한 인종과 다양한 유인원에서 비슷한 현상이 관찰된다고 했죠. 『인간과 동물의 감정 표현』11장에서 다윈은 이렇게 말합니다.

일반적으로 잘 먹지 않는 육류와 같은 낯선 음식을 단지 상상하는 것만으로도 소수의 사람에게 쉽게 구역질을 일으킬 수 있다는 점은 흥미롭다. 너무 기름지거나 부패한 음식을 보았을 때처럼 실제적인 이유로 반사적으로 구토가 나타날 경우는 보통 일정 시간이 흐른 뒤에야 발생한다. 따라서 단순히 생각만으로도 구토가 즉각적이고 순간적으로 나타나는 이유는 우리 인간의 조상이 몸에 받지 않는 음식물을 자발적으로 거부하는 능력을 이전부터 가지고 있었기 때문으로 생각된다.•

인간이 가진 여섯가지 기본 감정이 있습니다. 기쁨, 슬픔, 분노, 경악, 두려움, 그리고 혐오입니다. 혐오는 역겨움이라고도 하죠. 지금은 혐오라는 단어가 온갖 상황에 남용되지만, 원래는 더러운 것을 접할 때 드는 기본적인 감정반응을 일컫는 말입니다. 여섯 감정 외에 하나 더 드는 경우도 있는데, 경멸입니다. 혐오와 상당히 비슷한 감정으로 아마 그 기원은 같았을 것입니다. 감염을 막으려는 강력한 감정적 방어입니다.

이러한 기본적인 감정은 아주 오랜 진화적 기원을 가지고 있을 뿐 아니라, 의식 수준에서 통제하기 어렵습니다. 기쁜 감정이 들 때 의식적으로 기뻐하지 않을 수 있을까요? 말이나 표정을 꾸밀 수는 있지만, 내적 감정을 자유자재로 통제하는 것은 대단히 어렵습니다. 아니, 여러분은 마음을 '마음대로' 조종할 수 있다고요? 그렇다

• 찰스 다윈 『인간과 동물의 감정 표현』, 김홍표 옮김, 지만지 2014, 287~88면.

면 지금 읽고 있는 이 책이 정말 재미있다고 강제로 느껴보십시오. 아마 좀처럼 쉽지 않을 것입니다. 도통한 티베트의 고승이나 겨우 도달할 수 있는 경지입니다. 그러니 감염병이 유행하면 사회 전체에 혐오의 감정이 들끓어 오릅니다. 피할 수 없는 일입니다.

그런데 감정은 종종 그 대상이 불확실한 경향이 있습니다. 인지와 사고, 행동 전반에 영향을 미치는 배경음악과도 같습니다. 그래서 슬픔의 BGM이 깔리면, 슬퍼하지 않아야 할 대상에 대해서도 괜히 슬픔이 덧입혀집니다. 실연을 당하면 창밖의 빗물을 봐도 슬퍼지고 달콤한 케이크도 서글퍼 보입니다. 역겨움과 혐오도 마찬가지입니다. 코로나-19에서 시작한 혐오의 BGM은 이제 엉뚱한 대상으로 혐오의 화살을 날리게 됩니다.

예전에는 외국인을 보면 호기심이 들어 어설픈 영어로 몇마디 말도 걸고 싶었지만, 이제는 아닙니다. '코로나-19에 걸린 외국인은 아닐까?' 그러니 여행 가고 싶은 마음도 싹 사라집니다. 마스크 쓴 사람을 보면 코로나-19에 감염된 사람 같습니다. 하지만 마스크를 안 쓴 사람은 더 피하고 싶어집니다. 혐오의 배경음악이 깔린 세상은 좀처럼 명랑하고 유쾌하기 어렵습니다. 세계가 코로나-19를 통해 잃어버린 삶의 즐거움을 재난지원금으로 회복하려면 아마 100만원으로는 많이 부족할 겁니다.

진화와 의학

진화의학은 무엇일까요? 진화인류학의 연구방법론을 인간의 건강과 질병에 적용하는 학문 분야입니다. 진화의학자 랜돌프 네스 (Randolph M. Nesse)와 진화생물학자 조지 윌리엄스(George C. Williams)가 1990년 무렵 처음으로 정립한 분야입니다. 그러나 그 시작을 거슬러올라가면 역시 다윈까지 이릅니다. 사실 다윈도 잠시 의대를 다닌 적이 있습니다. 에든버러 의대에 좀 다니다 중퇴했죠. 이 책의 저자 중 한명도 진즉에 의대를 중퇴했더라면, 지금쯤 다윈처럼… 농담입니다. 중퇴생 다윈은 케임브리지 신학대에 다시 입학했죠. 2년간의 의대 수업이 다윈 진화론에 얼마나 큰 도움이 되었을지는 모르겠지만, 어쨌든 선의라는 직함을 달고 비글호 항해를 했습니다. 의사라기보다는 선장의 말동무에 가까웠습니다만.

5년간의 모험이 제법 힘들었는지 비글호 항해 이후 다윈은 장거리 여행을 한 적이 거의 없습니다. 주로 자신의 집에서 연구만 했고 사람 앞에서 이야기하는 것도 꺼렸습니다. 다윈의 대변인 역할은 그의 친구들이 나누어 맡았는데, 그중 토머스 헉슬리(Thomas H. Huxley)가 가장 유명합니다. '다윈의 불독'이라는 별명이 있죠.『종의 기원』이 출판된 지 1년 후, 옥스퍼드대학교에서 새뮤얼 윌버포스 (Samuel Wilberforce) 주교와 나눈 '개싸움' 같은 논쟁으로 잘 알려졌지만, 헉슬리가 단지 다윈의 연구를 널리 알리던 스피커만은 아니었습니다. 그 스스로 위대한 진화학자이자 인류학자였습니다.

헉슬리는 『종의 기원』이 출판된 지 4년 후 『자연에서 인간의 위치』(Man's Place in Nature)를 펴냅니다. 본격적인 생물인류학의 시작을 알린 책이자 인류학의 원류입니다. 당시 문화인류학은 민족지학(ethnology)으로 불렸죠. 지금은 인류학(anthropology)이라는 하나의 이름으로 합쳐져서, 여러종류의 '무슨무슨' 인류학이라는 분과를 두고 있습니다만… 아무튼 헉슬리는 수많은 해부학적 증거를 통해서 유인원의 자연사, 인간과 다른 하등동물과의 관계, 그리고 인류의 화석에 관해 이야기했습니다. 진화론이라는 대문은 다윈이 열었지만, 진화인류학이라는 작은 문은 헉슬리가 열었습니다. 영국과학협회(British Science Association)에 인류학 분과(Section E)를 창설하는 데 크게 기여하기도 했죠. 진화인류학자 헉슬리에게 인간은 분명 신보다는 동물에 더 가까운 존재였습니다.

진화의학자들은 헉슬리의 주장을 따라, 인간의 몸과 마음이 오랜 진화사를 통해 지금의 모습처럼 빚어졌다고 생각합니다. 물론 그 원동력은 번식 적합도(reproductive fitness)입니다. 인간이 만들어지는 데 청사진이나 설계도는 없습니다. 자연선택을 통한 수많은 개선 혹은 개악이 켜켜이 쌓인 결과물입니다. 이러한 이론적 틀은 신종 감염병이 나타나는 이유를, 그리고 이에 대한 인간의 다양한 심리적 반응을 설명해줍니다. 새로운 감염병의 확산이 어디에서 어떻게 일어날지, 그리고 어떤 사회적 반응이 일어날지에 대해서도 예측할 수 있습니다. 물론 진화의학은 병원체의 진화도 연구합니다. 병원체의 진화 과정을 연구하면 어떻게 질병을 막을 수 있을지, 어떤 방역이 더 효과적인지 알 수 있습니다. 또한 인간의 진화적 본성에 비추어 사회적 거리두기가 과연 어느 정도 수준으로 가능한지, 효과가 얼마나 있을지도 예측할 수 있습니다. 인간과 감염균의 공진화적 과정을 통해서 앞으로 어떤 신종 감염균이 나타나고, 인류는 어떤 감염병을 맞닥뜨리게 될지 예상할 수도 있죠.

진화인류학자 웬다 트레바탄(Wenda Trevathan)은 다음과 같이 말합니다.

병원체를 박멸하려면 엄청난 돈과 시간을 들여야 하고, 아주 많은 시행착오도 감수해야 한다. 그런데도 실패할 가능성이 높다. 따라서 안전한 수준에서 진화적 기전을 통한 공생을 추구하는 것이 더욱 현명한 방법이며 성공 가능성도 더 높다. 우리는 위험한 야생동물을 길들여서, 농장에서 유익한 가축으로 키우고 있다. 병원균도 마찬가지 방법으로 길들일 수 있을지 모른다.•

진화의학은 집단생물학, 분자생물학, 인류학, 심리학, 유전학, 역학 및 임상의학 등 아주 다양한 학문 분야의 지식을 절충하고 통합한 학문입니다. 따라서 각각의 접근방법도 학문적 배경이나 이론적 경향에 따라서 아주 다릅니다. 이 책에서는 감염병에 관한

• 웬다 트레바탄 『여성의 진화: 몸, 생애사 그리고 건강』, 박한선 옮김, 에이도스 2017, 21면.

다양한 진화의학적 이야기를 다루고 있지만, 가장 중요한 핵심은 병원체의 진화가 아닙니다. 그에 대한 '우리의 적응 혹은 부적응'입니다. 바로 기나긴 감염병과의 전쟁을 통해 빚어진 인간의 신체 그리고 정신에 관한 진화병리학적 설명입니다.

헉슬리의 주장처럼 우리의 마음은 동물의 마음과 크게 다르지 않습니다. 어떤 면에서는 실망스러운 일입니다만, 어떤 면에서는 다행스러운 일입니다. 신의 마음에 더 가까웠다면 우리가 할 수 있는 일이 없었을 것입니다. 신의 감정이나 사고에 대해서는 과학적으로 알려진 것이 별로 없으니까요. 연구도 불가능하죠. 다행히 인간은 동물에 가깝고, 우리는 신보다 동물의 마음에 대해 더 잘 알고 있습니다.

진화와 종교

인간의 마음이 동물의 마음과 다르지 않다는 주장에 대한 가장 큰 반론은 아마도 종교영역에서 나올 것 같습니다. 종교인은 인간이 다른 동물과 다르다고 생각합니다. 매우 특별한 존재라고 합니다. 인간이 신의 형상을 따라 창조되었다는 이야기도 그렇고, 인간만이 윤회의 사슬을 끊고 열반을 성취할 수 있는 존재라는 이야기도 마찬가지입니다. 인류의 종교를 신앙의 대상이 아니라 연구의 대상으로 보는 학문인 종교학도 마찬가지입니다. 인간이 특별한 존재라는 주장을 오랫동안 고수해왔습니다.

'호모 사피엔스(Homo sapiens)라는 말은 현생인류의 분류학 명칭이면서, 인간 본질이 이성적 사고 능력에 있다고 하는 철학적 의미를 표현한 말이기도 합니다. 이를 모방해 만든 '호모 렐리기오수스(Homo religiosus)라는 라틴어 용어가 있습니다. 물론 정식 학명은 아닙니다. '인간은 본성적으로 종교적인 존재'라는 것이죠. 보통 '종교적 인간'이라고 번역됩니다. 20세기를 대표하는 종교학자 중 한명인 미르치아 엘리아데(Mircea Eliade)의 연구와 함께 널리 알려진 용어입니다. 엘리아데는 인간은 누구나 자기가 살아가는 공간, 시간, 세계, 실존 등을 일상(俗, profane)과 비일상(聖, sacred)이라는 두가지 양상으로 경험한다고 생각했습니다. 우리가 '종교'라고 부르는 것은 그러한 인류의 경험이 문화로 자리잡은 것이라고 했죠. 그런 점에서 '호모 렐리기오수스'라는 용어는 특정 종교에 대한 신앙에 관한 것이 아닙니다. 인류가 지닌 보편적인 종교적 본성에 관한 개념입니다.

그런데 인간에게 정말 종교적 본성이란 게 있을까요? 도대체 어떤 것을 종교적 본성이라고 하는 걸까요? 인간은 일상을 살아가지만, 때때로 일상의 한계를 초월한 어떤 것을 상상하고 말하고 행동합니다. 초자연적인 존재의 개입이나 신비로운 힘의 작용을 믿기도 합니다. 시간과 공간마저도 비틀어 나름의 위계가 있다고 느낍니다. 그래서 시간의 '처음'과 공간의 '중심'을 더 특별하게 여깁니다. 특별한 시간과 공간에서는 평소에 하던 일을 금하기도 하고, 평소 하지 않던 행동을 강제하기도 합니다. 일상과 비일상이 갈마드는 경험을 다른 사람과 공유할 때 특별한 감정을 느낍니다. 하나의 동아리를 이룹니다. 같은 동아리에 속한 사람끼리 서로 협력하면서, 동시에 내외의 잠재적 위협에 예민하고 강경하게 대응합니다. 그러면서 때때로 자아의 위기와 갈등을 심하게 겪기도 합니다. 삶은 어렵고 고통스럽게 경험됩니다. 정당성을 찾을 수만 있다면 누구를 죽이거나 자기 자신의 삶을 포기할 수도 있습니다. 그러한 갈등 속에서 끊임없이 그 이유를 질문하고 답변을 추구하며 살아갑니다. 논란의 여지는 많지만 20세기의 종교학자는 인간의 이런 성향을 종교적 본성이라는 범주에 비추어 설명하곤 합니다.

어쩌다가 인간은 이와 같은 이러저러한 성향을 가지게 되었을까요? 신의 섭리와 인간의 원죄 때문이라는 주장이나 중생의 분별심과 번뇌 때문이라는 주장은 그럴듯하게 들리지만, 적절한 '설명'이 아닙니다. 종교적 교의에 의한 선언일 뿐이죠. '호모 렐리기오수스'라는 개념도 "인간은 본성적으로 종교적인 존재이기 때문이다"라는 동어반복일 뿐입니다.

다른 방식으로 설명해볼 수 있을까요? 일단 '종교'라는 말이 인간의 모순적 성향에 관한 적절한 개념인지부터 고민해봅시다. 종교적 개념 없이도 인류의 '종교성'을 설명할 수 있을까요? 저는 '예'라고 답하고 싶습니다. 종교적 심성, 종교적 행동에 관한 진화연구가 많습니다. 종종 '종교'라는 무게에 짓눌리지 않을 때, 인간의 '종교적' 성향을 더 적절하게 설명할 수 있습니다.

마음의 작동 방식과 행동의 진화, 이러한 방법으로 종교를 이해하는 인지종교학(cognitive science of religion)이라는 학문 분야가 있습니다. 1990년대부터 시작된 이 연구 프로그램의 기본적인 전제는 대략 이렇습니다. '인간의 생각과 행동은 진화된 마음의 작동 방식에 의해 제약되며, 종교적인 생각과 행동 역시 예외가 아니다'라는 것이죠. 인지종교학은 종교를 설명하고 이해하기 위해 별도의 신비로운 지식 같은 것은 필요하지 않다고 주장합니다. 오히려 진화한 마음의 작동 방식에 관한 과학적 지식이 풍성해질수록, 종교라는 인간적 현상도 더 잘 설명하고 이해하게 될 것이라고 기대합니다. 인지종교학은 진화과학, 인지과학, 심리학, 인류학, 종교학 등 다양한 학문 분야의 지식을 절충적으로 수용하고 활용하는 탈경계적 연구 프로그램이라고 할 수 있습니다.

인지종교학자의 주요 관심사는 대략 이렇습니다. 어째서 종교적인 생각, 행동, 표현 등이 세계의 다양한 문화를 가로질러 널리 퍼져 있는지, 그리고 그러한 반복적이고 지속적인 패턴이 어떻게 나타났는지 알고 싶어합니다. 인간은 어떻게 신, 영혼, 도깨비와 같은 초자연적 존재를 발명해냈을까요? 그리고 그런 존재와 관련한 다양한 믿음과 실천이 어떻게 문화적으로 전승될 수 있었을까요? 인지종교학자는 이에 대한 대답을 마음의 작동 방식과 행동의 진화에 대한 연구를 통해 얻고자 합니다. 인지종교학은 '진화'를 연구 패러다임의 중요한 한 축으로 굳게 세웁니다. 따라서 생존과 번식의 문제, 즉 적합도에 기초한 자연선택의 과정, 그리고 이로 인해 나타나는 적응 및 부수적인 효과에 대해 열심히 탐구합니다. 예를 들어볼까요? 수풀 속에 숨은 포식자를 피하기 위해서는 '수풀 뒤의 어떤 녀석'에 대해 떠올릴 수 있어야 합니다. 다른 사람과 소통하려면 '상대의 마음에서 일어나는 일'을 읽을 수 있어야 합니다. 행위자 탐지나 마음 읽기의 능력은 처음에 이러한 이유로 진화했습니다. 그런데 곧 '눈에 보이지 않는 초자연적 행위자'를 떠올리고, 그러한 초월적 존재의 '마음을 읽을 때'도 활용될 수 있게 되었습니다.

이뿐 아닙니다. 우리 조상들은 인류사 내내 감염병을 피하고 살아남으려고 분투했습니다. 감염병을 피하려던 마음가짐도 종교적 생각과 행동에 영향을 미쳤을 겁니다. 종교적 금기와 의례가 감염병을 회피하기 위한 행동 전략과 많이 닮아 있는 것은 바로 그 때문입니다. 감염병과 경쟁하며 진화하는 과정에서 빚어지게 된 여러 가지 특징적인 정서, 인지, 행동패턴 등이 있습니다. 인지종교학자는 이러한 심성이 종교의 탄생과 발달에 어떤 영향을 미쳤는지 궁금해합니다. 진화한 인간 마음에 대한 깊은 이해를 통해서 다양한 종교적 금기와 의례적 관습의 기원을 탐구할 수 있습니다. 또한 오늘날의 팬데믹 상황에서 다양한 종교적 반응이 우리 사회와 우리 문화에서 어떻게 나타나는지 분석하고 예측할 수 있습니다.

코로나-19

너의 이름은

코비드-19, 즉 COVID-19라는 이름은 다음과 같은 의미가 있습니다. 'CO'는 코로나, 'VI'는 바이러스, 'D'는 질병, '19'는 2019년이라는 뜻입니다. 좀 무성의한 작명법 같네요. 2020년 2월 12일, 세계보건기구(WHO)에서 정한 이름입니다. 처음에는 다양한 명칭이 혼용되었습니다. 중국 우한지역에서 유행이 시작되었기 때문에 '우한 코로나바이러스'라는 이름이 많이 쓰였고, 앞뒤 맥락 없이 '코로나바이러스'라고 부르기도 했습니다. 이 바이러스에 의해 걸리는 호흡기증후군은 주로 '우한폐렴'이라고 불렸죠. 심지어 '중국괴질'이라고도 했습니다.

'옳지 못한 작명법'이라고요? 그런데 과거에도 이런 식으로 이름을 많이 붙였습니다. 스페인 독감, 홍콩 독감 등 질병이 유행한 지역의 이름을 붙이는 관행이 있었죠. 아주 이상한 일은 아닙니다. 노로바이러스(Norovirus)는 오하이오주 노워크(Norwalk)라는 지명에서 유래했습니다. 웨스트나일 바이러스(West Nile virus), 라임병(Lyme disease)도 마찬가지입니다. 각각 나일강 서쪽 및 코네티컷주 작은 해변마을 라임을 뜻합니다. 한탄바이러스(Hantaan virus)가 어디에서 처음 발견되었는지 쉽게 짐작할 수 있겠죠? 당시에는 '우리' 이름이 붙은 '토종바이러스'라고 제법 뿌듯해하기도 했습니다. 아예 한국형출혈열(Korean hemorrhagic fever)이라고 부르기도 했죠.

최근에 유행한 메르스(MERS)도 중동호흡기증후군(Middle East respiratory syndrome)을 줄인 말이고, 지카바이러스(Zika virus, ZIKV)도 우간다의 지카 숲에서 처음 바이러스가 동정(同定)되어 붙여진 이름입니다. 원래 메르스의 첫 이름은 더 적나라했습니다. 사우디아라비아에서 시작한 인간 코로나바이러스(Human coronavirus from the Kingdom of Saudi Arabia)를 줄여서 HCoV-KSA1이라고 했죠.

지명만이 아닙니다. 리스테리아(*Listeria*)는 영국 외과의사 조지프 리스터(Joseph Lister)의 이름을 딴 것입니다. 수술 전에 손을 씻어야 한다는 사실을 처음으로 밝힌 사람이죠(네, 그 전에는 의사들이 수술 전에 손을 안 씻었습니다. 물론 수술장갑도 없었죠). 동물 이름도 씁니다. 돼지독감(Swine flu)이 대표적이죠. 세계보건기구에서는 이 질병을 H1N1 influenza A라고 부르려고 했지만, 너무 늦었죠. 덕분에 삼겹살집이 덩달아 큰 손해를 입었습니다.

특정 집단의 이름도 쓰곤 합니다. 레지오넬라병(Legionnaires' disease)은 미국 재향군인회(The American Legion)의 총회에서 유행이 시작되어 붙은 이름입니다. 국문으로 아예 '재향군인병'이라고 옮겨지기도 했습니다. 레지오넬라병은 종종 독감과 비슷한 증상을 유발하는데, 폰티액열(Pontiac fever)이라고 합니다. 디트로이트 폰티액에서 처음 발병해서 붙은 이름이죠. 많이 들어본 이름이죠? 「전격 Z 작전」에 나오는 말하는 차 '키트'가 바로 폰티액 파이어버드라는 자동차인데, 키트는 폰티액열이라는 병명이 썩 마음에 들는 않았을 것입니다.

2020년 1월 세계보건기구에서는 2019-nCoV라는 임시 이름을 제안합니다. 이로 인해 발생하는 임상증후군은 2019-nCoV 급성호흡기질환(2019-nCoV acute respiratory disease)이라 부르자고 했죠. 세계보건기구에서 2015년 5월에 제안한 작명 가이드라인(World Health Organization best practices for the naming of new human infectious diseases)에 따른 것입니다. 병원체나 질병에 지리적 위치나 특정 동물종, 특정 인구집단, 특정 문화나 관습을 뜻하는 단어를 피하자는 목적이죠. 세계보건기구가 세계동물보건기구(World Organization for Animal Health, OIE) 및 유엔식량농업기구(Food and Agriculture Organization of the United Nations, FAO)와 같

이 제안한 새로운 작명법은 의학적 이유로 제안된 것이 아닙니다. 병원체나 질병의 이름이 교역과 이동, 여행, 동물 복지 등에 미치는 부정적인 영향을 최소화하고, 특정 문화나 사회, 국가, 지역, 직업, 인종집단에 미치는 악영향을 줄이려는 것입니다.

질병명은 의사 같은 전문가 집단이 쓰는 용어니까, 사회적 의미에 대해 너무 불편해하는 것은 '오버'가 아니냐고 할 수 있습니다. 다들 우한폐렴이라고 하는데, 군이 헷갈리게 이름을 바꾸고 그러느냐는 것이죠. 영문 이니셜과 숫자로 이름을 붙이면 마치 암호 같아서 외우기도 어렵고, 입에 잘 붙지도 않는다고 합니다. 그런데 정말 그럴까요? 단지 '쉬운 암기'를 위해서 병명에 지역이나 집단의 이름을 붙였던 것일까요?

질병명에 특정 집단의 이름을 붙이는 전통은 역사가 깊습니다. 발견된 곳, 발견한 사람, 유행한 집단에 따라 무심코 가져다 붙인 것이 아닙니다. 국가나 민족 간의 왜곡된 자존심이 기저에 있습니다. 대표적인 경우가 바로 매독입니다. 15세기 이후 유럽에 매독이 크게 유행했습니다. 20세기 중반 페니실린이 개발되기 전까지 인류는 속수무책으로 당할 수밖에 없었습니다. 유럽 인구의 15퍼센트가 매독으로 죽었죠. 미대륙을 발견한 크리스토퍼 콜럼버스(Christopher Columbus), 탐험가 에르난 코르테스(Hernán Cortés), 철학자 프리드리히 니체(Friedrich W. Nietzsche), 악성 프란츠 슈베르트(Franz P. Schubert), 대문호 레프 톨스토이(Lev N. Tolstoy) 등이 모두 매독에 걸려 고생하거나 죽었습니다.

권력도 매독 앞에서는 무력했습니다. 이반 뇌제를 비롯하여 블라디미르 레닌(Vladimir I. Lenin), 베니토 무솔리니(Benito A. Mussolini)도 매독을 앓았습니다. 아돌프 히틀러(Adolf Hitler)는 『나의 투쟁』에서 "매독과의 투쟁은 민족의 과업이라는 사실을 모두 알아야 한다. 이는 여러 과업 중의 하나가 아니다. 진보냐 멸망이냐를 결정하는 모든 문제가 바로 이 과업에 달려 있다"라고 하기도 했습니다. 네, 짐작대로 히틀러도 매독을 앓았다고 합니다.

프랑스의 샤를 8세는 나폴리를 침공했는데, 이후 여러 도시에서 승승장구했습니다. 그러나 몇년 후, 샤를 8세의 군대는 퇴각을 결정합니다. 너무 많은 병사가 매독에 걸렸기 때문이죠. 그래서 독일과 이탈리아, 영국은 매독을 '프랑스 병'이라고 했고, 프랑스에서는 '나폴리 병'이라고 불렀습니다. 그리고 유럽 전역을 넘어 인도, 중국, 한국, 일본 등으로 널리널리 퍼져나갑니다. 덕분에 아주 다양한 이름을 얻게 됩니다.

스페인을 싫어하던 네덜란드, 덴마크, 포르투갈은 매독을 '스페인 병'이라고 했습니다. '카스티야 병'이라고도 했는데, 카스티야는 스페인에 있었던 왕국입니다. 러시아에서는 '폴란드 병', 폴란드에서는 '독일 병', 그리스에서는 '불가리아 병', 불가리아에서는 '그리스 병', 터키에서는 '기독교 병'이라고 불렀습니다. 무슬림은 힌두교가 원인이라며 비난했고, 힌두교인은 무슬림을 비난했습니다. 아시아도 마찬가지였습니다. 일본에서는 당창(唐瘡) 혹은 유구창(琉球瘡)이라고 불렀습니다. 당나라, 즉 중국이나 유구, 즉 오키나와에서

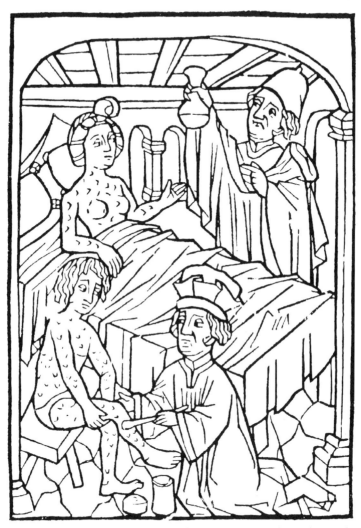

오스트리아 빈 출신 의사 바르톨로메우스 슈테버(Bartholomäus Steber)의 삽화(1498년경).
매독 환자의 소변을 검사하고 연고를 처방하는 장면이다. 15세기 당시 매독은 유럽의 많은
지역에서 '갈리아(프랑스 지방) 병'으로 불렸다.

왔다는 것이죠. 당시에는 오키나와가 독립국이었습니다.

매독이 성 전파성 질환이라는 것은 누구나 알고 있었고, 매독의 대유행을 일으킨 원흉은 당시 난립했던 매음굴입니다. 더럽고 추악한 질병에 국경을 맞댄 적성국의 이름을 갖다 붙인 것입니다. 물론 서로 그렇게 불렀으니 누구도 떳떳할 것이 없겠습니다만.

앞서 말한 대로 코로나-19는 우한폐렴이라고도 불렸고, 중국폐렴, 우한괴질이라고도 불렸습니다. 중국은 드세게 반발했고, 병명을 둘러싼 사회적, 정치적 논란이 오랫동안 이어졌습니다. 심지어 세계보건기구가 공식 명칭을 정해 내놓자, 중국의 사주를 받은 것이 아니냐는 말도 있었습니다. 작명 가이드라인은 2015년에 이미 시행되었는데도 말입니다. 심지어 우한폐렴이라고 부르는지 혹은 신종코로나감염증이라고 부르는지에 따라 개인의 정치적 성향을 가늠하는 일도 벌어졌습니다.

감염병은 분명 의학, 그리고 보건 영역의 문제입니다. 그러나 유행이 시작되면 더이상 의학의 문제라고만 볼 수 없습니다. 신체적 감염에 대한 심리적 두려움은 다양한 정신적 현상을 낳고, 인간의 행동과 사회적 관계에 엄청난 영향을 미칩니다. 의료와 보건의 영역을 떠나 인류 전체에 영향을 미치는 거대하고 복잡한 현상으로 돌변합니다. 이름조차도 쉽게 붙일 수 없으니 말입니다.

너의 정체는

병명에 대한 논란이 한창이던 무렵, 바이러스의 이름에 대한 고민도 있었습니다. 그러다가 2020년 2월 세계보건기구에서는 임시로 사용하던 2019-신종코로나바이러스(2019-nCoV)를 대신해서 사스코로나바이러스-2(SARS-CoV-2)를 제안합니다. 2003년에 유행하던 사스코로나바이러스(SARS-CoV)와 여러모로 비슷했기 때문입니다. SARS는 중증급성호흡기증후군(Severe Acute Respiratory Syndrome)을 줄인 말입니다.

그리고 사스코로나바이러스-2로 인해 발생하는 임상증후군의 이름을 코비드-19(COVID-19)로 정합니다. 우리나라에서는 이미 코로나라는 말을 많이 쓰고 있었기 때문에 코로나-19라는 약칭을 사용합니다. '코로나바이러스 감염증-19'라는 뜻입니다. 이러면 사스와 구분하기가 좀 어렵습니다. 아마 한국에서는 사스 환자가 한 명도 없었고, 추정 환자만 고작 세 명 있었기 때문에 크게 혼란스러울 일은 없다고 판단한 모양입니다. 하지만 앞으로 장기간 유행이 지속할 것으로 보입니다. 처음부터 국제적으로 통용되는 코비드-19로 통일했어도 좋았겠지만, 이미 늦었죠. 국문 홈페이지에는 코로나바이러스 감염증-19라고 하고, 괄호에 COVID-19라고 병기하고 있습니다.

그런데 이 바이러스가 사스바이러스와 비슷하다는 것은 알았지만, 어떻게 전파되어 세포에 침입하고 누구에게 주로 어떤 증상을 일으키며 어떤 경과를 보이는지는 아직도 확실하지 않습니다. 각종 논문과 보고가 쏟아져 나오지만, 설익은 연구도 많고 서로 들어맞지 않는 연구도 많습니다. 아니 의학이 이렇게 발달했다고 하는데, 그리고 세상에 똑똑한 의사나 의학자가 넘쳐난다는데 참 이상한 일입니다. 그깟 바이러스는 컴퓨터가 붙어 있는 복잡한 기계를 윙윙 돌리면 금방 정체를 알아내는 것 아닐까요? 연구비로 산 비싼 컴퓨터로 의학자들이 웹툰이나 보고 있는 것은 아닌지 의심스럽습니다.

하지만 감염병의 원인을 밝히는 일은 말처럼 쉬운 일이 아닙니다. 다시 매독 이야기를 해보겠습니다. 매독의 원인에 대한 가설입니다. 『네이처』에 실린 가설이 아니라, 세상의 아랫바닥을 통해 돌아다니는 가설이죠. 원래 '가설'(hypothesis)이라는 말 자체가 '아래'(hypo)에 '놓인 것'(thesis)이라는 그리스어 어원을 가지고 있습니다. 아무튼 15세기경 매독은 나병의 일종이라는 믿음이 퍼집니다. 성매매 여성이 나병 환자와 성관계를 했기 때문에 감염된다는 것이죠. 실제로 매독의 증상은 나병과 비슷한 면이 있습니다. 코가 움푹 들어가 안장코가 되는데, 그래서 성형수술이 발달하기도 합니다. 팔에 있는 피부를 코에 이식하는 것이죠. 사실 신체적 아름다움, 특히 얼굴 생김새나 피부상태와 관련된 미적 기준의 일부는 감염병 인류가 만들어낸 심리현상입니다. 깨끗한 피부, 균형 잡힌 외모는 '지금까지 감염병에 걸리지 않았음'의 신호라는 것이죠.

당시 사람들은 매독이 성매매 여성의 자궁에 있는 농양 혹은 포도주에 나병균이 오염되어 생긴다고 여겼습니다. 매음굴에서는 보통 술도 같이 팔죠. 그런데 18세기 영국의 의사 존 헌터(John Hunter)는 이를 과학적으로 확인하고 싶었습니다. 사춘기 소년처럼 성에 관심이 많았던 의학자입니다. 우리에게는 낯설지만 영국에서는 유명한 의학자입니다. 천연두 백신을 만든 에드워드 제너(Edward A. Jenner)의 스승인데, 런던에는 그의 이름을 딴 박물관도 있습니다.

헌터는 임질 환자의 요도 분비물을 건강한 사람의 성기 끝에 접종해봅니다. 그런데 그 건강했던 사람이 매독에 걸렸습니다. 그래서 그는 매독이 임질로 인해 생긴다고 결론내립니다. 일설에 따르면 그 건강한 사람은 헌터 자신이었다고도 합니다. 별로 과학적이지는 않죠? 아무튼 워낙 저명한 의사였으므로 곧바로 정설이 됩니다. 수십년이 더 지나서야 매독과 임질, 헤르페스 등이 다른 질병이라는 것이 밝혀졌죠. 헌터는 당시 가장 위대한 의학자 중 하나였지만, 과학적 수준은 참담했네요.

매독의 정체가 확실해지기 위해서는 수백년이 더 필요했습니다. 1905년 독일의 프리츠 샤우딘(Fritz Schaudinn)과 에리히 호프만(Erich Hoffman)은 드디어 매독을 일으키는 병원체, 트레포네마 팔리둠(*Treponema pallidum*)을 발견합니다. 나선형으로 생긴 독특한 병원체였습니다. 혹시 예전에 제법 인기 있던 만화책『닥터 노구치』를 본 독자라면 고개를 갸웃할지도 모르겠습니다. '아니, 노구치 박사가 발견한 것 아닌가?' 아닙니다. 노구치 히데요는 호프만이 발견한 지 몇년 후, 신경매독에 걸린 환자의 뇌에서 변종 트레포네마를 동정한 것입니다.

이처럼 신종 병원체의 정체를 밝히는 일은 그리 쉽지 않습니다. 매독은 바이러스가 아니라 박테리아인데도 불구하고, 그 정체를 밝히는 데 수백년이 걸렸습니다(박테리아는 바이러스보다 아주아주 큽니다).

신종 코로나바이러스에 속하는 사스, 메르스, 그리고 코로나-19 바이러스는 언제, 어디서, 어떻게 시작되었는지 명확하지 않습니다. 박쥐, 낙타, 천산갑, 사향고양이 등 다양한 야생동물이 용의선상에 올랐습니다. 덕분에 사스 때는 사향고양이가, 메르스 때는 낙타가 봉변을 당하기도 했습니다. 이번에도 우한 어시장이 용의자로 지목되었지만, 아직 확실하지 않습니다. 심지어 연어가 범인으로 의심받기도 했습니다.

많은 의사와 의학자가 밤낮없이 연구하여 엄청나게 빠른 속도로 많은 것을 밝혀내고 있습니다. 그러나 아직도 모르는 것이 너무 많습니다. 얼마 전 담배를 피우면 코로나-19에 더 위험하다는 논문을 읽었는데, 며칠 후에 흡연자는 감염에 저항력을 가진 것 같다는 논문도 읽었습니다. 혈압약을 먹는 고혈압 환자는 경과가 좋다는 연구, 나쁘다는 연구, 별 상관없다는 연구가 모두 있습니다. 왜 노인층에서 이렇게 사망률이 높은지, 왜 서유럽, 남유럽과 비교하면 동유럽은 괜찮은지, 미국은 왜 이리 환자가 많은지, 중국에서는 정말 신규 확진자가 없는 것인지, 일본은 왜 신규 확진 곡선이 독특하게 나타나는지 아직 잘 알지 못합니다. 심지어 안경을 쓰면 감염 가능성이 떨어지는데, 그 이유는 아직 모릅니다.

뭔가 이상한데도 그 이유가 확실하지 않으면, 우리는 우격다짐으로 이유를 만들어냅니다. 대부분 아주 유치한 원인을 들이댑니다. 단골로 등장하는 것이 바로 '국민성'이죠. 이탈리아에 환자가 많은 것은 자유로운 국민성 때문이고, 독일에 환자가 많은 것은 경직된 국민성 때문이라네요. 미국에 환자가 많은 것은 미국인이 무식해서 그렇고, 일본에 환자가 많은 것은 일본인이 순종적이라 그렇답니다.

음모론도 등장합니다. 중국에 신규 확진자가 적게 보고되는 것은 중국 정부의 통제 때문이라고 합니다. 누구는 중국에서 발병이 시작된 것은 미국의 거대한 음모라고 합니다. 그러나 미국의 환자가 훨씬 많아지자, 사실 중국의 음모였다고도 합니다. 심지어 빌 게이츠(Bill Gates)가 바이러스를 퍼트렸다는 주장도 있습니다. 백신 개발과 보급에 천문학적 기금을 기부하는 그의 입장으로는 정말 서운한 일입니다. 이렇게 서로 병립할 수 없는 음모론이 난무합니다. 그런데 놀랍게도 미국인 네명 중 한명이 이런 터무니없는 주장을 믿습니다.

너의 치료는

코로나바이러스의 백신과 치료제 개발이 한창입니다. 이미 몇가지 백신이 개발되어 있습니다. 기존의 약물 개발 과정을 앞뒤로 확 욱여넣고 초고속으로 진행한 덕분입니다. 보수적인 예측기관에서는 최소 2년 이상, 최대 10년을 예상했었고, 심지어 아예 개발할 수 없을 것이라는 비관적인 전망도 있었는데, 정말 놀라운 속도입니다. 하지만 덕분에 아직 모든 것이 명확하지 않습니다. 백신이 정말이 상황을 막을 수 있을지 없을지 아무도 확신하지 못합니다.

하지만 사정이 급하니까 '자잘한 검증'은 일단 대충 뛰어넘었습니다. 예전 같으면 규정을 어긴 비윤리적 임상실험으로 제약회사는 처벌을 받았을지도 모릅니다. 그러나 지금은 국가 차원에서 '면책'을 해줍니다. 미국 정부의 백신 개발 프로그램의 이름은 '오퍼레이션 워프 스피드'(Operation Warp Speed), 즉 초고속 작전입니다.

급한 마음 때문인지 별별 이야기가 다 나옵니다. 말라리아 치료제인 클로로퀸 이야기는 유행 초기부터 있었습니다. 미국 대통령 도널드 트럼프(Donald Trump)는 하이드록시클로로퀸(Hydroxychloroquine)을 먹는다고 공개적으로 밝히기도 했습니다. 스스로 코로나-19에 감염되면서 클로로퀸은 예방효과가 없다는 사실을 몸소 보여주었죠. 그런데도 미국과 유럽에서는 클로로퀸에 거는 대중적 기대가 제법 상당합니다. 도대체 왜 이러는 것일까요?

미국 대통령 주치의는 상당히 막막한 생각이 들었을 겁니다. 그런데 트럼프만 그러는 것이 아닙니다. 서양에는 클로로퀸을 먹는 사람이 적지 않습니다. 혹시나 하는 마음으로 임상연구도 실제로 했습니다. 도대체 느닷없이 왜 클로로퀸이 주목받는 것일까요? 인류의 과거에서 답을 찾을 수 있습니다.

원래 클로로퀸은 남아메리카에 자생하는 기나나무 껍질을 갈아 만든 전통처방에서 유래합니다. 당시 페루 원주민은 기나나무를 키나키나(quina-quina)라고 불렀습니다. 케추아어로 '나무 중의 나무'라는 뜻입니다. 17세기 무렵, 페루 총독이던 루이스 헤로니모 데 카브레라, 친촌 4대 백작(Luis Jerónimo de Cabrera, 4th Count of Chinchón)의 부인이 말라리아에 걸립니다. 까딱하면 죽을 지경입니다. 그런데 친촌부인은 기나피를 먹고 말라리아에서 회복됩니다. 물론 진위가 의심스러운 이야기입니다. 하지만 칼 폰 린네(Carl von Linné)는 이 이야기를 믿었던 모양입니다. 기나나무에 친초나(*Cinchona*)라는 학명을 붙였습니다.

아마 실제로는 남미에 선교를 간 예수회 신부가 처방을 배웠을 가능성이 높습니다. 그래서 '예수회 나무껍질'(Jesuit's bark)이라고도 하죠. 천주교를 미워하던 호국경 올리버 크롬웰(Oliver Cromwell)은 말라리아에 시달리면서도 기나피를 악마의 가루라고 하면서 절대 먹지 않았다고 합니다. 크롬웰 이후 다시 왕권을 잡은 찰스 2세는 좀더 현명했습니다. 기나피 처방을 기꺼이 받아들이고 말라리아에서 회복되었죠. 같은 시기 루이 14세도 기나나무로 아들의 말라리아를 치료합니다.

이후 기나나무는 유럽에서 오랫동안 약재로 쓰였습니다. 여러분이 즐겨 마시는 토닉워터에도 퀴닌, 즉 키니네가 들어 있습니다. 물론 아주 약간입니다. 클로로퀸에 대한 유럽 및 미국 사회의 비이성적 믿음은 이러한 역사적 배경에서 기인합니다. 인터넷에 토닉워터나 슈웹스, 그리고 코로나를 영어로 검색하면 뭔가 많이 나올 겁니다. "토닉워터를 마시면 코로나에 안 걸릴 수 있나요?"라는 식의 질문도 나옵니다. 흔히 '한국인은 김치나 홍삼을 만병통치약으로 여긴다'고 자조하지만, 서양인이라고 별로 다르지 않습니다. 요즘은 한국에서도 클로로퀸을 찾는 사람이 많습니다.

개똥쑥의 효과에 대한 이야기도 있습니다. 주로 아시아권입니다. 인터넷에 코로나와 개똥쑥을 같이 검색하면 역시 뭔가 많이 나올 겁니다. 그렇다면 개똥쑥은 도대체 왜 느닷없이 주목받는 것일까요?

1960년대 중국 남부에 말라리아 환자가 많이 늘어납니다. 무려 4000만명의 말라리아 감염자가 발생했죠. 전쟁 통에 베트남 지역에서 크게 퍼진 것입니다. 그러나 이미 중국은 또다른 사회적 역병, 즉 문화대혁명의 열병을 앓고 있었습니다. 병원의 의사는 시골로 하방(下放)되거나 화장실 청소를 하도록 강요당했습니다. 대신 청소부가 환자를 돌보았습니다. 정말입니다. 심지어 중학생이나 고등학생이 병원을 점거하고 의사와 간호사 행세를 했습니다. 제대로 된 진료를 할 수 없었죠. 진료실 사정마저 이러니 의학 연구는 전혀 이루어질 수 없었습니다. 중국의 기초과학 연구는 완전히 중단되었고, 책은 광장에서 불태워졌고, 의사와 과학자는 황무지로 쫓겨나 쟁기질을 했습니다.

하필이면 이때 말라리아 환자가 폭증하기 시작한 것입니다. 의과학 연구는 완전히 중단되었지만, 예외적으로 살아남은 분야가 바로 말라리아 연구였죠. 1967년 마오쩌둥(毛澤東)은 '말라리아 예방과 치료 전국협력회의'를 통해서 치료제 개발을 지시합니다. 문화대혁명의 광풍 속에서 아이러니하게도 말라리아 치료제 연구에 국가적 역량이 집결되는 상황이 벌어진 것입니다. 이른바 '523 임무'라고 불린 비밀 프로젝트였습니다.

중국에 유행한 말라리아는 기존의 클로로퀸에 저항성이 있었습니다. '523 임무' 덕분에 겨우 하방을 면한 과학자들은 새로운 말라리아 치료제 개발에 착수합니다. 39세의 투유유(屠呦呦)도 네명의 연구원과 함께 연구를 시작합니다. 중국 고의학서에서 실마리를 찾으려 했습니다. 옛 의학서에 기록된 640개의 처방을 수집했는데, 그중 하나가 바로 개똥쑥(*Artemisia annua*)입니다. 『동의보감』에 나오는 청호(菁蒿)라는 약초로, 아시아 전역에 널리 자생하는 식물입니다. 열을 내리고 더위 먹은 증상을 치료하며(淸熱解暑), 몸이 달아오르는 증상을 없애고(除蒸), 학질을 치료하는 것(截瘧)으로 알려져 있죠. 투유유는 서기 3세기경 동진시대 갈홍(葛洪)이 집필한 『주후비급방(肘後備急方)』에서 비방을 찾아냅니다.

하지만 효과가 없었습니다. 개똥쑥의 항말라리아 효과는 후추보다도 못했습니다. 포기하려던 차에 이런 처방을 읽습니다.『주후비급방』3권에 "한줌의 개똥쑥을 2승의 물과 함께 비틀어 짜서 마시라"고 기록되어 있었죠. 고열로 추출하던 기존의 방법을 버리고 저온에서 추출을 시도합니다. 섭씨 35도의 에테르를 사용합니다. 쥐와 원숭이를 사용한 동물실험에서 효과가 있었습니다. 잔뜩 고무된 투유유는 임상실험을 시작합니다. 실험대상은 바로 자신과 동료였습니다. 지금 기준으로는 연구윤리 위반입니다. 그러나 지체할수 없었죠. 시골로 하방되어 생이별한 남편과 말라리아에 걸려 죽어가는 아이를 생각하면 어쩔 수 없었습니다. 투유유도 어린아이를 둔 어머니였죠. 다행히 대성공이었습니다. 말라리아 치료제 아르테미시닌(artemisinin)은 이렇게 탄생했습니다. 투유유는 2015년 노벨생리의학상을 수상합니다. 전통의학적 처방을 기초로 노벨상을 받은 것입니다.

아시아인의 자존심을 살려준 개똥쑥에 대해 아시아인들의 자부심이 상당합니다. 심지어 마다가스카르에서는 대통령이 직접 나서 개똥쑥으로 만든 허브토닉을 홍보했습니다. 인근 국가에서는 허브토닉 확보 경쟁이 벌어지기도 했죠. 마다가스카르는 아프리카에 있지만 아시아인이 다수인 섬나라입니다.

우리 인류의 수준이 이렇게 참담합니다. 수천만명이 코로나-19에 감염되었지만 아직 제대로 된 치료법이 없습니다. 그러니 말라리아약을 먹고, 개똥쑥을 먹습니다. 하지만 이해되지 않는 것은 아닙니다. 정체를 알 수 없는 신종 바이러스입니다. 치료약도, 백신도 불확실합니다. 백신은 언제 제대로 개발될지, 개발되었다는 백신은 언제 맞을 수 있을지, 기대한 효과가 나타날지 아무도 단언하지 못합니다. 혼란과 불안의 시기입니다. 그러니 클로로퀸이나 개똥쑥에 대해 막연한 기대를 하는 것도 당연한 일입니다. 인도에서는 소의 오줌이나 똥을 바른다고 합니다. 이란에서는 알코올로 바이러스를 죽인다면서 공업용 알코올을 마시고 700명이 넘게 죽었습니다. 마늘과 김치는, 예전 같은 인기는 아니지만 여전히 단골처방입니다. 어떤 분은 저에게 진지한 표정으로 이렇게 말했습니다. "코로나는 고온에 약하기 때문에 매일 사우나를 합니다." 이러다 소주에 고춧가루를 타 마실 지경입니다.

우리가 철석같이 믿고 있는 현대의학의 성과는 아주 최근 일입니다. 그리고 아직 견고하지 않습니다. 상황이 어려워지면 우리는 더 오랜 처방에 의존하게 됩니다. 역병에 대한 고대의 처방이 등장하고 있습니다. 이와 더불어 역병에 대한 고대인의 정서와 행동도 나타나고 있습니다. 사실 전세계를 휩쓰는 팬데믹 상황에서 모두들 냉정한 태도로 이성을 유지한다면 그게 더 이상한 일입니다.

코로나-19 상황에서 벌어지는 수많은 사회적 갈등과 심리적 고통을 보면서, 역설적으로 '우리 조상의 삶, 우리 조상의 마음'이 어땠을지 짐작할 수 있습니다. 원시의 인류가 역병을 접했을 때 보이던 행동입니다. 바로 지금 우리가 생생하게 목도하고 있는 '우리 안의 원시인'입니다.

2장

감염병
연대기

인류역사는 바이러스의 주기적 유행으로 점철되어 있습니다. 정착생활을 시작하면서 일어난 일이죠. 처음 신석기혁명이 일어난 무렵 세계 인구는 약 400만명이었습니다. 1만년 전입니다. 그런데 5000여년이 지난 뒤에도 세계 인구는 500만명에 그쳤습니다. 5000년 동안 고작 100만명 늘어났습니다. 아니, 농업'혁명'이 일어났다고 하는데, 왜 이렇게 빈약한 성과를 보였을까요? 바로 감염병 때문입니다.

농경과 목축은 정착생활을 가능하게 했고, 이전보다 자주 아기를 낳을 수 있었습니다. 아기를 업고 먼 길을 다닐 필요가 없어졌기 때문이죠. 따라서 수렵채집을 하던 구석기시대보다 두배 이상의 자식을 낳았지만, 주기적인 감염병 대유행은 어렵게 이루어낸 인구 증가를 모조리 원점으로 돌릴 만큼 강력했습니다. 수천년이 흘러서야 병원균 레퍼토리가 감소하고, 어느 정도 저항력을 가지게 되면서 인구가 점점 늘어나기 시작했죠. 하지만 최근까지도 감염병 대유행은 인구를 줄이는 가장 강력한 요인 중의 하나였습니다.

삼황의 시대

염제신농씨(炎帝神農氏)는 자신의 이름을 딴 염제신농국을 세워 대대로 다스렸는데, 아주 특별한 재주가 있었습니다. 이름에서 짐작할 수 있듯이 농사짓는 법을 가르쳤죠. 염제란 불꽃왕이라는 뜻인데, 태양을 말합니다. 해가 있어야 농사를 지을 수 있습니다. 신농씨는 사람의 몸에 소의 머리를 하고 있었답니다. 아마 소도 키운 모양입니다. 조선시대 임금은 봄마다 직접 소를 몰고 밭을 가는 행사를 치르고 제사를 지냈습니다. 바로 신농씨에게 올린 제사입니다. 제사 후에 백성과 함께 설렁탕을 먹었다는 상당히 의심스러운 옛날이야기는 염제신농씨에서부터 시작합니다. 모르긴 몰라도 분명 소머리국밥은 아니었을 겁니다.

신농씨는 삼황 중의 하나인데, 시기적으로는 두번째입니다. 그러면 첫번째는 누굴까요? 바로 태호복희씨(太皞伏羲氏)입니다. 사냥과 불을 가르친 왕이죠. 어째 복희씨와 신농씨가 구석기와 신석기를 대표하는 것 같습니다. 삼황의 마지막 자리는 황제헌원씨(黃帝

중국 고대신화에서 삼황은 인류문명에 필요한 획기적인 발명을 통해 후세에 큰 모범이 된 세명의 왕을 뜻한다. 위에서부터 시계 반대방향으로 태호복희씨(구부러진 자를 들고 있으며, 여신 여와와 함께 있는 모습으로 나타난다), 염제신농씨, 황제헌원씨의 모습이다. 삼황 신화는 춘추전국시대 제자백가의 여러 주장이 경합하면서 점점 굳어졌기 때문에 다양한 설이 있다. 이 책에서 언급된 삼황은 서진시대에 편찬된 『제왕세기(帝王世紀)』와 남송시대 말 편찬된 『십팔사략(十八史略)』에 근거한다.

軒轅氏)가 차지했습니다. 헌원씨는 막내답게 '자잘'한 일을 마무리 했는데, 바로 글자와 의학을 만든 것이죠. 한의학의 원전인 『황제내경(黃帝內經)』에 자신의 이름을 올렸습니다(물론 정말 헌원씨가 썼을 리는 없지만요).

불의 사용과 농사, 가축, 의학이라는 신석기 초기의 중요 사건을 읽다보면 자연스럽게 삼황의 '치적'이 연상됩니다. 그러나 이를 위대한 왕의 업적으로 추앙하고 싶지는 않습니다. 사실 신석기 초기에 일어난, 그리고 지금도 여전히 일어나고 있는 농업 관련 사건은 인류의 치명적 실수였습니다. 재레드 다이아몬드(Jared M. Diamond)는 「인류역사상 최악의 실수」라는 글에서 "그동안 우리를 보다 나은 삶으로 이끈 결정적 단계로 믿었던 농업의 도입이 사실은 여러 면에서 도무지 회복할 수 없는 수준의 재앙적 선택이었다"라고 단언했습니다.

사실 농경은 신석기 이전부터 있었습니다. 씨앗을 뿌리면 곡물이 자란다는 사실을 수렵채집인이 몰랐을 리 없습니다. 가끔은 곡물도 키우고, 화전도 했습니다. 그러나 수렵과 채집이 훨씬 쉬웠죠. 초기의 곡물은 낟알이 보잘것없었으므로 큰 관심을 끌지 못했습니다. 눈앞에 보이는 거대한 매머드를 잡으면 온 부족이 풍족하게 먹는데, 가축과 곡물을 키울 이유가 없습니다.

농경이 시작된 것은 아이러니하게도 빙하기가 끝난 이후였습니다. 1만 1700년 전 어느 해입니다. 단 10년 만에 평균기온이 7도나 상승했습니다. 홀로세, 즉 현세의 시작입니다. 1200년 동안의 매서운 추위가 물러갔습니다. 그러나 봄날도 잠시, 살림살이는 점점 팍팍해졌죠. 거대동물(megafauna)이 멸종된 것입니다. 인간의 사냥이 원인이라는 주장도 있고, 기후변화에 의한 것이라고도 합니다. 아무튼 먹잇감이 없어지자 농사일에 눈을 돌리게 되었습니다. 예전이라면 거들떠보지도 않을 음식이지만, 살려면 어쩔 수 없었습니다. 고고학자 켄트 플래너리(Kent V. Flannery)는 이를 광역혁명(Broad spectrum revolution, BSR)이라고 합니다. 기나긴 낮은 수준의 식량생산 시기(low-level food production) 동안 인류는 가축을 길들이고 곡물을 개량해야 했습니다. 네, 맞습니다. 바로 신농씨의 시기입니다.

집 주변에 가축과 곡물을 키우기 시작했고, 음식쓰레기도 쌓였습니다. 분변과 오물이 넘쳐났습니다. 자연스럽게 쥐와 모기, 파리가 찾아왔습니다. 물론 박테리아와 바이러스도 더부살이를 시작했죠. 인류학자 제임스 스콧(James C. Scott)은 이를 '후기 신석기시대 다종생물 재정착 캠프'라고 부릅니다. 질병이 시작되었으니, 신농씨의 뒤를 이은 황제헌원씨가 의학을 발명하는 것이 당연한 수순이었는지도 모릅니다.

인류 최악의 실수

좀 이상한 스토리인가요? 아마 여러분 대부분은 이렇게 알고 있었을지도 모릅니다. 기아와 질병에 시달리고, 맹수에 잡아먹히고, 서로 전쟁하며 죽고 죽이고… 영겁의 세월 동안 야만적 삶을 지속하던 반인반수(半人半獸)의 인류. 그러던 어느 날, 위대한 초인의 마음에 이런 생각이 들었습니다.

'나는 인간이다. 더는 이렇게 살 수 없다. 문명을 세울 것이다.'

정착할 곳을 찾아 헤매던 그는 비옥한 초승달지역에 터를 잡고 농사를 시작했습니다. 가축을 길들이고, 문자를 만들고, 법과 제도를 만들었습니다. 공교롭게도 비슷한 시기, 나일강과 황하에도 이런 선각자가 나타났습니다.

단선적 진보 모델에 의하면 인류는 미천한 동물의 위치에서 지금처럼 높은 인류의 위치로 발돋움했죠. 아마 앞으로 더 진보하여 신의 자리에 오를지도 모릅니다. 여전히 많은 사람이 굶주림에 시달리고, 감염병에 걸려 죽고, 전쟁도 끊이지 않지만, 분명 예전보다는 나아졌다고 믿습니다. 어제보다는 오늘이 낫고, 오늘보다 내일이 나을 것이라는 강력한 믿음이죠. 낭만적으로 들립니다만 사실이 아닙니다.

구석기 말에서 신석기 초까지 낮은 수준의 식량생산 시기가 수천 년 동안 지속했습니다. 단지 먹고살기 위해서 어쩔 수 없이 가축을 길들이고 곡물을 개량했습니다. 수렵과 채집을 병행하면서 조금씩 이루어낸, 아주 지난한 과정이었습니다. 자연스럽게 불청객도 나타났습니다. 쥐와 모기, 파리가 찾아오고, 박테리아와 바이러스도 반갑지 않은 동거를 감행합니다. 즉 도무스 복합체(domus complex)가 형성됩니다. 라틴어로 '집'이라는 뜻을 가진 도무스는 농장과 농장 주변을 뜻하는 말입니다. 이 도무스 복합체에 인간과 가축의 분변과 각종 쓰레기가 쌓입니다. 끊임없이 이동하는 수렵 채집사회라면 고민할 필요가 없었던 일입니다. 그러나 인류가 맞닥뜨린 현실은 말 그대로 시궁창이었습니다.

신석기혁명과 인수공통감염병

아니, 그렇다면 호모 사피엔스 이전의 구석기 인류는 감염병에 걸리지 않았단 말일까요? 결론부터 말하면 '대체로' 그렇습니다. 물론 사람 사이에서만 전파되는 감염병도 있습니다. 직접 접촉이나 환경오염에 의한 간접 전파, 매개체를 통한 전파 등입니다. 대표적인 경우가 매독이나 말라리아죠. 사람 사이에서만 옮겨 다닙니다. 물론 말라리아의 생활사 중에 모기의 몸에 있는 기간이 있지만, 이런 것도 포함해서 사람간 전파로 취급합니다. 과거에는 이러한 감염병이 큰 문제였죠. 하지만 사실 그 숫자가 많지 않습니다. 약 100종이 채 안 됩니다.

문제는 동물입니다. 역사학자 윌리엄 맥닐(William H. McNeill)은 이렇게 말했습니다.

인류의 조상이 겪어온 생물학적 진화는 체내의 기생충과 인간을 포식하는 육식동물, 인간이 포식하는 생물과 서로 균형을 이루며 진화했을 것이다. (…) 오랜 세월을 통해 유지된 생물계의 자연적 균형은 문화적 진화가 일어나면서 큰 혼란에 빠질 수밖에 없었다. 새롭게 터득한 기술에 의해 인류는 자연계의 균형을 바꾸는 능력을 얻었고, 따라서 인간이 걸리는 각종 질병에도 근본적 변화가 생기기 시작했다.[*]

수렵채집사회에서 사냥꾼의 수가 늘어나면 사냥감이 줄어듭니다. 그러면 자연스럽게 사냥꾼은 도태되고, 다시 사냥감이 늘어납니다. 자연스러운 균형이죠. 하지만 인간은 이러한 균형을 깨버리고 말았습니다. 가축과 곡식을 키우며 늘어나는 인구를 억지로 감당할 수 있게 된 것입니다. 물론 그 댓가로 노동과 질병, 불평등을 얻었습니다. 인간이 최초로 농사일을 위해 길들인 동물은 소나 말이 아닙니다. 바로 인간 자신입니다. 「창세기」에 "너는 죽도록 고생해야 먹고 살리라. 들에서 나는 곡식을 먹어야 할 터인데, 땅은 가시덤불과 엉겅퀴를 내리라. 너는 흙에서 난 몸이니 흙으로 돌아가기까지 이마에 땀을 흘려야 낟알을 얻어먹으리라"고 되어 있습니다. 에덴동산에서 쫓겨날 무렵 아담의 처지가 그렇게 처량했습니다.

개는 분명 인간에게 먼저 다가온 것으로 보이지만, 다른 가축은 인간이 먼저 길들였습니다. 개는 농사일이 아니라 사냥을 돕는 가

● 윌리엄 H. 맥닐 『전염병과 인류의 역사』, 허정 옮김, 한울 2008, 32면.

축이죠. 약 3만년 전, 인류가 사냥꾼이던 시절의 유산입니다. 그럼 고양이는? 가끔은 고양이가 가축인지 혹은 주인인지 모르겠지만, 아무튼 고양이와 인간의 인연은 한참 뒤에 맺어졌습니다. 아마 이집트에서 길들인 것으로 추정되는데, 곡식창고에 들끓는 쥐와 새를 처치하려는 목적도 있었을 것입니다.

어쨌든 인간은 다른 동물과 같이 살면서 음식도 나누고, 감염균도 물론 나누었습니다. 사람간 전파도 가능하지만, 일차적 감염원은 동물입니다. 인수공통감염병이라고 합니다. 광견병이나 라임병, 웨스트나일열병 등이죠. 보통 척추동물 사이에서 감염이 일어납니다. 어쩌다가 인간에게 옮겨 오는 경우도 있고(광견병), 다른 동물도 감염되지만 인간 사이의 감염이 더 심각한 경우도 있습니다(홍역 등). 유제류나 설치류, 영장류, 박쥐, 고래, 유대류 등이 주원인입니다. 조류나 파충류, 양서류, 어류도 가끔 문제를 일으킵니다.

수많은 질병이 새로 생겼습니다. 홍역은 소의 우역에서, 천연두는 우두에서, 인플루엔자는 돼지에서 건너왔습니다. 콜레라, 천연두, 홍역, 볼거리, 인플루엔자, 수두 등 전통적 감염병은 모두 인수공통감염병입니다. 구석기시대에는 연충 등의 기생충은 있었지만, 치명적이지 않았습니다. 그러나 상황이 크게 달라졌습니다. 홀로세 내내 인류를 괴롭힌 감염균의 종류는 약 1400종으로, 그중 538종이 박테리아나 리케차, 317종이 진균, 57종이 원생동물, 287종이 연충, 2종이 프라이온입니다. 바이러스는 208종입니다. 그중 무려 800종이 인수공통감염병입니다.

기원전 8500년경 레반트 지역에서 시작된 '토기 없는 신석기시대 B'(Pre-Pottery Neolithic B, PPNB) 당시에는 전염병이 유행하면 종종 거처를 버리고 떠났습니다. 수렵채집이라는 삶의 방식이 아직 생생하던 시절입니다. 이 지역에서 어느 날 갑자기 버려진 도시유적이 발견되는 이유죠. 주변 사람이 픽픽 쓰러져나가는데, 무슨 미련이 있다고 마을에 머물러 죽음을 택하겠습니까? 도시는 만성적이고 치명적인 전염병 확산의 중심이 되었습니다. 가까스로 세워진 초기 도시국가는 단명했죠. 파멸을 지속하며 끝없는 역병이 이어졌습니다. 토기 없는 신석기시대가 끝난 가장 큰 이유 중 하나는 바로 전염병입니다.

이후 메소포타미아의 소택지와 나일강의 삼각주에서 본격적인 농사가 시작되었습니다. 경작을 위해서는 물이 필요했죠. 처음에는 자연적인 하천의 범람을 이용했고, 점차 직접 물길을 내기 시작했습니다. 관개수로에는 달팽이가 살았고, 달팽이 몸에는 주혈흡충(schistosome)이 살았습니다. 강력한 권력을 가진 국가는 거대한 수로를 팠고, 백성은 점점 이런저런 감염병에 걸려 시름시름 앓았습니다. 비옥한 초승달지역에 우바이드(Ubaid) 문화가 시작되면서 초기 국가의 여명이 밝았지만, 여전히 감염병에는 취약했습니다. 인구밀도가 높아졌고, 감염병의 기초감염재생산지수(basic reproduction number, R_0)도 크게 높아졌습니다. 밀도 의존적 질병(Density-dependent disease)으로서 감염병이 제 세상을 만난 것입니다.

문명의 초기, 신농씨와 헌원씨가 약초의 효과를 몸소 시험하고 의학서를 써야 했던 이유일까요? 하지만 어렵게 성립된 국가는 나약하기 그지없었습니다. 백성의 숫자로 국력이 결정되는 시기였습니다. 정복과 납치를 위한 전쟁이 끊이지 않았죠. 그런데 군대는 늘 전염병을 달고 귀환했습니다. 애써 모은 노예보다 전염병으로 잃는 시민이 더 많았습니다. 원정군을 성 밖에 장기간 대기시키는 등의 원시적 방역을 했지만, 성과는 실망스러웠습니다. 전염병 유행으로 공황에 빠진 사람들은 뒤도 돌아보지 않고 도망갔습니다. 불평등과 압제, 착취, 전쟁을 통해 간신히 문명이라고 부를 만한 것을 세웠지만, 전염병은 하루아침에 이 모든 것을 원점으로 되돌리기 일쑤였습니다.

점점 지독해지는 감염병

확실하지는 않지만 사람간 전염병은 기원전 3000년 무렵에 자리 잡은 것으로 보입니다. 전염병은 주기적으로 절멸에 가까운 재앙을 가져왔지만, 인구는 조금씩 증가했습니다. 인구밀도가 어느 수준을 넘으면 전염병은 더 잘 퍼집니다. 홍역을 예로 들어볼까요? 지금은 MMR(Measles-Mumps-Rubella Combined Vaccine, 홍역·볼거리·풍진의 3종 혼합백신) 예방접종 덕분에 큰 걱정 없이 살고 있습니다만 홍역의 기초감염재생산지수는 종종 20에 육박합니다. 한 사람이 스무 사람에게 옮길 수 있다는 것입니다. 따라서 인구가 적으면 한꺼번에 확 휩쓸고 지나간 후, 이내 사라집니다. 한번 앓으면 평생 면역이 지속합니다. 집단에서 계속 감염이 일어나려면 질병에 걸릴 '신선한' 숙주가 늘 수천명 대기하고 있어야 합니다. 최소 30만명의 인구를 갖춘 도시가 아니라면 홍역은 짧고 굵은 타격을 가한 후, 자연스럽게 사라지고 맙니다.

벌써 수천년이 흐르지 않았냐고 반문할 수 있습니다. 계속 감염되다보면 언젠가 적응할 법도 합니다. 이 정도 오랫동안 같이 뒤엉켜 살았으면, 철천지원수라도 정이 들 것 같습니다. 감염균이 가진 독성은 양날의 검입니다. 병원성이 너무 심하면 숙주가 죄다 죽어버립니다. 숙주가 없으면 감염균도 죽죠. 반대로 숙주는 점점 저항력을 키워갑니다. 이를 병원성 균형(balanced pathogenicity) 이론이라고 합니다. 점점 양순해집니다. 그런데 우리는 왜 이토록 많은 감염병에 시달리는 것일까요?

병원체와 숙주가 공생을 향해 진화한다면 걱정할 이유가 없습니다. 인류의 선조가 몸소 고생해준 덕분으로 우리 후손은 감염병을 '가볍게' 앓고 지나가면 될 일입니다. 그러나 세상일이 그리 쉽던가요? 숙주에게 심각한 피해를 주면서도, 즉 독성이 심해 곧 죽음에 이르는 치명적 병을 일으키면서도 감염균이 널리 퍼질 수 있는 몇가지 진화적 전략이 있습니다. 진화의학자 폴 이월드(Paul W. Ewald)는 자신의 책 『전염성 질병의 진화』(*Evolution of Infectious Disease*)에서 크게 네가지 진화적 기전을 설명합니다.

우선 매개동물 의존성 감염병입니다. 쥐벼룩이 옮기는 페스트, 모기가 옮기는 뇌염, 진드기가 옮기는 쓰쓰가무시병 등이죠. 곤충이나 동물이 단순한 전달자의 역할만 하는 경우(기계적 전파)부터 매개체의 체내에서 증식을 통해 인체 감염으로 이어지는 경우(생물학적 전파)까지 여러종류가 있습니다. 기계적 전파에 의한 감염병은 장티푸스, 파라티푸스, 살모넬라증, 이질, 결핵, 페스트, 나병이 대표적이고, 생물학적 전파에 의한 감염병은 뇌염, 황열병, 발진티푸스, 유행성 재귀열, 뎅기열, 발진열, 사상충증, 말라리아, 아프리카 수면병, 홍반열, 쓰쓰가무시병 등입니다. 매개동물 의존성 감염병은 숙주의 건강을 심각하게 해치도록 진화할 수 있습니다. 감염균 입장에서는 매개동물이 접근해도 피하지 못하도록 숙주를 기진맥진하게 하거나 아예 얼른 죽어서 매개동물에 잡아먹히도록 하는 쪽이 더 유리할 수 있기 때문입니다.

수인성전염병도 병원성이 좀처럼 낮아지지 않습니다. 물을 통해서 급속도로 전파될 수 있기 때문이죠. 심각한 설사로 인해 숙주가 죽는 일이 있더라도 강물에 한번 퍼지면 대량 감염이 가능합니다. 숙주를 희생해서라도 대량 전파를 감행하는 전략을 진화시켰을 것입니다.

사실 이 두 기전은 살충이나 살서, 식수 위생 개선 등을 통해서 어느 정도 극복할 수 있습니다. 쥐잡기 운동을 하고, DDT를 하늘에서 살포하고(지금은 아니지만), 물을 끓여 먹고, 정수장을 건설하는 이유입니다. DDT는 환경에 잔류하여 오래도록 해를 입히는 것으로 알려져 있지만, DDT 금지로 인해 증가한 감염병으로 죽은 사람이 훨씬 많습니다.

장기간 잠복하는 감염균도 문제죠. '앉아 기다리기' 전략이라고 하는데, 이동성을 상실한 숙주 내에서 무작정 버티면서 다른 숙주를 기다리는 것입니다. 결핵이 대표적입니다. 숙주가 쓰러지거나 심지어 죽더라도, 병원체는 외부 환경에서 오랫동안 살아남으면서 새로운 숙주를 기다립니다.

요즘은 병원 혹은 의료인 매개 감염도 문제입니다. 숙주가 아플수록 병원에 갈 것이고, 병원에 가야 다른 숙주에게 쉽게 전파될 수 있습니다. 감염병이 유행하면 병원 앞에 선별진료소를 차리는 이유죠. 열이 나는 사람을 가려서 병원에 못 들어오게 한다는 것이 좀 이상한 일이지만, 병원 내에 감염병이 유행하면 정말 곤란하기 때문입니다.

역사시대 이후

역사시대에 접어들면서 인류는 곧잘 다른 동물들을 길들이고, 상당수의 병원체도 점점 순해졌지만, 일부 감염균은 좀처럼 고삐를 잡을 수 없었습니다. 문명이 시작된 이후에도 감염병은 눈치 없이 계속 인류사회에 나타났습니다. 점토판에 설형문자로 기록된 「길가메시 서사시」에서 수메르인은 네가지 재앙의 하나로 역병을 꼽았죠. 모세가 이집트 땅을 나오던 무렵 "이집트 온 땅의 사람과 가축에게 악성 종기가 나기도" 했습니다. 다윗 시절에는 "전염병을 이스라엘에 내리시니 (…) 백성의 죽은 자가 칠만명"에 이르기도 했죠. 기원전 4세기 그리스의 히포크라테스(Hippocrates)는 의학의 아버지답게 말라리아와 결핵, 인플루엔자, 디프테리아 등의 감염병을 기술하기도 했습니다.

문명이 시작된 이후 인류는 늘 제국 건설의 꿈을 품었습니다. 세상을 하나의 질서로 묶고 언어와 문자, 바퀴 축의 길이와 저울을 통일하는 것입니다. 더이상 정복전쟁이 없는 평화로운 세상이죠. 로마의 황제도, 진시황도, 나폴레옹과 히틀러도 모두 비슷한 생각을 했습니다. 세계제국이 밝은 미래를 보장해줄 것이라고 근거 없는 희망을 품었죠. 기원전 3500년 최초의 세계체제인 우루크부터 있었던 오랜 믿음입니다. 지배층은 교역의 규모와 지리적 한계를 끝없이 확장했습니다. 그러나 오래갈 수 없었죠. 물자와 사람의 이동에 따라 감염균도 덩달아 이동했고, 새로 만나는 감염균은 늘 매서운 주먹을 휘둘렀습니다.

인류가 국가다운 국가를 만든 것은 불과 5000여년 전입니다. 하지만 국가는 예상과 달리 아주 비실비실했습니다. 불과 수백년 전만 해도 대부분의 사람은 국가의 통제를 거의 받지 않고 살았죠. 곡물을 주로 재배하는 유럽과 동아시아의 일부 지역은 높은 수준의 중층화된 국가를 세웠지만, 그밖의 지역에서는 미약한 국가가 간신히 세워졌다가 없어지기를 반복했습니다. 인간이 자신의 정체성을 국가에 투사한 것은 최근의 일입니다. 형편없는 국가라도 필경사를 고용할 정도의 여력은 있었으므로 역사책은 왕과 왕실, 국가의 이야기로 가득합니다. 그러나 대부분의 인류는 높은 궁궐 안에서 벌어지는 일과 상관없이 살았습니다. 필경사는 역병에 대한 기록을 별로 남기지 않았는데, '필경' 감염병을 피해 도망치거나 병들어 죽었을 것입니다.

거대한 상징적 건축물과 복잡한 법과 제도를 보면 문명은 영원할 것만 같습니다. 그러나 눈에 보이지도 않는 병원균은 수없이 많은 도시와 국가, 그리고 문명 자체를 원점으로 돌리곤 했습니다. 거대한 제국일수록 명이 짧은 법입니다.

역사가 투키디데스(Thucydides)에 의하면 기원전 430년 펠로폰네소스전쟁 초반 아테네에 엄청난 역병이 유행했습니다. 바로 아테네 역병(Plague of Athens)입니다. 약 10만명이 죽었는데, 수년 동안 두번이나 더 유행했습니다.

아테네 역병의 이유 중 하나는 인구 집중입니다. 스파르타의 공격을 피해 아테네 시민들이 아크로폴리스에 몰려든 탓에 전염병이 창궐하기 좋은 조건이 된 것이죠. 병에 걸린 사람들은 죽어나갔고, 아무렇게나 집단매장되었습니다. 시민은 신앙심을 잃고 하루하루 향락에 빠져 지냈습니다. 엄청난 공포와 불안에 압도되면서 도리어 일시적인 쾌락에 빠졌죠. 국력이 소모된 아테네는 결국 스파르타에 패배했습니다. 역사상 최초의 팬데믹으로 불리는 사건입니다. 물론 그 이전에도 비슷한 일이 비일비재했겠지만, 투키디데스처럼 기록을 남겨줄 사람이 없었을 것입니다. 투키디데스도 아테네 역병에 걸렸지만, 구사일생으로 겨우 살아났습니다.

로마 시절부터는 기록이 많습니다. 기원전 387년부터 최소 열한 번의 전염병이 유행했습니다. 서기 165년 당시 황제 중 한명의 이름을 딴, 이른바 안토니우스 역병(Antonine Plague)이 발생했죠. 이것도 당시 로마에 살던 그리스 의사 갈레노스(Galenos)가 기술한 덕분에 잘 알려지게 되었습니다. 흑해 남동쪽 지역, 지금으로는 아르메니아가 있는 파르티아에 로마군이 원정을 간 것이 문제였습니다. 로마제국 전역으로 전염병이 유행하고, 대략 500만명이 죽었습니다. 의사 갈레노스도 환자를 뒤로하고 역병을 피해 도망쳤다죠. 덕분에 자세한 기록이 남게 되었는지도 모르겠습니다만, 의사로서는 실격입니다.

서로마제국이 멸망하고 비잔틴제국이 뒤를 이은 후, 서기 541년 또다른 엄청난 역병인 유스티니아누스 역병(Plague of Justinian)이 제국을 덮쳤습니다. 역사상 가장 심각한 전염병으로 꼽히는데, 절정기에는 콘스탄티노플에서만 매일 5000명이 죽었다고 합니다. 최대 1억명이 사망한 것으로 추정됩니다. 당시 유럽 인구의 거의 절반이죠. 이로 인해 고토 수복을 노리던 유스티니아누스의 꿈은 실패로 돌아갔습니다. 이때를 제1차 구세계 팬데믹(the first Old World pandemic of plague)이라고 합니다.

유스티니아누스 역병의 원인은 페스트균입니다. 이후 여러 변종 페스트가 주기적으로 인류사회를 덮쳤죠. 유라시아대륙 전체를 덮친 14세기경의 흑사병으로 인해 유럽인 세명 중 한명이 죽었습니다. 제2차 팬데믹(the second plague pandemic)입니다. 중국과 몽골 등에서는 기록조차 없이 숱한 사람이 죽어나갔습니다. 페스트는 이후에도 잊을 만하면 다시 나타났고, 지금까지 국지적으로 유행하고 있습니다.

19세기에는 제3차 팬데믹(the third plague pandemic)으로 불리는 아시아 콜레라(Asiatic cholera)가 유행합니다. 1817년 인도 콜카타에서 시작하여 중동, 동부 아프리카, 지중해 연안 남부 및 동남아시아로 퍼집니다(제1차 콜레라 팬데믹). 무역로를 따라 확산을 거듭하다가 약 8년이 지난 1824년에 수그러듭니다. 하지만 약 5년 후, 북미와 유럽에 제2차 콜레라 팬데믹을 유발합니다.

이미 세상은 '글로벌 공급망'을 형성하고 있었습니다. 물론 상인과 군인은 상품과 무기만 들고 다닌 것이 아니었죠. 9년을 휩쓸던 콜레라는 1837년 소강기에 접어듭니다. 그러나 1846년 제3차 유행이 시작되어 북아프리카와 남미로, 1863년 제4차 유행은 나폴리와 스페인으로, 1881년 제5차 유행이 다시 유럽과 아시아, 남미 전역으로, 1899년 제6차 유행이 이집트, 페르시아, 인도, 필리핀, 독일로 퍼집니다. 거의 100년 동안 지속한 제3차 팬데믹은 조선에서 무려 13만명(한양에서만!)의 희생자를 낳았습니다.

이제 끝일까요? 아닙니다. 20세기 초반, 유명한 스페인 독감이 최대 2억명의 목숨을 앗아갑니다. 그리고 1961년 콜레라가 다시 제7차 팬데믹을 유발합니다. 인도네시아에서 나타난 새로운 변종은 방글라데시를 거쳐 인도, 소련, 북아프리카, 이탈리아, 일본 등으로 전파됩니다. 14년을 지속했습니다.

세계보건기구가 인정한 공식적인 팬데믹은 단 세번입니다. 1968년의 홍콩 독감(Hong Kong flu), 2009년 신종 플루를 거쳐 2019년 코로나바이러스 감염증-19입니다. 하지만 앞서 말한 대로 팬데믹은 어쩌다 일어나는 비극이 아닙니다. 우리는 흔히 흑사병이나 스페인 독감 정도를 떠올립니다. 역사상 두번 있었으니 이번에 어떻게든 코로나-19를 잡으면 또 수백년 동안 괜찮을까요? 그러나 팬데믹 연대기를 보면, 그리고 지금 세계를 휩쓸고 있는 감염병의 위세를 보면, 이러한 낙관적 예상은 너무 순진한 것입니다.

코로나-19가 유행하기 전에도 인류는 팬데믹에 계속 시달리고 있었습니다. 결핵과 발진티푸스, 매독, 장티푸스, 천연두, 나병, 말라리아, 그리고 HIV(인간면역결핍바이러스)에 이르기까지 '공식적인 팬데믹'으로 취급하지 않는 수많은 감염병이 인류의 목숨을 앗아갔고, 앗아가고 있고, 앞으로도 그럴 것입니다. 코로나-19로 2020년에만 아마 170만명이 죽은 것으로 보입니다. 그런데 이미 결핵과 HIV로 비슷한 숫자가 매년 죽고 있습니다. 이에 더해서 말라리아가 또 40만명의 생명을 매년 앗아가고 있습니다.

우리는 늘 팬데믹 지구에서 살아왔습니다. 코로나-19 유행으로 팬데믹이 시작된 것이 아닙니다. 수많은 팬데믹에 낯선 목록이 하나 더해진 것뿐이죠.

3장

기생체와 숙주의 기나긴 군비경쟁

기생체와 숙주는 수억년에 걸쳐 공진화했습니다. 물론 사이가 늘 좋았던 것은 아닙니다. 하지만 시간이 지나면 점점 친해집니다. 정확하게 말하면, 살갑게 서로를 대한 숙주와 기생체만 살아남은 것이죠. 그렇지 않았다면 숙주든 기생체든 몽땅 죽어버리고 자손을 남기지 못했을 것입니다.

　공(攻)과 수(守)를 나누어서 이야기해보겠습니다. 수비는 다음 장에서 다루도록 하고, 이번 장에서는 공격 쪽을 먼저 이야기해보죠. 미생물총과 기생충, 박테리아, 바이러스의 순입니다. 처음에 아주 자세하게 썼다가 왕창 덜어냈습니다. 너무 재미가 없거든요. 만에 하나 더 궁금하다는 분이 있다면, 의학 미생물학 교과서를 참고해주십시오. 물론 그러지 않으시기를 권합니다. 지금까지 수많은 의대 교과서를 읽었지만, 읽으면서 기분이 좋아진 적은 한번도 없었습니다.

유익한 균, 미생물총

미생물총은 적이라기보다는 친구입니다만… 물론 가끔은 적으로 돌변합니다. 인간은 다양한 미생물, 중생물(macrobe)과 공생적 관계를 맺고 만들어진 통생명체(holobionts)입니다. 이러한 공생적 관계가 5억년을 넘도록 이루어졌습니다. 인류가 인류가 되기 이전부터 시작된 일입니다. 인간의 위장은 약 2킬로그램의 세균총을 포함하고 있고, 혈액 내 작은 분자의 30퍼센트는 미생물이 만든 대사물입니다.

면역계가 장내 정상 세균총과 공진화했다면, 침팬지와 호미닌이 갈라진 이후 각각의 세균총도 따로 분화했겠죠? 네, 그렇습니다. 최근 연구에 의하면 침팬지와 인간의 미생물총은 약 530만년 전에 갈라졌습니다. 고릴라와는 1560만년 전이죠. 종분화가 일어난 시점과 얼추 비슷합니다.

우리 몸에는 무려 100조마리의 미생물이 살고 있습니다. 신체의 세포 수는 37조개니까, 더부살이하는 미생물이 더 많습니다. 인간의 게놈에는 2만 3000개 정도의 유전자가 있을 뿐이지만, 이러한 미생물의 게놈까지 합치면 그 수가 기하급수적으로 늘어납니다.

미생물총과 인간은 공생관계를 맺고 있기 때문에 서로에게 영향을 주지 않을 리 없습니다. 미생물총은 자신의 생존에 인간의 몸을 이용하고, 인간도 마찬가지죠.

보통 '맹장'이라고 부르지만, 진짜 이름은 충수돌기인 기관이 있습니다. 맹장 끝에 붙어 있죠. 마치 남성의 유두처럼 불필요한 흔적기관으로 알려져 있습니다. 그러나 최근 충수돌기의 기능에 관한 연구가 진행되면서 불필요한 기관이 아니라는 사실이 알려졌습니다. 세균총을 담아두는 저장소 역할을 한다는 거죠. 충수염을 앓을 때는 어쩔 수 없지만, 그렇지 않다면 무조건 잘라낼 이유가 없습니다.

특히 장내 미생물총은 병원균의 침입을 막습니다. 물론 주인을 위해서 그러는 것은 아닙니다. 자기 영역을 지키려는 것입니다. 덕분에 인간의 장도 제법 튼튼하게 유지됩니다. 미생물총은 세균과 고세균, 진핵생물, 바이러스 등으로 구성되는데, 99퍼센트가 세균입니다. 이러한 미생물총의 게놈을 모두 합하면 유전자는 300만개 이상으로 늘어납니다.

미생물총과 인류의 공진화

미생물총은 유전일까요, 환경일까요? 둘 다입니다. 일란성쌍둥이의 경우 이란성쌍둥이보다 미생물총의 일치도가 높습니다. 쌍둥이는 같은 시기에 태어나 같은 환경에서 자라기 때문에 둘 사이의 차이가 있다면 유전적 차이죠. 선천면역과 획득면역은 세균총과 상호작용하면서 서로 조절합니다. 낯선 사람에 비해서 가족 사이에 공유도가 높은 것도 일부는 유전이 원인이고 일부는 식생활 등 환경의 영향입니다.

　장내 세균총을 만든 환경적 요인은 육식과 위장관의 길이, 곡식, 발효, 그리고 불입니다. 인간과 가장 가까운 침팬지는 가끔 고기를 먹지만 기본적으로 초식동물입니다. 아마 인류의 조상도 처음에는 그랬을 것입니다. 그러나 시간이 지나면서 육식주의자가 되었습니다. 우리는 모두 고기를 좋아하던 선조의 후손입니다. 고기 자체도 미생물총에 영향을 주었지만, 더 중요한 것은 위장관의 변화입니다. 뇌가 커지면서 대신 위장관을 희생했습니다. 장이 점점 짧아지면서 소화불량에 걸린 원시인이 많아졌을까요? 다행히 큰 뇌가 있었죠. 머리를 굴린 원시인은 불을 사용해서 요리를 시작했습니다. 미생물총도 소화를 돕도록 조금씩 진화했습니다. 고기를 많이 먹는 서양인과 채소를 많이 먹는 동양인의 미생물총이 다른 것은 수많은 세대에 걸친 식단과 요리, 미생물총의 진화적 공진화의 결과입니다.

　그러다가 인류는 곡물에 눈을 돌리기 시작했습니다. 약 3만년 전으로 추정됩니다. 본격적으로 곡식을 재배한 것은 신석기 이후지만 그 이전부터 야생곡물을 먹었습니다. 그런데 곡물의 영양소는 상당 부분 녹말 형태로 저장되어 있죠. 소화가 안 됩니다. 배탈이 납니다. 해결사는 역시 불입니다. 프로메테우스에게 고마운 마음이 듭니다. 물론 이때도 미생물총이 거들었습니다.

불, 즉 화식과 나란히 영광의 훈장을 받을 주인공이 또 있습니다. 발효입니다. 발효는 세균이나 곰팡이, 효모 등에 의한 일종의 부패죠. 썩는 겁니다. 하지만 잘만 다루면 더 많은 영양소를 얻을 수 있습니다. 술이나 김치, 사우어크라우트, 젓갈, 치즈 등입니다. 그런데 썩은 것을 먹다보니 몸속으로 들어오는 세균총도 더 다양해졌습니다.

특히 술은 아주 독특한 식량입니다. 알코올은 기분을 좋게 만들 뿐 아니라 그 자체로 양질의 영양소입니다. 술은 최소 9000년 전부터 인류와 함께한 것으로 추정됩니다. 술을 담은 토기가 발견되었거든요. 하지만 알코올 분해효소를 결정하는 유전자 연구에 따르면 무려 1000만년 전으로 거슬러올라갑니다. 물론 그때는 술집도 술병도 술잔도 없었으니 땅에 떨어져 발효된 과일을 먹었을 것입니다. 호모 사피엔스가 진화하기 이전부터, 즉 우리가 우리가 아니던 시절부터 우리는 술을 마셨습니다. 물론 술을 너무 마셔도 내가 내가 아니게 됩니다만.

미생물총은 주로 박테리아입니다만 인류의 목숨을 노리지 않습니다. 그래서 유익균, 즉 프로바이오틱스(Probiotics)라고 하죠. 가끔은 장내 미생물총의 균형이 깨지면 병이 생길 수도 있습니다. 흔한 일은 아닙니다. 수많은 박테리아와 바이러스, 기생충 등은 인간과 아무 상관없이 자연 속에서 평화롭게 살아갑니다. 적지 않은 녀석이 인간을 돕습니다. 상부상조하는 관계입니다.

하지만 몇몇 녀석이 영 골칫거리입니다. 인간의 건강을 해하고, 생명까지 앗아가는 병원체입니다. 이제 본격적으로 공격 팀에 대한 이야기를 해보죠.

기생충

인간에게 치명적인 영향을 미치는 감염병은 대부분 신석기 이후 나타났습니다. 어느 정도 이상 인구밀도가 높아지고, 정주생활과 가축 등이 나타난 이후죠. 인류의 오랜 친구가 아닙니다. 그에 반해서 수렵채집을 하던 구석기시대, 아니 그 이전 인류가 나타나기 전부터 같이 살던 기생체도 있습니다. 오랫동안 공생했기 때문에 서로 치명적인 영향을 주지 않습니다. 오히려 가끔 서로 돕습니다. 그 오랜 친구를 다시 만나보겠습니다. 반갑다, 친구야! 바로 기생충입니다.

기생충은 다른 생물에 기생하는 생물을 말하는데, 보통 박테리아나 바이러스는 제외합니다. 그중에서 특히 단세포로 된 원충을 제외한 기생충, 즉 우리가 보통 알고 있는 주로 장 속에 사는 기생충을 연충(helminth)이라고 하죠(물론 꼭 장 속에서만 사는 것은 아닙니다).

연충에는 몇 가지 종류가 있습니다. 긴 원통처럼 생긴 선충

(nematode)은 요충이나 회충, 아니사키스, 사상충 등을 말합니다. 충분히 처리가 안 된 퇴비를 쓴 농산물을 잘 안 씻어 먹으면 감염된다는 그 녀석입니다. 빨판을 가진 녀석은 흡충(trematode)이라고 하는데, 주혈흡충이나 폐흡충이 대표적입니다. 민물고기나 참게를 먹거나 혹은 그냥 물에서 놀다 감염되기도 하죠. 조충(cestode)은 편절로 이루어져 있는데, 촌충이나 유구조충 등입니다. 생선이나 돼지고기, 쇠고기를 날로 먹으면 감염될 수 있습니다.

그런데 기생충은 다른 세균이나 바이러스와 좀 다른 방식으로 살아갑니다. 일단 전염력이 다소 낮습니다. 급속도로 퍼지기 어려우므로 숙주에게 큰 피해를 주지 않도록 진화했습니다. 다른 숙주에 옮기기 전에 숙주가 죽어버리면 기생충도 같이 죽기 때문입니다. 또한 대부분 중간숙주를 가지고 있습니다. 복잡한 생활사로 인해서 인간 및 다른 동물의 몸에서 같이 살기 위해 다양한 적응을 해왔습니다. 하지만 미생물총처럼 우리와 아예 '거의' 한 몸이 되기로 한 것은 아닌 것 같습니다. 연충에 특화된 항체, 즉 IgE(immunoglobulin E, 면역글로불린 E)가 있는 것을 보면 말이죠.

IgE

다음 장에서 다룰 이야기입니다만, 항체 이야기를 살짝 먼저 해보죠. 항체는 보통 Y자 모양으로 생겼는데, 갈라진 쪽 끝부분에는 항원에 붙는 조각이 있습니다(153면 '항체의 구조' 그림 참조). 이러한 항체는 대략 다섯종류가 있는데, IgA, IgD, IgG, IgM, IgE 등이죠. IgA는 침이나 눈물에 존재하는 항체이며, IgD는 항원에 노출되지 않은 B세포의 항원 수용체입니다. 이러한 다섯 형제는 태반 포유류라면 거의 모두 가지고 있습니다.

면역이란 몸 안에 들어오는 다른 생물을 쫓아내기 위한 적응입니다. 그런데 쫓아내는 것도 에너지가 드는 일이므로 적당히 타협해야 합니다. 예를 들어 이, 벼룩, 모기 등은 몸 밖에 살기 때문에 쫓아내려면 손을 이용하여 잡거나 햇빛에 말리거나 살충제를 써야 하죠. 제법 성가시지만 외부기생충을 막는 내적 면역반응은 없습니다.

연충 수준부터는 신체 면역계가 강력하게 작동하기 시작합니다. 세균이나 바이러스는 말할 것도 없습니다. 치명적인 영향을 미치기도 하고, 감염력도 높기 때문입니다. 다양한 면역반응이 활성화됩니다. 항체나 보체, 인터페론 등으로 공격하는 체액성 면역, 그리고 호중구나 단핵구 등으로 공격하는 세포성 면역이죠. 특히 병원체 종류에 따라 특이적으로 기억, 반응하는 면역을 적응면역(adaptive immunity)이라고 하는데, T세포를 사용한 세포성 면역이나 항체 등을 이용한 체액성 면역이 바로 이런 역할을 담당합니다. 적응면역은 획득면역(acquired immunity)이라고도 하는데, 선천면역(innate immunity)이나 비특이적 면역에 대응하는 개념입니다. 어려운 용어가 쏟아지니 갑자기 책을 환불하고 싶어지나요? 외국어라고 생각하고 휙휙 넘어가서도 좋습니다.

아무튼 바로 IgE가 연충에 특화된 면역글로불린입니다. 체액성 적응면역에 관여합니다. 세균이나 바이러스를 상대하는 다른 항체와 달리 연충을 집중 공략하죠. 동물의 IgE를 제거하면 연충에 대한 저항력이 약해집니다. 다른 항체에 비해서 최근에 진화했는데, 대략 3억년 전으로 추정됩니다. 중생대부터는 기생충과의 동침이 시작되었을 것입니다. 긴 시간 동안 기생충, 특히 연충은 숙주와 치열한 경쟁을 통해서 적당한 수준의 타협을 이뤄왔습니다.

박테리아

앞서 말한 미생물총 대부분은 세균이지만, 맥락이 좀 다르니 '진짜' 세균 이야기를 해보죠. 보통 눈에 안 보이는 미생물은 다 세균이라고 하죠. 저도 그렇게 말합니다. 하지만 원래 세균이라는 의학적 용어는 박테리아, 바이러스, 리케차, 고세균, 연충, 진균 등등 중에서 오직 박테리아만 지칭합니다.

그러나 "코로나-19 유행 상황에서 세균 감염을 막으려면 마스크를…"이라고 누가 말했을 때, "세균이 아니라 바이러스겠지!"라고 하면 곤란합니다. 남이 쓴 글의 맞춤법만 지적하고 다니는 사람을 '문법 나치'(grammar nazi)라고 하는데, 이건 '의학용어 나치'라고 해야 할까요. 정신의학에서는 내향적이고 비우호적인 사람이 문법

나치가 되는 경향이 있다고 합니다. 그러니 그런 재미없는 분류는 의사나 미생물학자에게 맡겨둡시다. 하지만 그냥 넘어가기 좀 아쉬우니 아주아주 간략하게 살펴볼까요?

세균의 족보

칼 폰 린네는 생물의 분류체계를 확립한 인물입니다. 아마 '계문강목과속종'이라는 말을 들어본 적이 있을 겁니다. 린네가 처음으로 제안한 것입니다. 원래는 식물계(plant)와 동물계(animal)밖에 없었습니다. 린네는 미생물의 존재를 몰랐거든요. 그래서 원생생물계(protista)를 하나 더합니다. 그런데 사실 원생생물계에 속하는 녀석들은 원시적이라는 점만 공유하고 있고, 그밖에는 다 제각각입니다. 동물과 식물이 아닌 나머지를 뭉뚱그린 것이죠.

그러다가 원생생물 중에서 원핵생물(prokaryotes)을 따로 뺍니다. 핵막이 없고 원형의 DNA를 가지는 단세포생물입니다. 뭔가 상식적으로 세균답습니다. 사실 인간의 세포 안에도 요런 녀석이 살고 있습니다. 미토콘드리아입니다. 미토콘드리아의 탄생 이야기도 아주 재미있지만 책의 분량상 넘어가겠습니다.

그런데 원핵생물 중에서 어떤 녀석이 조금 남달랐습니다. 바로 고세균(archaea)입니다. 세균이라는 이름이 들어가지만 세균(bacteria)은 아닙니다. 헷갈립니다. 그래서 예전에는 박테리아를 진

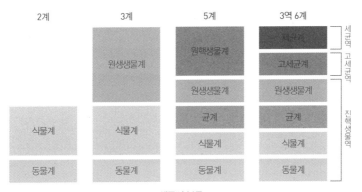

생물의 분류

정한 세균이라고 하여 진정세균(eubacteria)이라고 부르기도 했습니다. 요즘은 그렇게 부르는 사람이 별로 없습니다. 아무튼 고세균은 아주 강인한 녀석이라서 온천이나 사막에서도 살 수 있습니다. 어떤 학자는 고세균이 세균과 동거를 시작하면서, 고세균은 진핵생물로 진화하고 세포 속 세균은 미토콘드리아로 진화했다고 생각합니다. 서로 각방을 쓰면서 핵막이 생겼다는 것이죠. 뭐, 알 수 없는 일입니다. 아무튼 고세균은 병원균이 아닙니다. 질병을 거의 일으키지 않습니다. 이름이 닮아서 도매금으로 '혐오'됩니다만.

이렇게 땜질식으로 분류하니 어지럽습니다. 그래서 1990년 미생물학자 칼 우즈(Carl R. Woose)는 계 위에 하나의 분류단계를 추가합니다. 바로 역(domain)입니다. 1980년대 소년소녀과학백과에는 등장하지 않겠죠? 역은 총 세개가 있습니다. 세균역, 고세균역, 진핵생물역입니다. 세균역에는 세균계가, 고세균역에는 고세균계가,

그리고 진핵생물역에 원생생물계, 균계, 식물계, 동물계가 들어갑니다(원생생물계는 공통점으로 묶인 집단이 아니라, 다른 집단을 다 분류하고 남은 잡다한 녀석을 모은 것이므로 앞으로도 바뀔 가능성이 높습니다).

그리고 보니 균계(fungus)도 뭔가 수상합니다. 이름이 균이니까요. 사실 균계는 원래 식물계에 속해 있었습니다. 효모와 곰팡이, 버섯 등입니다. 버섯이나 곰팡이가 식물과 비슷해 보이긴 하죠. 하지만 세포벽이 키틴으로 되어 있고 엽록체가 없어 기생해야 하는 점이 다릅니다. 인간에게 병을 일으키는 병원체 중 상당수, 약 300종은 바로 진균입니다. 저도 하나 가지고 있는데요, 발가락에 있는 무좀입니다.

대충 정리해보죠. 깐깐한 계통생물학자가 보면 엉터리 분류라고 생각하겠지만 이렇게 나누겠습니다. 몸에 유익한 미생물총, 벌레같이 생긴 기생충, 병원체의 대명사인 세균(과 기타 등등), 그리고 바이러스. 여기서 잠깐! 바이러스는 그럼 어떤 역, 어느 계에 속할까요? 어디에도 속하지 않습니다. 나중에 다시 이야기하죠.

세균에 의한 질병 중 인류사에 엄청난 영향을 미친 두 질병, 즉 결핵과 발진티푸스 이야기를 해보겠습니다. 네, 세균입니다. 사실 정확하게 말하면, 발진티푸스를 일으키는 균은 숙주세포에서만 생존과 증식을 할 수 있다는 점에서 일반 세균과는 조금 다릅니다. 그러나 우리가 미생물학을 전공할 것이 아니므로 대충 세균에 포함해서 다루겠습니다.

대부분 감염병은 신석기 이후에 발생했습니다. 혹은 그 전부터 있었더라도 크게 유행한 것은 분명 신석기 이후입니다. 2장에서 다룬 이야기죠. 그런데 예외가 있습니다. 아마도 구석기시대에 생겼고, 오랫동안 감염병을 일으킨 두가지 감염병이 있습니다. 바로 결핵 그리고 발진티푸스입니다. 앞서 결핵으로 죽는 사람이 여전히 많다고 했습니다. 매년 100만~150만명입니다. 발진티푸스는 좀 덜하지만 전세계에 최대 2100만명이 감염되어 있고, 그중 12만~16만명이 매년 죽습니다. 그런데 이들의 역사는 아주 오랜 과거로 올라갑니다.

왜 이 녀석들만 그렇게 일찍부터 인간과 함께해온 것일까요? 바로 인간이 불, 그리고 옷을 발명했기 때문입니다. 결핵과 발진티푸스는 인간이 가장 처음 만난 신종 감염병인지도 모릅니다.

불의 발명과 결핵

그리스신화에 나오는 티탄족은 신의 종족으로 올림포스 신들이 세상을 지배하기 전부터 있었다고 합니다. 그중 프로메테우스라는 신이 있었습니다. 그리스어 'Pro'와 'Metheus'를 합친 말로, '먼저 생각하는 자'라는 뜻이죠. 동생도 있었는데 에피메테우스(Epimetheus)입니다. '나중에 깨닫는 자'라는 뜻입니다. 에피메테우스의 아내가 바로 판도라(Pandora)인데, 온갖 고통과 악이 들어 있는 상자를 열어버리죠.

하지만 정확하게 말하면 질병의 상자를 연 것은 판도라가 아니라 판도라의 아주버니인 프로메테우스입니다. 인류에게 불을 가져다준 분인데요, 역설적으로 거대한 질병의 시작이었습니다. 연구에 의하면 인류가 불을 쓰기 시작한 것은 대략 100만년 전으로 올라갑니다. 도구라고는 주먹도끼밖에 없던 시절이었는데도 불을 썼습니다. 성냥을 잊고 캠핑을 가본 사람은 잘 알겠지만, 야생에서 불을 피우는 일은 대단히 어렵습니다. 나무를 마찰하고 부싯돌을 사용하면 불을 만들 수 있다지만, 정말 쉽지 않죠. 그러니 호모 에렉투스(*Homo erectus*)가 불을 사용했다는 것은 마치 갓난아기가 라면을 끓였다는 것만큼이나 놀라운 일입니다. 아마 그럴 만한 절박한 이유가 있었을 것입니다.

바로 화식입니다. 불을 사용하기 이전, 인간과 병원균의 군비경쟁은 다른 동물의 그것과 별반 다를 것이 없었습니다. 그러나 불을 쓰면서 많은 것이 달라집니다. 처음에는 자연적으로 일어난 산불이나 들불의 잔불을 사용하다가 어느 순간 불을 직접 만드는 데에 이르렀을 것으로 추정합니다.

2016년 화식과 관련한 인간 유전자가 분화한 시점에 관한 연구가 발표되었습니다. 네안데르탈인이나 데니소바인이 호모 사피엔스와 갈라지기 전부터 시작되었다는 것입니다. 화식은 오래된 전통입니다. 아무리 보수적으로 잡아도 40만~50만년 전까지 거슬러올라갑니다. 불을 사용하여 요리를 하면서 세균의 침입량이 현저하게 줄었습니다. 인간의 면역계도 아마 조금은 더 느슨해졌을 것입니다. 이른바 병원균 레퍼토리(microbial repertoire)가 감소했습니다. 최소 6~7개의 유전자가 화석을 하면서 새로 선택된 것으로 추정됩니다. 불을 쓰면서 빛과 온기 획득, 식량 저장, 새로운 도구 제작, 포식자와 곤충 회피 등 다양한 일이 가능해졌고, 미생물 감소 현상도 일어났습니다. 처음에는 좋았죠. 당장 감염을 피할 수 있었겠지만 사실 수렵채집사회에는 치명적인 병원균이 별로 없었습니다. 오히려 병원균 레퍼토리만 감소하면서 장기적으로 점점 취약해졌습니다.

연구에 의하면 불을 사용하면서 환경에서 유입되는 감염이 크게 늘었습니다. 더불어 숙주간의 전파에 의한 감염도 많이 늘어나고, 연쇄 감염도 늘어납니다. 뜻밖의 창발적 결과입니다.

결핵균 복합체(Mycobacterium tuberculosis complex, MTBC)의 가장 최근 공통조상은 지금으로부터 약 7만년 전에서 6000년 전 사이에 살았던 것으로 보입니다. 너무 간격이 크긴 합니다만⋯ 아무튼 제법 오래된 일입니다. 그러나 침팬지와의 공통조상 시절부터 유래한 것은 아닙니다. 아마 플라이스토세 어느 시점이었을 것입니다. 예전에는 소에서 결핵이 유래했다는 주장이 유력했습니다. 해양 포유류라는 주장도 있었죠. 그런데 최근 컴퓨터 시뮬레이션을 사용한 모델링 연구에서 흥미로운 주장이 제기되었습니다. 불을 사용하는 조건을 시뮬레이션에 넣어보자 결핵이 창발하는 결과가 나온 것입니다.

호모 에렉투스도 불을 사용한 것으로 보이지만, 자유자재로 불을 사용한 호미닌은 호모 하이델베르겐시스(*Homo heidelbergensis*)입니다. 분명 나무를 땔감으로 썼을 것입니다. 석탄은 아니었겠죠. 사람들이 불 주변으로 모여들기 시작합니다. 네, 사회적 거리두기가 안 됩니다. 그리고 바이오매스(biomass)가 타면서 나오는 유독성 연기가 호흡기계의 만성 염증을 유발하고 국소 면역 능력을 손상합니다. 아마도 결핵은 인류가 만난 최초의 신종 감염병인지도 모릅니다.

옷의 발명과 발진티푸스

인간을 다른 동물과 구분해주는 특징으로 두발걷기나 큰 뇌, 언어, 음경골 퇴화 등 다양한 것이 있지만, 몸 밖의 특징을 들자면 불과 도구, 그리고 옷 정도로 축소됩니다. 아마도 옷의 발명은 체모 감소에 이어서 일어난 현상으로 보입니다. 신체 일부를 제외하면 우리 몸은 아주 매끈합니다. 포유류에서는 해양 포유류 일부를 제외하면 상당히 예외적인 현상입니다. 아마 체온조절을 위해서 체모가 감소했을 것입니다. 인류가 더운 지방에서 유래했다는 주장의 강력한 근거죠.

하지만 우리가 더운 지방에서만 사는 것은 아닙니다. 추운 지역에서 살아남으려면 다시 털로 몸을 뒤덮어야 합니다. 하지만 인류는 아주 기발한 방식의 적응을 선택했습니다. 다른 짐승의 털을 빌려 옵니다. 옷을 발명한 것이죠. 그런데 최초의 옷은 언제 등장했을까요?

이(louse)에 감염되면 피부에 발진이 생기고 간지러움 때문에 고통을 겪습니다. 이 자체는 아주 해롭지 않지만, 이가 옮기는 발진티푸스(typhus fever)가 문제입니다. 진드기가 옮기는 쓰쓰가무시병(scrub typhus), 벼룩이 옮기는 발진열(murine typhus)과 사촌이죠. 지금은 그리 위협적인 병이 아니지만, 유사 이래 가장 많은 사망자를 낳은 대표적인 감염병입니다. 천연두나 페스트와 비견할 정도입니다.

전쟁이나 기아가 발생하면 발진티푸스가 크게 유행합니다. 감염된 사람의 피를 먹은 이가 다른 사람의 피부에 낸 상처를 통해 다시 감염되죠. 그래서 단체생활을 하는 군인에게 흔히 유행합니다. 나폴레옹이 러시아 원정에 실패한 원인도 발진티푸스 때문이라는 주장이 있습니다. 고열과 두통, 구토, 근육통 등이 일어나고 곧 폐렴을 앓습니다. 온몸에 발진이 나타나서 전신으로 퍼지죠. 그래서 '발진'티푸스라고 부릅니다. 혼란스러운 의식을 보이며 쓰러지기도 합니다. 많게는 열 명 중 네 명이 죽습니다.

중간숙주가 이라는 사실을 처음 밝힌 것은 1909년입니다. 프랑스 의사 샤를 니콜(Charles Nicolle)은 이상한 사실을 발견합니다. 파스퇴르연구소에는 발진티푸스 환자가 많이 입원해 있었는데, 이상하게 간호사나 의사는 좀처럼 감염되지 않았습니다. 이유는 간

20세기 초 러시아의 발진티푸스 예방 포스터. 1918~22년 러시아혁명 시기에 약 300만명이 발진티푸스로 목숨을 잃었다. 이가 옮기는 발진티푸스는 지금은 그리 위협적인 병이 아니지만, 유사 이래 가장 많은 사망자를 낳은 대표적인 감염병이다.

단했죠. 입원하면서 환자복으로 갈아입기 때문입니다. 1928년 니콜은 이 발견으로 노벨생리의학상을 받습니다. 그리고 발진티푸스 백신도 개발합니다. 하지만 널리 쓰이지 않았습니다. 옷을 삶는 것이 더 간편했거든요.

다시 인류 진화사로 돌아가보죠. 몸에서 털이 사라진 것은 탁월한 진화적 도약입니다. 더운 날씨에도 오랫동안 돌아다닐 수 있습니다. 하지만 밤에는 도리 없이 추위에 시달려야 하죠. 물론 옷을 입으면 문제가 해결됩니다. 더우면 벗고, 추우면 입고.

그런데 인류는 언제부터 옷을 입기 시작했을까요? 옷은 돌이나 뼈와 달라서 좀처럼 오래 보존되지 않습니다. 혹시 바늘을 사용하기 시작한 때가 아닐까요? 바늘은 옷을 만드는 도구니까 뼈바늘을 사용한 때를 추적하면 옷을 발명한 때를 추정할 수 있을 것 같습니다. 그런데 가장 오래된 뼈바늘은 약 4만년 전입니다. 너무 짧습니다.

잠깐, 똑똑한 독자라면 눈치챘을 것입니다. 발진티푸스는 이가 옮기는데, 이는 옷에 살지 않느냐? 그렇다면 몸니가 진화한 때가 바로 옷을 발명한 때죠. 독일 막스플랑크연구소의 랄프 키티어(Ralph Kittier)도 똑같은 착상을 했습니다. 몸니와 머릿니의 유전자를 분석하여 분화된 시점을 조사했습니다. 약 17만년 전부터 8만년 전 사이였죠. 호모 사피엔스가 나타난 이후입니다.

인류는 옷을 발명하면서 추위를 견딜 수 있게 되었지만, 덕분에 발진티푸스를 얻었습니다. 수많은 사람이 죽었죠. 하지만 옷이 준

이득이 발진티푸스에 의한 손해보다 컸습니다. 불이 준 이득이 결핵에 의한 손해보다 큰 것처럼 말이죠.

바이러스

이제 드디어 바이러스를 다룰 차례입니다. 바이러스는 사실 생물이 아닙니다. 생물과 무생물의 중간이죠. 증식하려면 반드시 숙주가 있어야 합니다. 그 진화적 기원은 아직 오리무중입니다. 그래서 생물의 계통수, 이른바 생명의 나무(the tree of life)에서 아예 빼기도 합니다.

바이러스는 구조가 아주 단순할 뿐 아니라 크기도 작습니다. 일반적인 박테리아의 약 100분의 1도 안 됩니다. 그래서 가장 원시적인 생물, 혹은 반생물로 생각하곤 합니다. 그러나 다른 생물에 기대서 증식하므로 '최초'는 아닙니다. 생물이 등장한 후 나타났습니다. 원핵생물 등의 원시적 생물에서 바이러스가 튀어나왔을 것으로 생각하는 사람도 있습니다. 그러나 일반적인 생물은 거의 대부분 겹가닥 DNA 구조로 유전정보를 저장하는데, 바이러스는 홑가닥, 겹가닥, RNA, DNA 등 제각각이므로 바이러스가 더 먼저라고 생각하는 사람도 있습니다. 아직 생물이 완전한 '생물'이 되기 전의 잔재라는 것이죠. 아마 그 어떤 것도 아닌, 혼돈의 상태에서 시작되었을 것입니다.

기원이야 어쨌든 바이러스의 정체는 1930년대까지 아무도 몰랐습니다. 크기가 너무 작으니 현미경으로 보이지도 않고, 다른 생물이 없으면 자라지 않으니 배양도 어렵습니다. 1892년 러시아의 생물학자 드미트리 이바노프스키(Dmitri Ivanovsky)는 담배모자이크병을 연구하고 있었죠. 담뱃잎이 얼룩덜룩 모자이크처럼 변색하므로 담배모자이크병이라고 합니다. 이바노프스키는 평소에 하던 대로 담뱃잎을 짜서 필터에 걸렀습니다. 거름종이에 남은 찌꺼기를 건강한 담배에 접종했는데, 놀랍게도 아무런 일이 일어나지 않았습니다. 그런데 필터를 통과한 용액은 전염성이 있었죠.

필터가 혹시 찢어진 것일까요? 여러번 해도 비슷한 결과였죠. 설령 찢어졌다고 해도, 그래서 여과된 용액에 전염성이 남았다고 해도 이상합니다. 찌꺼기에 전염력이 사라졌으니까요. 너무 작아서 모조리 여과지를 통과했다고 볼 수밖에 없습니다. 필터라고 해도 드립커피를 마실 때 쓰는 그런 간단한 필터가 아닙니다. 파스퇴르-챔버랜드 필터(Pasteur−Chamberland filter)라고 하는데, 세라믹 소재로 된 길쭉한 필터입니다. 아주 정교하죠.

이바노프스키는 세균이 생성한 독성물질 때문에 병이 생겼다고 믿었습니다. 사실 파상풍이나 디프테리아가 이런 식으로 여과액이 질병을 일으킬 수 있습니다. 하지만 네덜란드의 마르티누스 베이에린크(Martinus Beijerinck)는 달리 생각했습니다. 더 정교한 실험을 통해서 필터를 통과한 용액이 감염을 일으키며, 이 감염은 세포가 있어야만 일어난다는 사실을 밝힙니다. 그리고 이름을 '전염성이 있는 살아 있는 액체', 즉 '콘타기움 비붐 플루이둠'(contagium vivum fluidum)이라고 붙입니다. 그리고 나중에 바이러스(virus)라는 말을 제안합니다. 라틴어 '비루스'(virus)는 미끌미끌한 액체나 독을 뜻하는 말입니다. 원래는 병자에게서 나오는 감염성 진물을 뜻하는 말이었는데, 뜻이 바뀌었죠. 아마 중세의 의사를 만나서 '비루스'라고 해도 알아들을 것입니다. 의미는 다르겠지만요.

베이에린크는 바이러스가 액체라고 생각했습니다. 그러니 필터를 통과할 수 있다는 것이죠. 그러다가 1935년 웬들 스탠리(Wendell M. Stanley)가 단백질을 염으로 침전시키는 방법을 사용하여 담배모자이크바이러스의 결정을 추출합니다. 이 공로로 노벨상을 받습니다. 몇년 후 X선 회절법을 이용하여 바이러스의 모양을 확인하는 데 성공합니다.

로절린드 프랭클린(Rosalind Franklin)은 담배모자이크바이러스에 대한 아주 명확한 X선 사진을 통해 그 구조를 정확하게 밝힙니다. 1953년 제임스 왓슨(James Watson)과 프랜시스 크릭(Francis Crick)이 DNA 구조를 밝힐 때 사용한 X선 사진도 바로 프랭클린이 찍은 것입니다.

여담이지만, 왓슨과 크릭이 프랭클린의 사진을 몰래 보고 논문을 썼다는 음모론이 있습니다. 하지만 그들의 논문은 『네이처』 같은 호에 각각 실렸습니다. 왓슨과 크릭의 논문이 앞에, 프랭클린의 논문이 뒤에 실렸는데, 이것도 몰래 왓슨이 술수를 부린 것이라는 주장도 있습니다만… 알 수 없는 일입니다. 아마 이런 이야기는 프

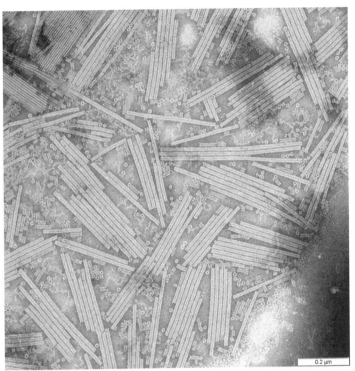

프랭클린은 1955년 명확한 X선 사진을 통해
담배모자이크바이러스의 구조를 밝혔다.

랭클린이 여성 과학자인 데다가 비극적으로 죽었기 때문에 자꾸 회자되는 것 같습니다. 1962년 왓슨과 크릭, 그리고 프랭클린의 X선 사진을 몰래 가져간 모리스 윌킨스(Maurice H. F. Wilkins)는 노벨생리의학상을 받습니다. 안타깝게도 프랭클린은 이 상을 받지 못합니다. 이미 1958년에 난소암으로 죽었기 때문이죠. 아마 X선에 너무 많이 쬐인 탓으로 보입니다. 비운의 죽음이 아니었다면 분명 노벨상을 받았을 것입니다.

아무튼 프랭클린 등의 연구에 힘입어 바이러스학은 빠른 속도로 발전합니다. 하지만 여전히 기대에 미치지 못합니다. 우리는 아직 바이러스에 대해서는 잘 모르고 있습니다. 이 눈부신 과학의 시대 이후로 벌써 수십년이 지나지 않았습니까? 담배모자이크병을 연구하다가 지쳐서, 술집에서 맥주잔을 기울이며 담배나 뻑뻑 피우고 있는 것일까요?

술집의 바이러스학자

일단 바이러스학자나 의학자는 무죄입니다. 열심히 연구하고 있지만 연구대상이 많아도 너무 많습니다. 지구에는 총 1×10^{31}개의 바이러스가 있는데, 일렬로 늘어놓으면 1억광년에 달합니다. 육지를 빼고, 바다에 있는 바이러스만 합쳐도 우주에 있는 모든 별을 다 합친 것보다 1억배나 많은 바이러스(13×10^{28})가 살고 있습니다.

참고로 지구의 질량이 5.97×10^{24}킬로그램입니다. 큰 수의 대명사가 조(兆)죠. 그리고 만 단위씩 경(京), 해(垓), 자(秭), 양(壤), 구(溝) 순으로 올라갑니다. 바다에 있는 바이러스가 바로 13양이고, 지구에 사는 바이러스의 숫자는 1구의 10분의 1입니다. 참고로 마이크로소프트사의 윈도우프로그램에 내장된 계산기는 1구를 나타내지 못합니다. 9999양까지만 표시되고, 이후에는 지수로 표현됩니다.

바이러스는 감염속도도 엄청납니다. 바이러스의 가장 인기 있는 숙주는 박테리아인데, 초당 1×10^{23}번의 속도로 감염되죠. 덕분에 지구상의 박테리아 중 약 20~40퍼센트는 매일 사라집니다. 10^{23}에 6.02를 곱하면 '아보가드로수'(Avogadro constant)입니다. 고등학교 화학시간이 가물거리는 분을 위해 설명하자면, 아보가드로수란 1몰의 물질에 들어가 있는 입자의 숫자를 말합니다. 바이러스학자로서는 정말 부담스러운 압도적 숫자입니다. 술담배 생각이 안 날 수 없습니다.

전체 개수는 그렇다고 쳐도 종 수는 이보다 적을 테죠. 그러나 바이러스 종의 수도 너무너무 많습니다. 약 30년 전 바이러스학자 스티븐 모스(Stephen S. Morse)는 척추동물의 바이러스가 약 100만종에 달하리라 예측했습니다. 아주 정교한 방법으로 예측한 것은 아니고, 5만종의 척추동물이 각각 20종의 다른 바이러스를 가질 것이라고 가정한 것이죠. 최근 연구에 의하면 최소 32만종의 바이러스가 포유류를 감염시키는 것으로 보입니다. 연구자들은 날여우박쥐(Indian flying fox, *Pteropus giganteus*)에서 총 1897개의 샘플을 채취하여 수없이 많은 바이러스 서열을 확인합니다. 무려 7개 바이러스과를 포괄하는 985개의 바이러스 서열이었죠. 이를 통해서 날여우박쥐가 58개의 다른 바이러스를 가지고 있으며, 현재까지 알려진 5486종의 포유류를 감안하면 최소한 32만종의 알려지지 않은 바이러스가 있을 것으로 추정했습니다.

그러나 이는 최소한의 숫자입니다. 이미 알려진 9개 바이러스과의 정보를 가지고 연구했는데, 사실 얼마나 많은 바이러스과가 있는지 모르기 때문입니다. 포유류만 감염되는 것도 아닙니다. 지금까지 6만 2305종의 척추동물이 발견되었습니다. 그러면 약 360만종의 바이러스가 있는 셈이죠. 만약 척추동물 외에 무척추동물, 식물, 지의류, 진균, 갈조류 등 174만 330종의 숙주를 포함하면, 최소한 약 1억종의 바이러스가 있을 것으로 보입니다. 참고로 미생물이나 바이러스를 제외한 생물종의 총 숫자는 약 870만종입니다. 그러면 약 5억종입니다.

그런데 이게 전부가 아닙니다. 바이러스가 가장 좋아하는 숙주는 바로 박테리아. 박테리아의 총 숫자는 아직 모릅니다. 다만 2011년의 한 연구에 의하면, 대충 이렇습니다. 노르웨이 지역에서 흙을 한 수저, 그러니까 30그램을 떠서 조사했더니 약 100만종의 박테리아가 확인되었습니다. 전세계에 얼마나 많은 종의 박테리아가 있을지는 알 수 없습니다. 지금까지 그 실체가 밝혀진 박테리아는 고작 3만종에 불과합니다. 어림짐작입니다만 미생물학자는 최소 10억종의 박테리아가 있을 것으로 예상합니다. 각각의 박테리아 종은 아마

각기 다른 종의 바이러스에 감염되어 있을 것입니다. 그러면 무려 500억종입니다. 이런! 다시 담뱃불을 붙일 수밖에 없습니다.

바이러스의 이름표

물론 앞서 언급한 숫자는 추정에 추정을 더한 값입니다. 얼마 전만 해도 생물종(미생물이나 바이러스는 제외)은 1억종에 달한다는 것이 상식이었는데, 지금은 대략 870만종으로 줄었죠. 아마 바이러스가 500억종까지는 아닐지도 모릅니다. 500분의 1로 뚝! 잘라서 1억종이라고 합시다. 하지만 지금까지 이름을 붙인 바이러스는 고작 3000종에 불과합니다. 9999만 7000종은 아직 자신의 이름을 불러주기를 기다리고 있습니다. 하나의 몸짓에 불과한 그들의 이름을 불러줄 때, 그는 나에게로 와서 꽃, 아니 잊히지 않는 바이러스가 되겠죠.

아직 분류법도 확실하게 정해지지 않았습니다. 하지만 우리의 주된 관심사는 병원성 바이러스입니다. 이 부분에 대해서는 집중 연구를 하고 있기 때문에 분류법도 정리되어 있습니다. 대개 볼티모어 분류법(Baltimore classification scheme)을 사용해서 바이러스를 분류합니다. 총 7군으로 나누는데, DNA 혹은 RNA의 형태나 방향에 따라 나누는 것입니다. 일단 DNA 바이러스에 I~II군이 속하죠. RNA 바이러스는 III~V군입니다.

I군은 겹가닥 DNA 바이러스입니다. 감기를 일으키는 아데노바이러스, 입술에 물집을 유발하는 헤르페스바이러스, 그리고 이제는 사라진 천연두바이러스 등이 속하죠.

II군은 홑가닥 DNA 바이러스입니다. 어린이에게 감염홍반을 일으키는 파보바이러스가 대표적이죠. 대개는 증상이 가볍고 잘 모르고 지나갑니다. 겹가닥은 이중가닥, 홑가닥은 단일가닥으로도 부릅니다.

III군은 겹가닥 RNA 바이러스입니다. 아이에게 장염을 일으키는 로타바이러스가 속합니다. 닭에 많이 감염되는 레오바이러스 중 하나죠.

IV군과 V군은 홑가닥 RNA 바이러스입니다. IV군의 대표적인 경우가 피코르나바이러스인데, 소아마비를 일으키는 폴리오바이러스, 감기를 일으키는 리노바이러스, A형간염 바이러스, 수족구병을 일으키는 콕사키바이러스, 수막염을 일으키는 에코바이러스, C형간염 바이러스, 풍진바이러스 등이 속합니다. 그리고 바로(!) 코로나바이러스도 IV군입니다. V군의 경우 대표적인 바이러스가 유명한 인플루엔자바이러스죠. 오르토믹바이러스에 속합니다. 무시무시한 에볼라바이러스도 V군입니다. 여기서 끝이 아닙니다.

VI군은 홑가닥 RNA 바이러스인데, 레트로바이러스라고도 합니다. 아주 특이한 번식방법을 취합니다. RNA와 RNA 역전사효소를 가지고 있습니다. 그래서 자신을 DNA로 바꾼 후 숙주의 DNA에 끼어들어 단백질을 합성하는 것이죠. 분자생물학의 중심원리,

즉 DNA-RNA-단백질이라는 순서를 정면으로 거스르는 바이러스입니다. 일단 몸에 들어오면 역전사효소에 의해서 DNA가 되어 숙주 게놈에 들어가버리므로 면역체계가 잘 인식하지 못합니다. 숙주를 죽이지도 않습니다. 그래서 수억년 동안 수많은 레트로바이러스의 잔해가 우리 게놈에 축적되어 남아 있죠. 인간 게놈의 약 40퍼센트는 레트로바이러스 감염의 흔적입니다. 어떤 면에서 인간의 4할은 바이러스입니다. AIDS(후천성면역결핍증)를 일으키는 HIV가 대표적입니다.

VII군은 겹가닥 DNA인데, VI군처럼 역전사효소를 가집니다. 겹가닥 DNA 역전사 바이러스죠. B형간염 바이러스가 대표적입니다. 우리가 좋아하는 콜리플라워에 모자이크병을 일으키는 바이러스도 여기에 속합니다. 각각 헤파드나바이러스와 콜리모바이러스라고 합니다. 헤파드나(*Hepadnaviridae*)의 스펠링만 봐도 알 것입니다. 헤파(Hepa, 간) + DNA + 바이러스(virus)를 합친 말이죠.

이외에도 바이러스가 공격하는 대상을 기준으로 파지네(phaginae), 피토파지네(Phytophaginae), 주파지네(Zoophaginae)로 나누기도 하고, 형태학적으로 나눠서 디옥시비라하문(deoxyvira)과 리보비라하문(Ribovira)으로 나눈 후, 각각 디옥시비나라강(deoxyvinala), 디옥시헬리카강(deoxyhelica), 디옥시큐비카강(deoxycubica) 및 리보헬리카강(Ribohelica), 리보큐비카강(Ribocubica) 등으로 나누기도 합니다. 좀더 자세하게 쓰려다가 편집자께 혼났습니다. 이제 그만하죠.

사실 이러한 분류법은 나름의 의미가 있지만, 진화적 함의가 별로 없습니다. 계통수가 진화적 순서를 그대로 반영하기는 어렵다고 하지만, 아무리 그래도 어떻게 나뉘어가며 진화했는지 대략이라도 짐작할 도리가 없습니다. 눈에 보이지도 않는 바이러스를 형태학적으로 분류하는 것도 이상합니다. 의학적으로나 생물학적인 면에서 진화적 계통을 추적하는 것이 훨씬 더 유용할 것 같습니다.

이러한 필요성이 제기되면서 1970년대부터 국제바이러스분류위원회(International Committee on Taxonomy of Viruses, ICTV)에서 새로운 규칙을 제안했습니다. 이에 따르면 바이러스는 계(-virae), 하계(-virites), 문(-viricota), 하문(-viricotina), 강(-viricetes), 하강(-viricetidae), 목(-virales), 하목(-virineae), 과(-viridae), 하과(-virinae), 속(-virus), 하속(-virus), 종(-virus)으로 분류됩니다. 목 이하는 모두 이탤릭체로 쓰고, 첫 글자는 대문자로 씁니다(계통생물학을 공부한 사람이라면 린네의 명명법과 좀 다르다는 것을 눈치챘을 것입니다).

원칙은 정해져 있지만 2018년까지는 문까지만 활용했습니다. 지도를 그리는 원칙은 정했지만, 실제 탐사를 한 땅이 얼마 되지 않기 때문이죠. 바이러스학계에서도 목 이상은 거의 쓰지 않습니다. 2019년 3월에 영역(realm, -viria)을 추가했고, 하영역은 '-vira'로 접미사를 정했지만, 유일한 영역입니다. 동식물에 대한 린네 분류법에다 1990년 역(domain)을 더한 것과 비슷하네요. 목은 과에 속하는 바이러스의 공통조상을 기반으로 정해지지만, 사실 바이러스과의 진화적 계통도 확실하지 않아서 애매한 상태로 남아 있습니다. 계통학적으로 애매한 경우를 인케르타 세디스(incertae sedis)라고 하는데, 지금까지 바이러스는 4개의 목, 46개의 과, 3개의 속이 인케르타 세디스 상태입니다. 앞으로 연구가 많이 필요합니다.

그럼 코로나-19에 대해서 좀 자세하게 들어가볼까요? 리보비리아(Riboviria) 영역, 니도비랄레스(*Nidovirales*) 목, 코로나비리다(*Coronaviridae*) 과, 오르토코로나비리나(*Orthocoronavirinae*) 하과입니다. 총 네종류의 속이 있습니다. 각각 알파코로나바이러스, 베타코로나바이러스, 감마코로나바이러스, 델타코로나바이러스라고 합니다. 특히 베타코로나바이러스(*Betaconoravirus*, Beta-CoVs) 속에 속하는 바이러스는 대부분 동물에서 유래합니다. 예전에는 그룹2 코로나바이러스라고 했죠. 사스바이러스, 메르스바이러스, 사스코로나바이러스-2가 모두 베타코로나바이러스에 속합니다.

베타코로나바이러스 속에는 총 네가지 하속이 있습니다. 각각 서브그룹 A, B, C, D로 나누는데, 계열 A, B, C, D라고 부르기도 합니다. 각각 엠베코바이러스(*Embecovirus*), 사르베코바이러스(*Sarbecovirus*), 메르베코바이러스(*Merbecovirus*), 노베코바이러스(*Nobecovirus*)라고 합니다. 사스를 일으키는 사스코로나바이러스(SARS-CoV), 코로나-19를 일으키는 사스코로나바이러스-2(SARS-CoV-2)는 서브그룹 B, 즉 사르베코바이러스에 속합니다. 메르스바이러스, 즉 MERS-CoV는 서브그룹 C, 메르베코바이러스죠.

아마도 기원전 8000년경에 코로나바이러스가 처음 나타난 것으로 추정됩니다. 모든 코로나바이러스의 조상이죠. 알파코로나바이러스가 기원전 2400년경, 베타코로나바이러스가 기원전 3300년경, 감마코로나바이러스가 기원전 3000년경에 진화했습니다. 알파와 베타는 박쥐에서, 감마와 델타는 새에서 번성했는데, 온혈 비행 동물이 코로나바이러스 진화와 전파에 큰 역할을 했죠. 소와 말이 걸리는 코로나바이러스의 분기는 18세기 후반에 일어난 것으로 추정됩니다. 소와 개가 걸리는 코로나바이러스의 공통조상 분기는 1951년으로 거슬러올라갑니다. 인간과 소가 걸리는 코로나바이러스의 분기는 1890년경입니다. 바이러스학자가 담배만 피운 것은 아닌가봅니다. 제법 많이 알아냈습니다. 그러나 이는 사스와 메르스가 유행하면서 집중연구가 이루어졌기 때문입니다. '착하게' 사는 바이러스는 아직 이름조차 없습니다. 역설적인 일이죠.

인간이 주로 걸리는 코로나바이러스는 인간 코로나바이러스 OC43(Human coronavirus OC43)이라고 합니다. 알파코로나바이러스입니다. 매년 겨울에 유행하는 감기의 10~15퍼센트가 바로 이 바이러스에 의한 것입니다. 사스코로나바이러스-2와 친척이지만, 상당히 양순한 녀석이었죠.

인간 코로나바이러스 229E(Human coronavirus 229E)도 감기를 일으키는 흔한 바이러스입니다. 역시 알파코로나바이러스죠. 리마와 알파카가 걸리는 코로나바이러스와 1960년 이전에 분기한 것으로 추정됩니다. 이 두 바이러스가 일반적인 감기를 유발하는 흔한 바이러스입니다.

인간 코로나바이러스 NL63(Human coronavirus NL63)도 있습니다. 2004년 네덜란드에서 처음 발견된 코로나바이러스인데 신종 바이러스는 아닙니다. 발견이 늦었던 것입니다. 앞서 말한 두 바이러스와 비슷한데 증상은 약간 더 심합니다. 암스테르담에서 이루어진 연구에 의하면 전체 호흡기질환의 약 5퍼센트가 인간 코로나바이러스 NL63에 의해 발생한다고 합니다. 이들은 모두 기존의 코로나바이러스죠. 별 문제가 안 됩니다. 물을 많이 마시고 집에서 편히 쉬면 곧 좋아집니다.

신종 바이러스

문제는 신종 바이러스입니다. 신종 코로나바이러스의 역사를 한번 살펴볼까요?

유명한 신종 코로나바이러스(nCoV)로는 역시 사스죠. 박쥐 혹은 사향고양이에서 시작된 것으로 추정된 사스바이러스의 첫 이름은 2002-nCoV였습니다. 2003년 1월 중국 광저우의 한 새우상인에게서 처음 발병한 '페이뎬싱페이옌', 즉 비전형폐렴은 130명의 의료인과 환자에게 급격히 퍼졌습니다. 당시 의료진 중 한명이 결혼식에 참석하기 위해 홍콩으로 떠났고, 홍콩에서도 바이러스가 급속도로 퍼지기 시작합니다. 이렇게 시작한 사스 사태는 중국에서

5327명, 홍콩에서 1755명의 감염자와 600명이 넘는 사망자를 냈고, 전세계로 전파되고 나서야 비로소 수그러들었습니다.

첫 환자가 발생하고 1년이 지나서야 사스바이러스를 퍼트린 용의자가 지목됩니다. 일부 사향고양이에서 사스 항체가 검출된 것이죠. 당시 중국에서는 루왁 커피나 고양이고기를 얻을 목적으로 수만마리의 사향고양이를 사육하고 있었는데, 이들이 원흉으로 지목되었습니다. 고양이 대변에서 나온 원두로 커피를 만드는 발상도 기괴하지만, 사향고양이를 죄인으로 몰아세운 것도 이성적 판단은 아니었습니다. 상당수의 사향고양이가 바로 살처분되었습니다.

사스는 점점 잊혀갔습니다. 그러다가 2005년에는 뉴헤이븐바이러스가 유행합니다. 2005-nCoV라는 이름이 붙었는데, 나중에 공식 이름은 인간 코로나바이러스 HKU1(HCoV-HKU1)로 명명되었죠. 코네티컷주 뉴헤이븐(New Haven) 병원에서 처음 발견되었는데, 그래서 HCoV-NH라는 별명도 있습니다. 한국 사례가 없고, 증상도 심각하지 않고, 널리 유행하지도 않았습니다. 아마 처음 들어본 분이 많을 겁니다.

2012년 6월, 사우디아라비아에서 정체불명의 폐렴 환자가 발생하기 시작했습니다. 메르스입니다. 한국사회에 짧고 강렬한 상흔을 남긴 메르스의 첫 이름은 2012-nCoV였습니다. 중동호흡기증후군을 일으키는 바이러스죠. 이집트 출신의 바이러스학자 알리 모하메드 자키(Ali Mohamed Zaki) 박사가 사우디아라비아에서 처음 발견했습니다. 처음에는 원인을 잘 몰라서 중동 사스라고 부르기도 했는데, 나중에 사스와 비슷한 계통인 메르스코로나바이러스에 의한 폐렴이라는 사실이 확인됩니다. 사태의 범인으로 이번엔 사향고양이가 아니라 낙타가 지목됩니다. 사우디아라비아에서 진행된 역학조사 결과, 낙타와 밀접하게 접촉한 사람이 메르스에 많이 감염됐고 일부 낙타에서 메르스바이러스의 항체가 발견됐기 때문입니다. 아라비아반도에 살던 수많은 낙타가 살처분됐고, 심지어는 아무 상관도 없는 우리나라 동물원의 낙타도 상당기간 격리되는 상황이 벌어졌습니다. 당시 정부에서는 낙타고기를 먹지 말라는 포스터를 배부하기도 했습니다. 한국에 낙타고기를 파는 식당이 있는지 모르겠습니다만. 아무튼 고양이와 낙타, 인류의 가장 좋은 두 친구가 최악의 적이 되는 순간이었죠.

사실 사스바이러스의 자연숙주는 사향고양이가 아니라 중국 남부지역에 서식하는 관박쥐(*Rhinolophus*)입니다. 상당한 수의 야생 관박쥐에서 사스 항체를 발견한 것이죠. 사향고양이는 박쥐로부터 바이러스를 옮긴 중간숙주 역할을 했거나 혹은 인간과 마찬가지로 박쥐에 의해 감염된 피해자에 불과합니다. 중국 남부에서는 박쥐를 요리재료로 쓰므로, 바이러스가 중간숙주를 거치지 않고 박쥐에서 인간으로 직접 전파됐을 가능성도 있습니다.

박쥐는 약 5000만년 전에 처음 진화한, 가장 오래된 포유류 중 하나입니다. 긴 시간 동안 종분화가 많이 일어나서 무려 1000여 종에 달합니다. 이는 전체 포유류종의 20퍼센트에 해당하죠. 따라서 이들이 품고 있는 바이러스의 다양성은 상당합니다. 게다가 남극을 제외한 전대륙에 널리 분포하고 있습니다. 가장 중요한 특징은 바로 날아다니는 동물이라는 것이죠. 병원체를 쉽게 전파할 조건을 가지고 있습니다. 그래서 감염병학자는 신종 바이러스의 주요 원인으로 유인원, 설치류와 함께 박쥐를 주목합니다. 메르스바이러스 역시 낙타는 중간숙주일 뿐이고, 자연숙주는 박쥐일 가능성이 높습니다. 실제로 낙타와 연관성을 찾기 어려운 메르스 감염자가 있었으며, 사우디아라비아보다 낙타를 훨씬 많이 키우는 소말리아와 케냐는 메르스 감염이 드물었습니다. 다만 아직 정확하게 어떤 종이 숙주인지는 잘 모르는 형편입니다.

메르스 유행 이후, 코로나바이러스가 큰 주목을 받게 됩니다. 메르스는 아직도 중동 일부 지역에서 유행하고 있습니다. 많은 연구가 진행되었고, 치료제나 백신 개발도 시도되었습니다. 물론 지지부진해지고 말았지만, 코로나-19 관련 연구의 상당수는 사스와 메르스 시절의 연구노트를 다시 펴면서 시작되었습니다. 연구노트를 함부로 버리면 안 되는 이유일까요? 2012년 이후 총 27개의 신종 코로나바이러스가 발견되었습니다. 2019년 겨울, 마지막으로 발견된 녀석이 바로 코로나-19를 일으킨 사스코로나바이러스-2입니다.

신종 감염병은 왜 생기는 것일까?

앞서 말한 대로 인류는 영거 드라이아스기(Younger Dryas) 이후부터 끊임없이 감염병에 시달려왔습니다. 지금까지 지구상에 살았던 사람의 수를 모두 합치면 약 500억 명 정도로 추산됩니다. 그중 절반 이상이 감염병으로 죽었습니다. 그러나 밀리기만 하던 희망 없는 전선에 작은 빛이 보이기 시작합니다. 인류사적으로는 아주 최근에 벌어진 일입니다. 백신과 항생제, 영양과 위생 개선 등에 힘입어 감염병을 하나둘 정복하기 시작했습니다. 사실 정복이라는 말은 좀 과하고, 밀리기만 하던 전선에서 조금은 방어다운 방어가 시작되었다고 하는 편이 옳겠네요. DDT는 생태계에 엄청난 악영향을 남겼지만, 어쨌든 모기는 잘 잡았습니다. 2차 세계대전 무렵에 많이 쓰였는데, 일단 전쟁이 급하니 이것저것 따질 겨를이 없었습니다. 애써 개발한 항생제도 결국 다양한 내성균을 양산했지만, 그래도 항생제가 없는 세상은 상상하기 어렵습니다. 항생제가 없다면 병원에는 작은 수술에도 상처가 덧나 사망하는 사람이 넘쳐날 것입니다. 사랑니를 뽑으려고 목숨을 걸어야 하겠죠. 항생제의 개발을 통해서 이차감염으로 인한 사망률은 극적으로 낮아졌습니다.

심지어 어떤 감염균은 완전히 박멸되기도 했습니다. 세계보건기구는 1958년 천연두 근절을 위한 글로벌 이니셔티브에 착수했죠. 당시에는 매년 200만 명이 천연두로 죽고 있었습니다. 1979년 공식적으로 천연두는 완전히 근절됩니다. 지금은 미국 질병관리국(CDC)과 러시아 국립 바이러스·생명공학연구센터(VECTOR), 이렇게 두 곳에서만 긴 잠을 자고 있습니다. 인류는 모든 감염병을 문자 그대로 '박멸'할 수 있다는 희망에 부풀었습니다. 하지만

1979년 이후 박멸된 병원체는 하나도 없습니다. 천연두 박멸은 인류가 처음이자 마지막으로 거둔 큰 승리였습니다.

혹시 테러리스트가 천연두바이러스를 탈취해서 퍼트리면 어떡할까요? 2019년 9월경 러시아의 국립 바이러스·생명공학연구센터에 폭발사고가 있었습니다. 자칫하면 천연두바이러스가 다시 세상에 나올 뻔한 위기였죠. 영화 「12 몽키즈」에서 종말론에 심취한 과학자는 치명적인 바이러스를 퍼트려서 인류를 몰살시키려고 합니다. 인류야말로 지구를 오염시키는 병원균이라는 이유였죠. 50억 명이상이 사망하고, 간신히 살아남은 인류는 지하에서 겨우 목숨을부지하며 살아갑니다. 주인공으로 분한 브루스 윌리스는 바이러스가 퍼지기 이전의 과거로 돌아가 재앙을 막으려고 합니다. 좀 흔한설정인가요? 만약 천연두바이러스를 '매드 사이언티스트'가 퍼트리면 어떻게 될까요? 일단 저는 괜찮습니다. 지금 나이로 마흔 중반까지는 천연두 예방접종을 했으니 말이죠. 하지만 상당수의 젊은이가 생전 처음 접하는 감염균에 쓰러질 것입니다.

물론 그럴 가능성은 낮습니다. 더 현실적인 가능성에 눈을 돌려보죠. 바로 신종 감염병입니다. 인간에게 영향을 미치는 병원균의리스트는 점점 길어지고 있습니다. 매년 1~2종의 새로운 감염균이나타나기 때문입니다. 이런 경향은 점점 심해지고 있습니다. 1975년부터 인류가 새롭게 알게 된 감염체는 약 50여종에 이릅니다. 건강과 공중보건에 심각한 영향을 미치는 것만 따졌는데도 그렇습니다.

인수공통감염병을 일으키는 병원체가 우연히 생태적 경계를 넘어 인간에게 감염되었다고 해보죠. 대개 산발적 감염으로 끝나고 소강상태에 빠질 것입니다. 숙주와 여러가지로 잘 맞지 않기 때문입니다. 그런데 가끔 돌연변이가 일어납니다. 사스도, 메르스도, 코로나도, 신종 플루도 다 돌연변이죠. 인구집단에 들어오기 전에 인체 감염에 알맞은 변이가 일어나면 오프더쉘프(off the shelf) 병원균, 인구집단에 들어온 후 새롭게 알맞은 변이가 일어나면 테일러메이드(tailor made) 병원균이라고 합니다. 전자는 집중화된 가축 사육이 원흉이고, 후자는 집중화된 도시환경이 원흉입니다.

코로나-19 바이러스처럼 수백만명의 사람들이 감염되면 테일러메이드 병원균이 나타날 가능성이 커집니다. 돌연변이의 발생 확률은 감염자의 수에 따라 늘어나죠. 다른 바이러스와 중복 감염이 일어나면, 유전자 교환을 통해 희한한 신종 바이러스가 나타날 수도 있습니다. 바이러스학자 앤드류 니키포룩(Andrew Nikiforuk)은 이렇게 말합니다.

어느 시점이 되면 감염병은 다른 침입자와 조우하여 결합할 것이다. (…) 점점 더 빨리 진화하고 치명적인 돌연변이의 출현이 촉진될 것이다. 북미의 베이비붐(고령화 사회) 역시 불에 기름을 붓는 격이 될 것이다. 어떤 유행병이든 현장에서 손에 넣을 수 있는 재료를 활용하기 마련이다.•

• 앤드류 니키포룩 『대혼란: 유전자 스와핑과 바이러스 섹스』, 이희수 옮김, 알마 2010, 397~98면.

흥미롭게도 새롭게 등장하는 감염체는 주로 바이러스입니다. 왜 그럴까요? 첫째 이유는 바이러스 동정 기술이 향상되었기 때문입니다. 예전에는 모르고 지나갔을 괴질도 원인을 찾아낼 수 있게 된 것이죠. 둘째는 RNA 바이러스가 빠른 변이를 하기 때문입니다. 변이가 잘 일어나면 새로운 감염균이 될 가능성도 커집니다.

새로운 감염균은 주로 인수공통감염균입니다. 도무스 복합체는 극단적으로 비대해지고 있습니다. 사람과 가축, 그리고 야생동물의 서식지가 점점 서로 겹치고 있습니다. 인구밀도도 높아집니다. 2000만명 이상의 인구가 사는 거대도시만 모두 20개죠. 뉴욕을 빼면 모두 아시아에 있는데, 서울-경기 도시군도 한 자리를 차지하고 있습니다. 또한 병원도 점차 거대해지고 있습니다. 수많은 환자가 가진 다양한 변이균과 항생제 내성균이 서로 짝짓기 하는 무도회장입니다. 이동도 잦아지고 있죠. 매년 수억명의 사람들이 해외여행을 즐깁니다. 이런 상황에서 신종 감염병이 나타나지 않으면 그게 더 이상한 일입니다.

신종 감염균의 진화를 이해하려면 병원체 피라미드라는 개념을 알아두는 것이 좋습니다. 피라미드의 가장 하단에는 다양한 잠재적 병원체가 있습니다. 대부분은 인류가 만나보지도 못한 병원체죠. 바로 윗단에는 감염균이 있습니다. 인류가 새롭게 병원체를 만난다고 해도 일부만이 감염을 일으킬 수 있습니다. 다음 윗단에는 전파력이 있습니다. 어쩌다 인간에게 옮겨 온 병원체라고 해도

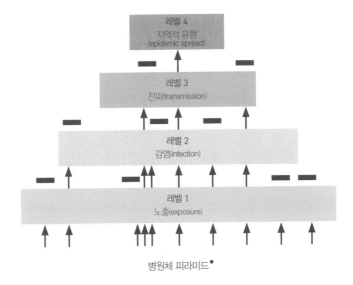

병원체 피라미드[●]

사람간 전파가 되는 것은 일부에 지나지 않습니다. 피라미드의 가
장 윗단에는 감염병 유행이 위치합니다. 사람간 전파가 가능한 감
염균 중 일부만 대유행을 '성공'시킵니다. 각각을 레벨 1부터 4까지
나누어 부릅니다.

생태계의 여러 조건은 신종 감염균의 유행을 결정하는 가장 중
요하면서 광범위한 요인입니다. 사실 요인이라기보다는 그 자체라
고 하는 편이 옳겠네요. 인간과 다른 매개체 혹은 감염균의 서식지
는 보통 잘 겹치지 않습니다. 감염균이나 매개체가 인간의 주거지
를 습격하는 때도 있겠지만 보통은 그 반대입니다. 도시 건설과 인

● Nathan D. Wolfe, Claire Panosian Dunavan and Jared Diamond, "Origins of
major human infectious diseases," *Nature* vol. 447, 2007.

구 증가, 여행, 이주 등으로 인해서 인간은 끊임없이 새로운 장소로 옮겨 살고 있습니다. 피라미드의 가장 하단이 무너지면 그중 일부가 다음 단으로 올라올 기회를 얻게 됩니다.

하지만 윗단으로 올라온 감염균도 다음 관문을 넘어야 합니다. 바로 감염력입니다. 감염균의 R_0, 즉 기초감염재생산지수가 낮으면 사람간 전파는 일어나지 않습니다. 1보다 낮으면 가만히 두어도 사라지죠. 만약 R_0가 1보다 크다면 인구집단에서 퍼지기 시작합니다. 하지만 초기 감염자의 숫자가 적으면 R_0가 높다고 해도 결국은 사라질 가능성이 큽니다.

R_0가 높으면 대유행의 가능성이 큽니다. 다른 조건이 동일하면 대략 다음과 같은 관계가 성립합니다.

대유행의 가능성 $= 1 - [1/R_0]$

만약 신종 감염병의 R_0가 1이라면 대유행의 가능성은 0이죠. 그러나 2라면 대유행의 가능성은 50퍼센트로 높아지고, 4라면 75퍼센트, 10이라면 90퍼센트로 높아지게 됩니다. 현재 사스코로나바이러스-2의 R_0는 1.7~2.5 수준입니다(연구방법 혹은 유행지역에 따라 1.0 이하에서 2.0에 육박하는 정도로 다양합니다).

코로나-19 딜레마

사스코로나바이러스-2는 아주 독특합니다. 잠복기도 길고, 무증상 감염자도 전파를 일으킵니다. 치명률도 애매하죠. 지금보다 심각하면 널리 퍼지지 못할 것이고, 지금보다 가벼우면 신경 쓸 이유가 없습니다. 무시하기는 어렵지만 스스로 수그러들기 어려운 애매한 수준의 치명률입니다. 기초감염재생산지수가 너무 높았다면 이미 전세계로 다 퍼졌을 것이고, 너무 낮았다면 유행이 일어나지도 않았을 것입니다. 방역을 안 할 수는 없고, 그렇다고 언제까지나 계속할 수도 없는 묘한 상황입니다.

그러니 중국군의 생화학무기라는 음모론적 주장이 힘을 얻습니다. 2020년 1월 31일 인도의 한 연구팀은 사스코로나바이러스-2의 유전정보를 분석하면서 HIV와 코로나바이러스를 인공적으로 섞었을 수 있다는 인상을 주는 논문을 발표했습니다. 물론 그렇게 대놓고 이야기하지는 않았지만, 논문 제목부터 음모론자가 좋아할 만했습니다. 제목이 다음과 같습니다. 'Uncanny similarity of unique inserts in the 2019-nCoV spike protein to HIV-1 gp120 and Gag'. 즉 신종 코로나바이러스의 스파이크 단백질이 HIV-1의 gp120 및 Gag 단백질과 '기이하게' 비슷하다는 것입니다. 물론 논문은 자진 철회되었습니다.

그러나 음모론보다는 진화론이 이런 현상을 더 명쾌하게 설명할 수 있습니다. 다양한 코로나바이러스 변종 중에서 현대 인류사회에 가장 '적합한' 변종이 크게 '성공'한 것입니다. 인구밀도가 조금만 낮았어도 이런 수준의 기초감염재생산지수로는 큰 유행이 어려웠을 것입니다. 치명률이 더 높거나 더 낮았어도 상황은 더 간단해졌을 수 있습니다. 그 '기이한' 틈새를 공략한 것은 중국의 비밀연구소가 아니라 자연선택을 통한 진화적 과정입니다. 인류가 주도권을 잡아가던 바이러스와 인류의 군비경쟁에서 전략적으로 아주 중대한 시대가 시작된 것인지도 모릅니다.

팬데믹

2019년 11월 17일 중국 후베이성에 사는 55세의 남성이 감염됩니다. 그리고 아홉명의 환자가 잇달아 보고됩니다. 하지만 역학조사 결과 최초 감염자는 아니었죠. 제0번 환자는 아직도 확인되지 않았습니다. 12월이 되면서 환자가 점점 늘어납니다. 12월 20일까지 후베이성에 60명의 환자가 발생합니다. 우한중앙병원의 몇몇 의사는 원인을 알 수 없는 폐렴에 대해 보고했고, 외부 의뢰한 검사에서는 신종 코로나바이러스라는 결과가 나오기도 했습니다. 크리스마스를 전후하여 급박하게 상황이 전개됩니다. 그리고 12월 31일 환자 수는 266명에 이르게 됩니다. 중국 정부는 공식적으로 원인을 알 수 없는 폐렴이 유행한다는 사실을 공표합니다.

본격적인 조사가 시작됩니다. 사향고양이와 낙타, 박쥐 사례의 기억이 되살아납니다. 즉각적으로 화난 어시장이 지목됩니다. 물고기뿐 아니라 야생동물도 팔던 시장이었거든요. 그러나 아직 확실하지 않습니다. 2020년 5월, 어시장에서 수거한 동물 검사대상물에서는 바이러스가 나오지 않았습니다. 아마도 최초 발원지는 아닌 것 같습니다.

상황은 점점 나빠집니다. 일주일마다 환자가 두배씩 늘어납니다. 1월 중순이 되자 우한지역을 벗어나 주변지역으로 퍼지기 시작합니다. 1월 20일경, 의심환자가 6000명에 이릅니다. 1월 24일, 사람 간 감염 가능성을 시사하는 논문이 『랜싯』(*The Lancet*)이라는 저명한 학술지에 실립니다. 팬데믹이 일어날 수 있다는 것이죠. 1월 30일, 세계보건기구는 '국제적 관심을 요하는 공공보건 비상사태'(a public health emergency of international concern)를 선언합니다. 에피데믹(epidemic) 선언이죠. 지역적 감염병 유행입니다. 바로 다음 날, 이탈리아에서 두명의 환자가 발생합니다. 전세계가 중국으로부터의 입국을 차단하지만, 곧 상황이 반전됩니다. 이탈리아, 독일, 스페인, 영국, 프랑스 등으로 걷잡을 수 없이 퍼지더니, 3월 11일 세계보건기구는 결국 팬데믹을 선언합니다.

세계보건기구는 감염병을 유행의 정도에 따라 6단계로 나누어 관리합니다. 정확하게 말하면 예전에 그렇게 관리했습니다. 증상의 경중은 상관없습니다. 동물끼리만 감염되는 상태는 제1기입니다. 동물에서 인간으로 감염이 일어나면 제2기인데, 이때부터 팬데믹 가능성이 있습니다. 제3기는 인간집단에서 산발적인 감염이 나타나는 단계입니다. 지속적인 지역사회 감염이 일어나면 제4기, 두 개 이상의 국가에서 지속적인 지역사회 감염이 일어나면 제5기, 그리고 세계보건기구가 나눈 여섯개의 구역(아프리카, 미주, 동남아시아, 유럽, 동지중해, 서태평양) 중 다른 구역에 속하는 두 국가에서 지속적인 감염이 유행하면 제6기입니다.

그러나 지금은 이런 기준을 별로 활용하지 않습니다. 일단 팬데믹에 대해서는 명확한 기준이 없습니다. 제6기라면 마지막 단계니까 당연히 팬데믹일 것 같지만, 꼭 그렇지는 않습니다. 예를 들어 HIV는 분명 전세계에서 유행하고 있습니다. 그러나 글로벌 에피데믹(global epidemic)으로 분류하고 있습니다. 과거 기준과 대책은 인플루엔자를 상정하여 만들어졌습니다. 질병의 심각성과 유행 수준을 모두 고려한 기준은 없습니다. 세계보건기구가 세계를 나눈 여섯 구역의 기준도 감염병을 상정하여 정해진 것이 아닙니다. 북한은 동남아시아 지역인데, 한국은 서태평양 지역입니다. 모로코는 분명 지중해의 서쪽에 있지만, 동지중해 지역에 속합니다. 중국은 서태평양 지역인데, 훨씬 서쪽에 있는 인도네시아는 동남아시아 지역입니다.

사실 다종다양한 신종 감염병에 대한 일관된 팬데믹 기준을 만드는 것은 불가능할지도 모릅니다. 아마 앞으로는 그때그때 상황을 보아 팬데믹을 선포할 것 같습니다. 세계보건기구가 중국 눈치를 본다는 비판이 있었지만, 이제 중국 외의 확진자가 훨씬 많은 상황이므로 그런 것 같지는 않습니다. 팬데믹은 사실 의학적인 기준이라기보다는 사회적인 기준입니다. 감염병 대유행이 몰고 오는 엄청난 수준의 심리적 영향, 그리고 이차적인 경제적, 사회적, 문화적 파급 효과를 고려하면 팬데믹 선언에 신중할 수밖에 없습니다. 아무렇게나 팬데믹 선언을 해버리면 그 의미가 오히려 축소됩니다.

역사적으로 널리 인정받는 팬데믹은 고작 세번 있었습니다. 서기 541년부터 200년간 유행한 유스티니아누스 역병이 제1차 팬데믹, 14세기경부터 시작하여 약 500년간 유행한 페스트가 제2차 팬데믹, 19세기경 약 100년간 유행한 아시아 콜레라가 제3차 팬데믹입니다. 이 정도는 돼야 팬데믹 반열에 오르나봅니다. 수억명이 죽은 스페인 독감은 역사상 3대 팬데믹에 들지도 못합니다.

세계보건기구는 1968년 홍콩 독감, 2009년 신종 플루에 대해 팬데믹 선언을 한 바 있습니다. 1948년에 세계보건기구가 창설되었으니까요. 홍콩 독감은 2년 동안 유행하면서 약 100만명이 희생된 것으로 추정됩니다. 2009년 신종 플루는 약 1만 7000여명의 사망자를 낳았습니다. 그리고 2020년, 코로나-19에 대해 세번째 팬데믹 선언을 했습니다. 지금까지의 경과를 보면 세계보건기구가 선포한 최악의 팬데믹이 될 것으로 보입니다.

팬데믹의 미래

미래는 누구도 알 수 없습니다. '뇌피셜'로 이런저런 이야기를 하는 사람이 넘쳐납니다. 믿을 만한 기관이나 연구소는 오히려 말을 아낍니다. 팬데믹이 진행되는 상황에서 섣부른 예측이 불러오는 부정적 영향을 잘 알고 있기 때문입니다. 하지만 코로나-19가 터지기 이전의 예측이라면, 오히려 이런 점에서 자유로울 수도 있을 것입니다. 그런 연구가 2019년 10월 18일에 있었습니다.

존스홉킨스 보건안전센터(Johns Hopkins Center for Health Security)는 세계경제포럼(World Economic Forum, WEF) 및 빌앤드멜린다 게이츠 재단(Bill & Melinda Gates Foundation)과 함께 높은 수준의 팬데믹 상황에 대해 '이벤트-201'(Event-201)이라고 명명한 예측 결과와 대책 등을 발표합니다. 코로나-19의 첫 환자가 발생하기 약 한달 전입니다. 놀랍게도 원인균으로 코로나바이러스를 상정하였습니다. 사실 변종 코로나바이러스가 인플루엔자보다 더 위험할 수 있다는 의견은 늘 있었습니다. 이벤트-201에서는 물론 코비드-19라는 이름이 아니라, 코로나바이러스 급성폐증후군(Coronavirus Acute Pulmonary Syndrome, CAPS)이라고 이름을 정했죠.

가상의 바이러스는 사스나 메르스와 같은 과에 속하지만, 항원의 차이가 발생한 것으로 상정하였습니다. 수년간 과일박쥐에 상존하다가 가축화된 돼지로 옮겨 오는 시나리오입니다. 돼지에게는 가벼운 질병을 일으키는 것으로 하였죠. 시나리오에 의하면 바이러스의 변이가 일어나 인간 감염이 일어납니다. 남미의 한 농부에게 감염되지만, 사람간 전파는 제한적이었죠. 그러다가 추가적인 변이가 발생하여 사람간 전파가 더욱 쉽게 일어나게 됩니다. 물론 시나리오입니다.

사스바이러스에 비해 가벼운 증상을 가진 환자도 전파할 수 있을 것으로 가정했습니다. 주로 비말을 통한 호흡기 경로를 따라 일어나고 인공호흡기 등을 사용할 경우 공기 전파가 일어날 것으로 시뮬레이션하였습니다. 또한 백신이 없고, 치료제도 없다고 상정했습니다. 다만 단 하나의 항 HIV 약물, 엑스트라나비어(extranavir)가 CAPS의 치료와 예방에 효과적인 것으로 간주했는데, 현실보다는 더 긍정적인 시나리오였습니다.

시나리오에 의하면 남미의 한 양돈장에서 발생한 전염병은 초기에 천천히 진행하다가 의료시설에서 급격히 전파됩니다. 기본적으로 완전히 취약한 인구집단에서 중등도의 전파력을 가진 병원체의 유행을 가정합니다. 소득이 낮고 인구가 밀집된 지역에서 빠르게 전파되는데, 주로 남미의 거대도시였죠. 곧 지역적 유행병이 폭발적으로 퍼집니다.

해외여행 등 비행기를 통해서 포르투갈과 미국, 중국으로 전파되고, 이후 300개의 대도시를 포함한 여러 국가로 전파됩니다. 시간이 지나면서 새로운 도시가 모델에 추가되었는데, 각 도시당

1~4명의 환자가 유입되는 것으로 가정하였죠. 다수의 심각한 환자에 대한 높은 수준의 의학적 관리를 제공할 수 있는 의료시스템 수준의 차이를 반영한 것입니다. 감염력(β)은 어떨까요? 기초감염재생산지수인 R_0를 평균 1.7로 가정하였습니다(각 도시에 따라 1.1~2.6 사이에 분포하였고, 정규분포를 그리는 것으로 상정하였죠). 실제 사스코로나바이러스-2의 R_0는 1.7~2.5 수준입니다. 지역사회에서 감염력이 있는 개체를 두종류로 나누었는데(모델은 감염의 단계에 따라 총 여섯 영역으로 나뉩니다), 절반은 가벼운 질병으로 진행하고, 절반은 심각한 질병으로 진행하는 것으로 보았습니다.

심각한 질병을 앓는 환자는 알파(α)의 확률로 10일 후에 죽거나(D), 회복하는 것으로 가정했습니다(R). 입원 환자의 치명률(the case fatality risk, CFR)은 평균 14퍼센트의 정규분포를 그리는 것으로 가정하였죠. 가벼운 증상을 보이는 환자는 델타(δ)의 확률로 회복합니다(여기서 알파와 델타는 시뮬레이션을 위해 설정한 임의의 파라미터로, 시뮬레이션에서는 현실의 데이터를 반영하여 가장 있음직한 파라미터를 설정하는 단계를 거칩니다). 가벼운 증상을 보이는 환자의 치명률은 0퍼센트로 가정하고, 증상은 경중과 무관하게 5일의 잠복기를 가정하였고, 발병부터 회복까지의 시간(γ)은 7일로 가정합니다. 심각 영역에 속하는 환자만 보고되는 것으로 했고, 가벼운 증상을 보이는 환자는 감시체계를 벗어날 것으로 간주하였습니다. 왠지 지금의 상황과 적잖이 비슷합니다.

이러한 상황은 개별 도시에 차례로 적용되었고, 유행의 추계적 성질을 시뮬레이션하기 위해서 실제 분포로부터 무작위로 조정된 각 도시의 파라미터를 선택하였습니다. 초기 몇달 동안 누적 환자는 매주 배증합니다. 처음에는 일부 국가에서 통제에 성공하지만, 전파와 재유입이 지속하면서 결국 어떤 국가도 통제에 성공하지 못하죠. 정말 족집게네요. 그리고 첫 1년 동안은 백신 개발에 실패할 것으로 예측했습니다. 결과적으로 18개월 후 대략 6500만명이 사망합니다. 감염되지 않은 사람이 감소하면서 점점 유행속도가 느려지는데, 전체 인구의 80~90퍼센트가 노출될 때까지 팬데믹이 진행됩니다. 이후 유년기에 자주 생기는 풍토병으로 변하게 된다고 예측했습니다. 아마 이벤트-201의 예측 결과가 바르다면, 코로나-19는 제4차 팬데믹으로 인류역사에 남을 가능성이 높습니다. 물론 그렇게 되지 않기를 희망합니다.

다음 장에서는 공격 쪽이 아니라 수비 쪽 이야기를 좀 해보겠습니다. 수억년 동안 진화한 병원체의 진화와 더불어, 이들과 싸우는 우리의 면역반응도 역시 수억년 이상 진화했습니다. 끝없는 군비경쟁입니다.

4장

면역의
진화

앞 장에서 공격 팀에 대한 이야기를 했습니다. 대부분 무해하고, 세법 유익하고, 종종 짓궂고, 가끔은 냅다 뺨을 후려치며, 드물게는 죽음에 이르게 하는 녀석이었죠. 이번 장은 수비 팀입니다. 먼저 선천면역과 획득면역에 대해 이야기하겠습니다. 대단히 정교하고 복잡한 두 종류의 면역체계가 수억 년 전부터 진화했습니다. 너무 오래도록 공진화해온 덕분에 일부 면역시스템과 감염균은 서로 전략적 제휴 관계를 유지하고 있습니다. 앞 장에서도 살짝 다룬 이야기죠. 그러다가 면역계가 엉뚱한 녀석을 공격하면 알레르기가 생기고, 종종 자기 자신을 공격하기도 합니다.

패턴 인식 수용체와 획득면역

면역계는 초기 진핵생물이 진화할 무렵에 같이 진화한 것으로 보입니다. 미생물의 침입을 인식하는 패턴 인식 수용체(Pattern-recognition receptors, PRRs)가 나타났습니다. 자주 접하는 외부 물질에 대한 수용체를 처음부터 가지고 태어나는 것입니다. 그 수용체에 들어맞는 외부 물질이 나타나면, 침입을 바로 인식할 수 있습니다. 즉 수많은 열쇠에 맞는 자물쇠를 다 들고 다니면서 하나라도 맞으면 문이 열리는 것입니다. 외부의 병원체와 관련된 분자 패턴(Pathogen-associated molecular patterns, PAMPs)에 들어맞거나 혹은 자신의 몸이지만 제거해야 하는 노폐물 분자 패턴(Damage-associated molecular patterns, DAMPs)을 인식합니다. 이러한 패턴 인식 수용체는 무척추동물을 비롯한 다양한 동물에서 보편적으로 나타납니다. 그러나 별로 유연하지 못한 단점이 있습니다. 당연한 일입니다. 수천, 수만개의 자물쇠를 주렁주렁 달고 다니는 꼴이라니.

그래서 환경조건에 알맞은 면역만 골라서 획득하는 전략이 진화합니다. 후천면역 혹은 획득면역입니다. 어머니로부터 항체가 직접 전달되는 경우도 있고, 병원체에 노출되면서 면역세포가 기억하는 경우도 있습니다. 각각 수동면역과 능동면역이라고 하는데, 이 두가지를 이용해서 치료에도 활용합니다. 전자를 응용한 것이 혈청치료입니다. 이미 병에 걸려 나은 사람의 항체를 추출해서 투여하는 것이죠. 후자를 응용한 것이 바로 백신입니다. 병원체를 오랫동안 계대배양(繼代培養)하는 방식으로 약하게 만들거나 아예 병원체를 쪼개서 혹은 죽여서 인체에 주입하여 면역세포가 살짝 기억할 수 있도록 하는 것이죠. 각각 생백신 및 사백신이라고 합니다.

백신은 처음에 제너가 만들었습니다. 우두법, 즉 소가 걸리는 우두의 고름을 접종하여 천연두를 막는 방법을 고안한 것이죠. 참고로 '암소'를 라틴어로 '바카'(vacca)라고 하는데, 백신(vaccine)의 어원입니다. 독일어로는 '바크친'(Vakzin)인데, 이걸 일본말로 하면 '와쿠친(ワクチン)'으로 소리가 납니다. 이것을 다시 우리말로 차음한 것이 '왁찐'입니다. 저희 부모세대만 해도 왁찐이라고 많이 하셨죠. 북한에서는 아직도 왁찐이라고 합니다.

그런데 척추동물이 진화하면서 유전적 복잡성을 최소한으로 증가시키면서도 다양한 수용체 레퍼토리를 만드는 적응적 면역계도 진화합니다. 왜 이런 식으로 진화한 것일까요? 간단하게 설명하면 이렇습니다. 수없이 많은 외부 항원에 대해 항체를 만들려면 수없이 많은 유전자가 필요합니다. 그래서 처음에는 항체에 관한 정보를 유전자가 모두 가지고 있으리라 추측했습니다. 이를 생식세포유전자설(germ line theory)이라고 하죠. 그런데 인간 몸에는 유전자가 2만 3000개밖에 되지 않습니다. 몽땅 항체 합성을 위해 할당해도 턱없이 부족하죠. 그래서 일단 기본적인 단백질이 합성된 후 체세포계열에서 여러 단백질로 변이를 일으킨다는 체세포돌연변이설

(somatic mutation theory)이 대두됩니다. 정말 그런지 실험을 통해 확인해보았습니다.

그런데 아니었습니다. 놀랍게도 여러종류의 유전자가 처음부터 재조합을 이루면서 수많은 단백질을 만드는 것이었습니다. 다시 설명해보겠습니다. 항체는 면역글로불린이라는 단백질로 만들어지는데, 항체의 말단에는 두개의 항원결합분절(antigen-binding fragment, Fab)이 있습니다. 각 Fab에는 L사슬(light chain, 경쇄)과 H사슬(heavy chain, 중쇄)이 이황화결합을 통해 붙어 있습니다. Fab는 100개가 조금 넘는 아미노산으로 구성되는데, 각각 가변부(variable region, V)와 불변부(constant region, C)로 나뉩니다. 항원에 달라붙는 끝부분이 가변부입니다. 항체의 L사슬 C 부분은 모두 동일한 아미노산 서열을 가집니다. H사슬의 C 부분도 마찬가지죠. 하지만 V 부분은 항체마다 다릅니다.

V 부분이 다양한 항원에 반응하는 항체의 결합 부위라고 할 수 있는데, 세종류의 유전자에 의해서 결정됩니다. 각각 가변(variable), 다양(diversity), 연결(joining) 유전자 조각이 림프구 발달 단계에서 재조합을 일으켜 만들어집니다. 이를 VDJ 재조합(VDJ recombination)이라고 합니다.

V유전자가 약 40개, D유전자가 약 25개, J유전자가 약 10개입니다. 조합의 숫자는 약 1만개로 늘어납니다. 그런데 V 부분에는 L사슬과 H사슬이 있습니다. L사슬은 D유전자가 관여하지 않지만, 그래도 수백개 정도의 조합을 만들 수 있죠. 일부 H사슬도 D유전자

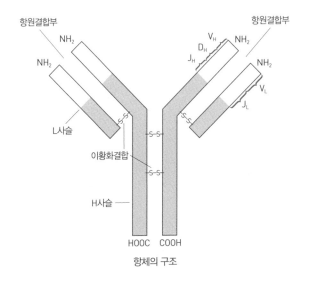

항체의 구조

를 빼는 방법으로 더 많은 다양성을 만들어냅니다. 게다가 추가적으로 염기를 몇개 더 넣어주면서 더 높은 수준의 다양성을 확보하게 됩니다.

V 부분에는 세종류의 상보성 결정영역(Complementarity-determining regions, CDRs)이 존재하는데, 항원결합부위에는 L사슬 하나, H사슬 하나가 있으므로 총 여섯개의 CDRs가 존재하는 셈입니다. 하나의 항체는 두개의 항원 수용체를 가지므로 각 항체는 총 12개의 CDRs를 가지는 것이죠. 가장 변이가 많이 존재하는 영역이 CDR3인데, 무작위 배열을 삽입하는 방법으로 사실상 다양성을 무한정 증가시킬 수 있습니다. T세포 수용체도 이와 비슷합

니다.

이쯤 되면 책을 다시 환불하고 싶은 마음이 드나요? '내 자식은 면역학자로 키우지 말아야겠다'는 생각도 들 것 같습니다. 아무튼 이것만 알면 됩니다. 인간은 아주 '신박한' 방법으로 세상의 모든 외부 물질에 대응하는 항체를 만들 수 있도록 진화했다는 것입니다. 숙주와 기생체가 벌인 수억년의 군비경쟁이 만들어낸 일입니다. 나머지는 그냥 그런 것이 있나보다 하고 넘어갑시다.

검열의 진화: 흉선

이렇게 엄청난 수준의 다양성은 수많은 외부 물질에 대한 면역성을 확보시켜준 일등공신입니다. 그런데 너무 고도로 진화하다보니 오히려 고장도 잘 납니다. 일단 표적 항원이 없는 쓸모없는 항체가 생길 수 있습니다. 괜한 낭비죠. 또한 자기 몸을 공격하는 자가면역이 생길 수도 있습니다. 우리 몸은 어떻게 이런 문제를 해결할까요?

두가지 방법이 있습니다. 처음부터 신중하게 항체를 만드는 방법입니다. 아니면 왕창 만든 후 적절하게 조절하는 방법입니다. 척추동물은 두번째 방법을 택했습니다. 이러한 기능을 담당하는 기관이 흉선입니다. 넥타이가 위치하는 가슴 부분에 흉골이라는 뼈가 있습니다. 양쪽 갈비뼈를 잇는 뼈입니다. 이 흉골 바로 뒤에 위치하는 나비 모양의 기관이 흉선입니다. 가슴샘이라고도 하죠. 예전에는 흉선이 무슨 일을 하는지 잘 몰랐습니다. 가슴 가운데 있으므로 영혼이나 생명, 분노와 관련된다고 생각한 적도 있었죠. '흉선'(thymus)의 어원인 그리스어 '투모스'(thumos)는 분노, 심장, 영혼, 소망, 생명을 뜻하는 말입니다.

흥미롭게도 이 흉선은 어린 시절에 크게 발달했다가 어른이 되면 작아집니다. 사춘기 무렵에는 30~40그램에 이를 정도로 커지지만, 나이가 들면 그냥 지방으로 바뀌죠. 70세가 되면 6그램 정도로 작아집니다. 이러한 흉선을 모든 유악하문 척추동물이 가지고 있습니다. 유악하문이란 척추동물아문 중에서 무악상강(Agnatha)을 제외한 모든 동물을 말합니다. 무악상강, 즉 턱이 없는 무악류란 칠성장어와 같은 원시적인 동물이죠. 즉 유악하문은 상어 등의 연골어류, 그외 모든 경골어류, 양서류, 파충류, 조류, 포유류를 모두 포함합니다.

아무튼 흉선은 피질과 수질로 나눌 수 있는데, 피질과 수질은 합심하여 면역계의 광란을 막기 위해서 아주 정교한 검열시스템을 작동시킵니다. 자세하게 들어가면 너무 복잡하니까 어떤 복잡한 방법을 통해서 '나'와 '남'을 구분할 수 있다고 정리해두죠.

고장난 면역: 알레르기

만약 면역계가 너무 복잡한 방식으로 작동하는 것이 아니냐는 생각이 드셨다면, 앞서 설명한 영어인지 한국어인지 헷갈리는 부분이 의도한 바를 잘 달성한 것입니다. 네, 너무 복잡합니다. 정밀한 제품일수록 오작동이 많이 일어납니다. 작동하지 말아야 하는 상황에서 작동하면 어떻게 될까요? 알레르기가 생깁니다.

알레르기는 분명 오랜 역사를 가지고 있겠지만, 진단명이 생긴 것은 비교적 최근의 일입니다. 1906년 오스트리아의 소아과 의사였던 클레멘스 본 피르케(Clemens von Pirquet)는 말의 혈청이나 천연두 백신을 맞은 환자 중 일부가 두번째 접종에서 빠르고 심한 과민반응을 보이는 사실을 알아냅니다. '다른 것'을 뜻하는 그리스어 '알로스'(allos)를 따서 '알레르기'(allergy)라는 진단명을 붙였죠. 흔히 '알러지'라고 하기도 하는데, 표준 의학용어는 '알레르기'입니다. 피르케가 독일어로 발표했으니 굳이 영어 발음으로 다시 고칠 필요는 없습니다.

혹시 투베르쿨린검사(Tuberculin test)를 해본 적이 있나요? 투베르쿨린반응은 독일의 로베르트 코흐(Robert Koch)가 처음 발견했습니다. 팔뚝에 작은 주사기로 결핵균 항원을 피내주사하고 며칠 후 반응을 보는 검사입니다. 일반적으로 1센티미터 이상 경결이 생기면 양성으로 판정합니다. 즉 이전에 결핵균에 노출된 적이 있었다는 뜻이죠. 최근 노출 여부를 확인하려고 두번 검사하거나 더 정밀한 검사를 추가하기도 합니다. 아무튼 알레르기를 발견한 피르케는 투베르쿨린반응도 일종의 알레르기라고 생각했죠. 프랑스의 샤를 망투(Charles Mantoux)가 피르케의 생각을 발전시켜 결핵 진단법을 고안합니다. 그래서 투베르쿨린검사는 피르케검사 혹은 망투검사라는 별명이 있습니다.

투베르쿨린검사는 이후 결핵 환자의 조기진단이라는 엄청난 의학적 이바지를 하였습니다. 수많은 사람이 목숨을 구했고, 감염의 전파도 막을 수 있었죠. 이쯤 되면 노벨상이 주어질 만합니다. 1905년 노벨위원회는 결핵과 관련된 연구와 발견에 대한 공로로 코흐에게 노벨생리의학상을 단독 수여합니다. 수여가 조금 늦어졌다면 피르케와 망투가 같이 받았을지도 모르는 일이죠.

그런데 알레르기를 가진 사람이 점점 늘고 있습니다. 지난 수십년간 알레르기성 천식과 아토피피부염이 많이 증가하고 있죠. 주로 산업화한 국가에서 두드러집니다. 미국의 경우 인구의 10퍼센트가 알레르기비염을 앓고, 알레르기성 천식을 앓는 사람도 3퍼센트에 달합니다. 급속도로 산업화한 우리나라도 예외가 아닙니다. 2010~12년 국민건강영양조사에 의하면 한국인의 아토피피부염은 20대가 가장 높아서 10퍼센트를 넘는데, 50대 이상은 3퍼센트에도 이르지 않습니다. 알레르기비염도 20대에서는 20퍼센트를 넘지만 고령집단에서는 적습니다. 알레르기가 점점 증가하고 있는 것입니다.

면역계의 설레발

알레르기는 면역계가 과민반응하는 현상을 말합니다. 과거에는 네가지 형태의 과민성 반응, 즉 I형부터 IV형 과민반응을 모두 알레르기라고 했죠.

먼저 I형은 IgE가 관여하는 것을 말합니다. 항원이 들어오면 IgE 항체가 만들어져서 비만세포 등에 붙습니다. 세포의 수용체에 항체가 왕창 붙으면 다양한 물질이 쏟아져나오는데 히스타민이 대표적이죠. 혈관은 확장되고 염증이 일어납니다. 수십분 안에 발생하고 며칠까지도 이어지죠.

II형은 세포 표면에 IgG나 IgM 항체가 결합하면 일어나는 반응인데 수혈 부작용이 대표적입니다. III형은 항원과 항체가 결합한 면역복합체가 신장이나 폐를 지나다가 걸려서 보체를 활성화하고 염증으로 인해 조직이 파괴되며 나타나는 반응을 말합니다. 과민성폐렴이 대표적이죠. IV형은 흔히 지연성 과민반응이라고 하는데 결핵이나 나병 등입니다.

우리가 흔히 생각하는 '진정한' 알레르기는 바로 I형입니다. IgE가 관여하는 즉각적인 과민반응이죠. 콧물이 줄줄 흐르고 재채기를 연신 뱉습니다. 코 주변의 부비강에 염증이 생기고 결막도 붓고 가려워집니다. 기관지가 좁아지고 숨쉬기가 어려워지죠. 귀가 꽉찬 느낌이 들다가 통증을 느끼고 청각장애도 생깁니다. 피부에 습

진과 두드러기가 일어납니다. 배도 아프고 토하고 설사를 하게 됩니다. 혈압이 떨어지거나 호흡곤란이 심해지면 죽기도 합니다.

심한 수준의 급속한 알레르기 반응을 따로 아나필락시스(ana-phylaxis)라고 합니다. 보통 항원에 노출된 후 빠르면 5~30분, 늦으면 2시간 정도 후에 발생합니다. 응급 상황이므로 즉시 응급실에 가야 하고, 기도 삽관과 산소 공급, 수액 공급 및 에피네프린, 항히스타민, 스테로이드 투여가 필요하게 됩니다. 아나필락시스는 흔한 알레르기는 아닙니다. 하지만 천식이나 습진, 약물이나 음식 알레르기 등을 포함하면 알레르기의 위세가 상당합니다. 국가나 지역에 따라 천차만별이지만, 심지어 전인구의 10퍼센트 이상이 알레르기를 가지고 있다는 연구도 있을 정도니까요.

주변에서 가장 흔하게 볼 수 있는 알레르기는 바로 음식 알레르기입니다. 주로 우유나 땅콩, 계란, 조개, 생선, 콩, 밀, 쌀, 과일 등이 흔합니다. 우유나 계란 알레르기는 나이가 들면 좋아지는데, 견과류나 갑각류 알레르기는 별로 나아지지 않습니다. 산업국가에서는 대략 인구의 5퍼센트 이상이 하나 이상의 음식 알레르기를 가지고 있습니다. 물론 연구에 따르면 상당수는 과잉 진단일 가능성이 있죠. 실제로 음식 알레르기가 없는데도 있다고 믿는 사람이 제법 많습니다. 2008년 한 연구에 의하면 34퍼센트의 부모가 자신의 자녀가 음식 알레르기가 있다고 했지만, 실제로는 고작 5퍼센트의 아이만이 음식 알레르기를 가지고 있었죠. 물론 조심해서 나쁠 것은 없겠습니다만.

왜 면역계는 엉뚱한 녀석을 공격하는가?

알레르기는 분명 환경에 의한 질병입니다. 항원이 없으면 증상은 없죠. 하지만 어떤 항원에 예민한 알레르기 반응이 생기는지 아닌지는 유전으로 결정됩니다. 일란성쌍둥이의 경우는 같은 알레르기를 가질 가능성이 무려 70퍼센트에 달하죠. 이란성쌍둥이도 약 40퍼센트에 이릅니다. 알레르기를 가진 부모는 자식에게도 알레르기를 물려줄 가능성이 높습니다. 항원이 바뀌는 일은 종종 있습니다. 즉 아버지는 땅콩 알레르기가 있는데, 자식은 새우 알레르기가 있을 수는 있습니다. 아무튼 알레르기질환은 높은 가족성을 보입니다.

게다가 알레르기는 생애 초기에 심한 편입니다. 소아청소년 시절에 다양한 알레르기에 많이 걸린다는 것은 아마 잘 알고 있을 것입니다. 이렇게 되면 번식 적합도가 낮아집니다. 자식을 낳지 못한 어린 나이에 죽기라도 한다면, 해당 표현형과 관련된 유전자풀에서 급속도로 사라질 것입니다. 하지만 이상한 일입니다. 제법 많은 사람이 알레르기를 가지고 있습니다.

상당히 흔하고, 가족성도 높고, 어린 시절에 흔히 발병하여 자칫하면 죽을 수도 있는 알레르기. 어떻게 이런 형질이 사라지지 않고 계속 진화할 수 있었던 것일까요? 병원체만 골라서 방어해도 힘들텐데, 도대체 땅콩에 대해 아까운 면역반응을 낭비하는 이유가 무엇일까요? 이래서야 병원체와의 전쟁에서 이길 수가 없습니다. 아군 진영에 폭격을 가하는 것이나 다름없습니다.

실전 없는 대비 태세

군의관 때 일입니다. 군대를 다녀온 분은 알겠지만 각 부대에는 치장물자를 보관하는 창고가 있습니다. 실전이 나면 쓰려고 물자를 모아두는 것입니다. 군대 의무대에 가면 빨간 약이랑 파란 약밖에 없다는 이야기가 있지만, 치장물자에는 각종 의료장비와 약품이 있습니다. 군대는 전쟁을 준비하는 곳이니 평시에는 절대 쓸 수 없는 물자입니다.

그런데 어느 날 응급 환자가 발생했습니다. 팔에 심한 타박상을 입었죠. 마땅히 후송을 가기도 어려운 상황. 결국 군율을 어기고 치장물자를 뜯어 쓰기로 합니다. 절대 안 된다고 했지만 당장 아프다는데 앞뒤 잴 것 없습니다. 그런데 처음 열어본 의료장비가 너무 '버라이어티'한 것입니다. 팔다리를 자르는 톱이 나오고, 배를 가르는 메스가 나옵니다. 쥐 잡는 데 청룡언월도를 꺼내는 셈이죠. 어쩔 수 없이 불쌍한 병사의 다리를 두개, 그리고 팔을 하나 잘랐습니다. 네, 물론 지어낸 이야기입니다.

흥미롭게도 연충에 감염된 사람은 천식이 적고, 천식 환자에게는 연충 감염이 드뭅니다. 어째서 그럴까요? 실험을 해보겠습니다.

일반인, 알레르기 환자, 기생충 감염 환자의 혈청 내 IgE를 측정하면 어떻게 나올까요? 대략 알레르기 환자는 일반인의 10배, 기생충 감염 환자는 알레르기 환자의 10배입니다. 혹시 그렇다면 알레르기 환자는 기생충에 아주 약간 감염된 상태인 것은 아닐까요? 과거에 그런 주장도 있었죠. 하지만 여러 연구를 해보니 아니었습니다.

기생충에 감염된 환자는 알레르기에 잘 걸리지 않습니다. 아마도 비특이적인 IgE가 이미 많이 돌아다니기 때문에, 알레르기 항원에 의해 발생하는 IgE가 비만세포에 붙지 못하는 것인지도 모릅니다. 남은 자리가 없으니까요. 이를 'IgE 차단 가설'(IgE blocking hypothesis)이라고 합니다. 전쟁이 나면 실제 환자가 넘쳐납니다. 총상 환자도 있고, 폭탄에 다친 병사도 있습니다. 그러나 타박상 환자를 위한 의료장비는 없습니다. 하지만 평시에는 너무 환자가 없으니까 타박상 환자에게도 서비스 차원에서 절단 수술을… 이런 주장이 바로 'IgE 차단 가설'입니다.

그렇다면 왜 알레르기가 현대사회에서 점점 늘어날까요? 아마 과거에는 기생충 감염이 흔했으므로 알레르기를 일으킬 여분의 IgE가 없었을지도 모릅니다. 그러나 지금은 도무지 기생충에 감염된 사람이 없습니다. 최소한 선진국에서는 말이죠.

하지만 이런 주장은 좀 이상합니다. 이유도 없이 IgE가 계속 생산될 리 없습니다. 외적이 없으면 군대를 줄이는 것이 옳습니다. 항체 생산도 비용이 드는 생물학적 과정이죠. 치장물자를 무조건 쌓아두기만 하는 꽉 막힌 군수장교보다는 영리할 겁니다. 그래서 최근에는 다른 방식으로 설명하고 있습니다.

일단 연충에 감염되면 IgE가 활성화됩니다. 곧이어 호염구나 호산구 등이 활성화되고, 대식세포가 출동하죠. B세포에 의해 일어나는 비특이적 체액성 면역반응이 우선입니다. 조금 시간이 지나면 기생충에 대한 특이적 면역이 일어납니다. 즉 처음에 일어나는 비특이적 체액성 면역반응이 과도하게 일어나면 IgE 중개성 제 I형 과민반응이라고 할 수 있습니다. 그리고 이어서 일어나는 항체 의존성 세포 매개 세포독성 반응(antibody-dependent cell-medicated cytotoxicity)이 일어납니다. 바로 제II형 과민반응과 관련되어 있죠. 이는 IgG에 의해서 매개됩니다. 항체는 염증세포나 보체 등을 통해서 기생충을 공격합니다.

이렇게 두 단계로 면역반응이 일어납니다. 이러한 반응에는 T세포라는 림프구가 관여합니다. T세포는 보조 T세포(Th, CD 4 cell, MHC class II와 결합), 세포독성 T세포(Tc, CD 8 cell, MHC class I과 결합), 조절 T세포(effector T cell, Treg 혹은 T suppressor cell) 등으로 나뉘는데, 가장 핵심은 보조 T세포입니다. 보조라고 하니까 왠지 부수적인 역할을 할 것 같지만 사실은 획득면역반응을 지시하는 장교입니다.

그런데 보조 T세포(Th 세포)는 직접 죽이는 기능은 없습니다. 하지만 다른 T세포나 B세포를 활성화하는 기능이 있습니다. 이를 다시 둘로 나누는데, 각각 Th1 세포와 Th2 세포라고 합니다. Th1 세포는 박테리아나 바이러스에 반응하며 인터페론 감마(Interferon-gamma, IFN-gamma)와 인터류킨-2를 분비하고, Th2 세포는 연충이나 알레르기 항원에 주로 반응하며 인터류킨-4(와 인터류킨-13)를 주로 분비합니다. 그런데 인터류킨-4는 IgE를 생산하는 핵심적인 사이토카인이며, 다른 T세포나 비만세포, 대식세포도 활성화하고, 이차적으로 호산구도 활성화합니다.

흥미롭게도 인터페론 감마와 인터류킨-4는 서로 반대작용을 합니다. 즉 Th1 세포의 반응과 Th2 세포의 반응이 서로 음의 피드백을 가진다는 것입니다. 알레르기는 지금까지의 연구를 보면 거의 확실하게도, Th2 세포의 반응이 과도하거나 Th1 세포의 반응이 부족하여서 일어나는지도 모릅니다.

너무 어렵지만 이러한 가설을 '위생가설'이라고 한다는 것만 알면 되겠습니다. 어린 시절에 세균이나 바이러스 감염이 적었기 때문에 Th1 반응이 충분하지 못했고, 따라서 Th2 반응이 과도하게 일어나서 알레르기가 일어난다는 가설입니다. 정말 그럴까요?

너무 깨끗해서 생기는 알레르기?

19세기 무렵, 유럽을 중심으로 위생 수준이 급격히 향상되었습니다. 화장실이 보급되고 하수처리시설이 들어서면서 깨끗한 물을 마실 수 있게 되었습니다. 감염성 질환을 크게 줄인 원동력이 되었죠. 사실 인간의 수명이 크게 길어진 것은 의학의 발전이라기보다는 위생의 개선에 힘입은 결과입니다.

그런데 알레르기가 늘어나기 시작했습니다. 알레르기는 종종 주변에서 흔히 접촉하는 항원에 대한 과도한 면역반응으로 일어나기 때문에, 혹시 환경변화가 원인이 아닌지 의심하는 의사가 있었습니다. 1989년 아주 흥미로운 연구가 발표됩니다. 아이를 혼자 키우는 집보다 자식 여럿을 키우는 대가족에서 알레르기가 적다는 보고였습니다. 이유는 대가족의 넘치는 사랑…이 아니라 형과 누나, 언니 오빠였습니다. 갓난아기 때부터 손위 형제가 집 밖에서 묻혀서 가지고 온 더러운 항원에 조금씩 노출된다는 것이죠.

비슷한 연구가 계속 발표됩니다. 대도시보다 시골에서 알레르기가 적다는 연구, 산업국가보다 저개발국가에서 알레르기가 적다는 연구, 가축을 키우는 경우에 알레르기가 적다는 연구 등입니다. 이러한 연구결과는 대중의 관심을 금방 사로잡았습니다. '역시 시골에서의 삶이 도시의 삶보다 좋구나'라는 식의 편견에 잘 들어맞았기 때문이죠. 심한 알레르기질환을 앓는 자녀가 있는 부모는 급기야 낙향을 감행합니다. 자연은 무조건 좋다거나 인공은 무조건 나쁘다는 식의 미신적 믿음으로 발전하여 온통 유기농, 자연식으로 식단을 도배하고, 심지어 일부러 감염성 질병을 앓게 하여 알레르기를 치유하겠다는 비과학적 민간요법이 기승을 부렸습니다.

사실 시골이 도시보다 좋다는 일반적인 믿음은 시골환경이 공해가 없고 깨끗하다는 상식에서 시작합니다. 더러움을 찾는다면 도시의 빈민가가 더 적합하죠. 도시의 쓰레기 매립장이나 하수처리장이 더럽기로는 일등입니다. 물과 공기가 깨끗한 시골입니다. 그런데 동시에 시골은 적당히 더럽기 때문에 오히려 건강해진다고요? 모순적 믿음입니다. 그런데도 이런 속설이 널리 퍼집니다. 도시생활이 정말 싫었나봅니다.

이런 편견은 아주 인기가 높았습니다. 처음부터 '위생가설'이라고 이름을 붙이는 것이 아니었습니다. 마치 너무 위생적이면 안 될 것 같은 어감입니다. 스테인리스나 알루미늄 재질 혹은 투명한 플라스틱은 괜히 몸에 나쁠 것 같습니다. 대나무나 테라코타로 만든 그릇이어야 몸에 좋을 것 같습니다. 아무렇게나 흙밭에 구르고 도랑에서 헤엄치고 퇴비가 묻은 채소를 쓱쓱 닦아 먹어야 더 건강하다는 오해입니다. 그렇게 '친환경적으로' 살았던 우리 조상의 평균수명은 30세도 안 되었습니다.

위생가설은 급기야 백신반대운동으로까지 발전합니다. 백신반대론자의 주장은 다양하지만, 그 잘못된 근거 중 하나가 바로 위생가설입니다. 적당한 감염은 건강에 좋다면서 '수두 파티'를 하는 사람들이 있습니다. 터무니없는 말입니다. 지금은 모여서 코로나 파티를 하고 있는지 모르겠습니다만…

위생가설의 몰락

인간의 판단력은 아주 부실합니다. 과연 인간에게 가장 위험한 동물은 무엇일까요? 늑대나 상어? 그러나 매년 늑대에 물려 죽는 사람은 10명 남짓입니다. 상어도 마찬가지죠. 나무에서 떨어지는 코코넛에 맞아 죽는 사람이 매년 150명이라고 하니, 늑대나 상어보다는 코코넛이 더 위험합니다(코코넛 사망자 통계는 좀 의심스러운 면이 있지만, 분명 늑대보다는 더 위험합니다).

위생과 청결은 인간이 가진 독특한 행동양상입니다. 강박적인 행동이 위생을 향상했기 때문에 진화했다는 주장도 있을 정도죠. 하지만 인간의 타고난 위생 관념은 그리 합리적이지는 않습니다. 감염 위험성이 낮은 에이즈나 메르스, 에볼라에 대해서는 엄청난 두려움을 가지고 있으면서도, 위염이나 간염에 대해서는 별로 두려워하지 않는 것이 인간입니다. 에볼라에 걸려 죽는 사람이 많을까요, 간염으로 죽는 사람이 많을까요?

더럽게 산다고 해서 알레르기가 좋아진다는 증거는 별로 없습니다. 직관적으로 이해가 잘되는 가설임에도 불구하고, 위생가설은 설득력이 약합니다. 일단 우리 선조는 신석기 이전까지는 박테리아나 바이러스 감염에 많이 시달리지 않았습니다. 인구밀도가 낮았기 때문입니다. 게다가 도시는 사실 별로 '위생'적이지 않습니다. 오히려 붐비는 도시에 사는 어린이가 더 많은 감염에 시달립니다. 일부 실험적인 연구에도 불구하고, 이러한 가설을 지지하는 일관된 결과가 나오지 않는 형편입니다. 대중적 인기와 달리 위생가설은 상당히 의심받고 있습니다.

조금 어려운 이야기를 다시 해보죠. 기생충은 인터류킨-10을 늘리는데, 인터류킨-4와 비슷하게 인터페론 감마를 억제하고, 이는 다시 인터페론 감마 분비량을 줄입니다. 그외 다른 방법으로도 인터페론 감마의 활성을 억제합니다. 그런데 이를 통해서 Th2 반응도 상당히 억제됩니다. 뭔 소리인지 모르겠다고요? 결론은 이렇습니다. 기생충이 관심을 받기 시작했습니다. 바로 '오랜 친구 가설'(Old friend hypothesis)입니다. 뒤에서 좀더 자세히 살펴보겠습니다.

독을 배출하는 알레르기?

잠깐 다른 이야기를 해보겠습니다. 오랜 친구 가설 이전에 잠깐 등장한 가설이 있습니다. 진화의학자 마지 프로펫(Margie Profet)의 가설입니다. 인간은 독성물질을 배출하는 다양한 방어기전을 진화시켰고, 알레르기도 그러한 기전 중 하나라는 것이죠. 알레르기에 관한 초기의 진화적 주장입니다.

프로펫은 원래 하버드대학교에서 정치철학을 전공했습니다. 이후 버클리대학교로 옮겨 물리학을 공부했고, 졸업 후 음식점 종업원으로 일합니다. 그러다가 우연히 브루스 에임스(Bruce Ames)라는 독성학자를 만납니다. 어떤 물질이 돌연변이를 일으키는지, 즉 발암물질인지 아닌지 연구하는 방법을 개발한 사람이죠. 프로펫은 에임스의 연구를 돕다가 기발한 착상이 떠오릅니다. 1988년 프로펫은 임신부의 입덧이 나쁜 물질을 제거하기 위한 적응적 반응이라고 주장합니다. 하버드대학교 인류학과 박사과정에 입학한 그녀는 알레르기와 월경도 몸 안의 독소를 제거하려는 방어기전이라는 논문을 1991년, 1993년에 잇달아 발표해 진화학계에 엄청난 반향을 일으킵니다. 그러던 중 인류학 공부가 적성에 안 맞아 고생하다가 박사과정을 때려치우고, 다시 수학을 공부하기 시작하죠. 그러다가 갑자기 세상에서 완전히 사라진 지 7년 만에 거지꼴이 되어 가족에게 다시 나타납니다. 네, 주제와는 별 상관이 없는 이야기였습니다만.

대부분의 식물과 상당수의 동물, 일부 광물은 독성을 가지고 있습니다. 이러한 독성물질에 노출되면 피해를 줄이기 위해서 기침과 설사, 침, 구토, 눈물이 나고, 온몸을 긁으면서 이물질을 털어내는 것이 유리할 것입니다. 이를 프로펫의 독소가설(Toxin hypothesis) 혹은 예방가설(Prophylaxis hypothesis)이라고 합니다. 독소 회피 전략으로서의 진화적 질병관은 임신성 오심, 즉 입덧을 설명하는 데 아주 유용합니다. 태아에게 가장 위험한 시기에 해로운 음식을 피하려는 전략이 입덧으로 나타난다는 것이죠. 그러나 월경에 대한 프로펫의 주장은 기각되었습니다. 월경 자체가 오히려 감염에 취약한 일종의 배지를 제공하기 때문이죠.

알레르기에 관한 독소가설은 조금 애매합니다. 맞는 부분도 있지만, 안 맞는 부분이 많습니다. 외부의 독성물질은 주로 피부로 접촉하지만, 알레르기는 접촉보다는 섭취나 흡입으로 인해 많이 발생합니다. 접촉성 알레르기도 있지만, 일반적인 알레르기와 달리

제IV형 과민반응입니다. 게다가 주된 알레르기 항원은 엉뚱하게도 새우나 조개, 곡류, 집먼지진드기 등이죠. 해롭지 않습니다. 물론 곡물 알레르기에 대해서는 신석기 농업혁명 이후 곰팡이에 오염된 곡류 때문에 나타났을 것이라는 주장도 있긴 합니다. 그렇다고 해도 '도대체 보통의 곡물에 대해서는 왜?'라는 질문에 대답하기는 어렵습니다. 곰팡이에 오염된 곡류를 피하는 이점보다는 밥이나 빵을 제대로 먹지 못하는 손해가 훨씬 커 보입니다. 게다가 땅콩이나 꽃가루는 아무리 생각해도 과민한 방어가 필요한 독성물질이 아닙니다. 수억년 동안 이런 흔한 항원에 대한 적당한 방어수준(예를 들면 그냥 안 먹는 전략)이 진화하지 않았다는 것은 이상한 일입니다.

하지만 프로펫의 가설을 굳이 언급하는 것은 다음 장에서 이야기할 행동면역체계와 바로 이어지기 때문입니다. 알레르기는 의식적으로 조절하기 어렵지만, 행동은 조절할 수 있습니다. 프로펫의 주장은 자동적 면역반응과 의식적 행동반응의 중간 어디쯤 있습니다.

그래서인지 알레르기 자체가 정신적 활동의 산물이라고 생각한 학자도 있었습니다. 헝가리 출신의 정신분석가 프란츠 알렉산더 (Franz Alexander)는 어머니의 거절에서 유발된 분노와 공격성을 겉으로 표현하지 못하는 정서적 고통이 아토피피부염으로 나타난다고 했습니다. 아니, 느닷없이 엄마 탓입니다. 정신분석이론의 적지 않은 부분은 어머니 혹은 아버지 탓을 합니다만, 알레르기 책임까지 부모에게 지운 것은 아무래도 좀 과했습니다.

심지어 알렉산더는 아토피 외에도 위궤양이나 궤양성대장염, 천식, 고혈압, 갑상선기능항진증, 류머티즘성관절염도 마음과 관련된다고 했습니다. 이른바 정신신체형 장애의 '거룩한 일곱 질환'(holy seven)입니다. 위궤양은 우울증이나 알코올중독에 많은데, 그러니 구강기 고착과 관련된다는 것입니다. 궤양성대장염은 아무래도 변을 제대로 보지 못하니 강박적 성격과 관련되며, 특히 죄책감과 불안이 심하다고 했습니다. 항문기 고착이라는 것이죠. 천식 환자는 마치 우는 듯이 숨을 쉬곤 합니다. 즉 어머니와의 분리를 예견하고 불안해한다는 것인데, 의존성이 심한 아이에게 많다고 했습니다. 고혈압은, 쉽게 짐작하겠지만, 억압된 분노와 적개심이 원인입니다.

물론 이런 주장은 원인과 결과가 뒤바뀐 것이거나 근거가 부족한 주장입니다. 일부 알레르기질환은 아주 괴롭기 때문에 우울과 스트레스, 불면, 짜증을 유발합니다. 하지만 결과일 뿐이죠. 마음을 다스리는 방법으로 알레르기의 원인을 치료하는 것은 불가능합니다. 어머니가 거절하지 않았어도 아토피피부염은 생길 수 있습니다.

본론으로 돌아와보죠. 독소가설이 크게 인정받지 못하던 와중에, 2003년 미생물학자 그레이엄 루크(Graham Luke)는 위생가설의 대안을 제안합니다. 위생가설은 매력적인 주장이었지만, '너무 나쁜' 친구를 대상으로 하여 일관된 결과를 얻지 못했죠. 루크는 인간과 좀더 친한 친구로 연구대상을 바꾸어보았습니다.

오랜 친구가 좋더라

아주 치명적이지는 않지만 그래도 제법 많은 사람이 최근까지 연충으로 죽었습니다. 아직 저개발국가는 기생충, 즉 연충 감염률이 제법 높습니다. 몇 년 전에 수단으로 주혈흡충 예방사업 자문을 다녀온 적이 있는데, 적지 않은 아이가 감염되어 있었습니다. 특히 소아에서는 제법 증상이 심합니다. 그러니 '친구'라고 할 것까지는 없을 것 같습니다. 너무 관대한 것 아닐까요? 미생물총까지는 오랜 친구로 인정하더라도, 연충은 아무래도 친구 삼기 싫습니다. 게다가 너무 징그럽지 않습니까? 하지만 세상에는 먼 친구도 있고, 가까운 친구도 있고, 오랜 친구도 있고, 새 친구도 있는 법입니다.

기생충은 세균이나 바이러스처럼 빠른 전파가 어렵습니다. 따라서 숙주 내에서 오랜 세월 지내야 할 수도 있죠. 그런데 한 숙주 내에 개체수가 너무 많아지면 결국 다 죽어버릴 수 있습니다. 자제하며 기회를 노리는 전략이 진화했을 것입니다. 즉 만성적인 연충 감염은 오히려 면역반응을 유발하여 감염성 충란에 의한 새로운 감염을 억제할 수 있습니다. 물론 이미 몸 안에 자리잡은 연충은 끄떡없습니다. 먼저 들어온 놈이 오래 살겠다며, 새로 들어오는 놈을 막는 것입니다.

만약 일부 인구집단에서 아주 약간 높은 수준의 IgE 매개성 면역반응이 일어나고, 이러한 개체는 만성적인 연충 감염을 겪으면서도 몸 안에서 감염이 심각하게 진행되지 않아 기생충과 장기간 공생할 수 있었다고 가정해볼까요? 즉 기생충이 숙주의 항기생충 면역반응을 살짝 조장하면서 역설적으로 '가늘고 긴' 생명을 보장받는다는 가설입니다. 그렇기 때문에 일부 기생충에 만성 감염된 사람은 알레르기가 별로 없거나 심지어 기존에 앓던 알레르기가 좋아지기도 하는 것일까요?

IgE 말고 기생충 감염과 관련된 또다른 항체가 있습니다. 바로 IgG죠. 그중 IgG 4는 인터페론 감마가 억제합니다. 앞서 말했듯이 인터페론 감마는 IgE도 억제하죠. 하지만 IgG 4를 억제하려면 더 높은 수준의 인터페론 감마가 필요합니다. 즉 IgE는 억제되고, IgG 4는 억제되지 않는 적당한(?) 인터페론 감마의 수준이 있을 수 있습니다. 그런데 IgG 4는 충란을 생산하는 기생충에 의해서 높아지는 것으로 추정됩니다. 너무 어려운가요? 아무튼 정리하면 이렇습니다. 기생충이 스스로 번식을 최소한으로 줄이는 수준으로 숙주와 타협하면서 장기간의 생존 전략을 추구했을 가능성이 있을지도 모릅니다. 대신 새로운 기생충의 침입은 막는 것이죠.

알레르기질환에 관한 면역가설을 대략 정리하면 이렇습니다. 인간과 기생충은 오랫동안 같이 살면서 서로 군비경쟁을 벌였습니다. 그러면서 기생충과 관련된 다양한 면역반응이 진화했고, 대표적인 항체가 바로 IgE입니다. 물론 여러 복잡한 상호작용도 같이 진화했습니다. 가장 좋기로는 특정한 기생충에 관한 정확한 IgE 반응입니다. 그러나 너무 다양한 기생충이 여러 방식으로 인간 몸에 적응하면서 그러한 특이적 반응이 어려워졌습니다. 길고 오래 버티는 전략도 그중 하나죠. 차라리 비특이적인 면역반응을 통해서 기생충을 일소하는 전략이 더 유리했을지도 모릅니다. 물론 모든 개체가 같은 전략을 취할 리 없습니다. 지역적인 혹은 시간적인 기생충의 감염 수준에 따라 그 최적 수준이 달라졌을 것입니다. 기생충도 가만히 팔짱 끼고 있지는 않았을 테죠. 앞서 말한 대로 숙주의 Th2 반응을 적당히 통제하는 방법으로 적합도를 높였을 것입니다. 기생충은 기생충대로, 인간은 인간대로 끝없는 군비경쟁을 벌이면서 애매한 친구 관계를 유지해온 것으로 보입니다. 그 결과로 아주 치명적이지 않은 연충 감염, 그리고 엉뚱하게 활성화되는 면역반응, 즉 알레르기가 생긴다는 것입니다.

이번 장에서는 감염균에 관한 면역계의 진화에 대해서 이야기했습니다. 너무 어렵지만 이것만 알면 좋겠습니다. 오랜 세월 동안 감염균과 면역계는 공진화했습니다. 너무 약한 면역도 좋지 않지만, 너무 '센' 면역도 좋지 않습니다. 하지만 균형을 잡기는 어렵습니다. 공격 팀과 수비 팀은 늘 전쟁을 벌이고, 종종 타협하고, 가끔 서로 돕습니다. 최적 수준의 면역은 결과론적인 것입니다.

그런데 우리의 마음도 그렇습니다. 마음도 감염병과 공진화했습니다. 물론 어떨 때는 너무 약하고, 어떨 때는 너무 과합니다. 다음 장에서는 마음의 면역계에 대해서 이야기해보겠습니다.

5장

행동면역체계의 진화

이번 장의 주제는 행동면역입니다. 즉 선천면역과 획득면역을 뛰어넘는 가장 높은 수준의 면역계입니다. 고등동물에서 유독 발달했는데, 큰 뇌가 필요하기 때문입니다. 굳이 따지자면 선천면역, 획득면역, 행동면역의 순서대로 정교해집니다. 물론 뒤로 갈수록 고장도 잘 납니다. 원래 정밀한 전자제품일수록 애프터서비스 받을 일이 많은 법이죠.

획득면역에 고장이 나면 알레르기가 생기거나 혹은 자가면역이 생깁니다. 행동면역도 크게 다르지 않습니다. 잘못된 대상에게 활성화되면 행동적 알레르기, 즉 혐오와 배제, 차별이 일어나고, 자기 자신을 공격하면 우울과 불안, 강박 등이 생기게 됩니다. 그럼 이야기를 시작하기 전에 1966년의 탄자니아로 가보겠습니다.

미스터 맥그리거의 슬픔

곰베국립공원은 탄자니아 북서쪽에 위치한 거대한 지역입니다. 그곳에 미스터 맥그리거(Mr. McGregor)라는 애칭의 늙은 침팬지가 있었습니다. 제인 구달(Jane Goodall) 박사가 붙여준 별명입니다. 본명이 따로 있을 리 없으니 그냥 본명이라고 해야겠네요. 그런데 카사켈라 침팬지 사회(Kasakela chimpanzee community)에 큰 시련이 닥쳤습니다. 소아마비가 유행하기 시작한 것입니다. 구달은 얼른 백신을 구해서 연구자 및 주변 침팬지에게 접종을 시작합니다. 바나나에 넣어서 주었죠. 그러나 때가 늦었습니다. 소아마비 바이러스(폴리오바이러스) 유행으로 최소 여섯마리가 죽었습니다. 미스터 맥그리거도 희생자였습니다. 소아마비 바이러스에 감염되어 후유증을 앓게 됩니다. 양쪽 다리를 쓸 수 없게 된 것이죠.

맥그리거는 몸통을 양팔 사이에 넣고 약간씩 뒤로 움직여야 조금 이동할 수 있었습니다. 앞으로 움직이려면 배를 바닥에 깔고 엎드려서 나뭇가지나 뿌리를 팔로 힘껏 잡아당겨야 했죠. 금방 지쳤습니다. 맥그리거는 바닥에 난 풀을 움켜쥐고, 팔과 몸통의 힘으로 괴상하게 움직였습니다. 정말 가련한 광경이었습니다. 주변에는 파리떼가 모여 윙윙거렸습니다. 불쌍한 맥그리거는 대소변을 제대로 가릴 수 없었고, 온몸에 진물과 피가 엉겨 붙었습니다. 해충이 꼬이기 시작한 것입니다.

구달 박사는 런던에서 태어난 동물행동학자입니다. 지금은 환경 운동가로 활약하고 있죠. 그런데 사실 대학을 나오지 못했습니다. 형편이 어려워서 비서나 웨이트리스로 일했죠. 그러다 케냐가 아직 영국 식민지였을 때, 케냐에 있던 친구를 만나러 갑니다. 뱃삯을 벌기 위해 아르바이트를 해야 할 정도였죠. 구달은 대학 문턱에도 가보지 못했지만, 아프리카에 대한 막연한 꿈을 가지고 있었습니다. 그리고 케냐에서 루이스 리키(Louis Leakey) 박사를 만나게 됩니다. 호모 하빌리스(*Homo habilis*)와 파란트로푸스(*Paranthropus*)를 발견한 위대한 인류학자입니다. 아내 메리 리키(Mary Leakey), 아들 리처드 리키(Richard Leakey), 며느리 미브 리키(Meave Leakey), 손녀 루이스 리키(Louise Leakey)가 모두 고인류학자죠. 그래서 리키 패밀리라고 불립니다. 구달은 리키 박사의 비서로 일하던 중, 침팬지 연구를 권유받게 됩니다.

구달은 곰베국립공원의 이른바 카사켈라 침팬지 사회를 연구했습니다. 이전 상식과 달리 침팬지는 종종 육식을 하며, 간단한 도구를 쓰고, 집단간 전쟁을 한다는 사실을 밝혔습니다. 구달은 고졸이었지만 케임브리지대학교 박사과정에 바로 입학하였고, 몇년 만에 동물행동학 박사학위를 받습니다. 그녀의 지도교수가 유명한 로버트 힌드(Robert A. Hinde)입니다. 애착이론을 정립한 존 볼비(John Bowlby)와 같이 소아발달에 관해 연구하고, 고릴라 연구자 다이앤 포시(Dian Fossey)를 가르쳤던 인물이죠. 나중에 동물행동학 연구를 도덕과 종교에까지 연장하려고 했던 학자입니다. 아, 이야기가 자꾸 옆으로 새네요.

아무튼 구달이 침팬지에게 백신을 준 행동은 두고두고 논란이 되었습니다. 구달은 이후에도 병든 침팬지에게 항생제를 주곤 했죠. 병든 야생동물을 보면 그냥 내버려두어야 할까요? 혹은 치료해주어야 할까요? 저도 잘 모르겠습니다. 그물에 걸린 거북을 풀어주는 것은 모두 동의할 것입니다. 깊은 수렁에 빠진 가젤을 구해주는 것에 대해서도 상당히 동의하겠죠. 가뭄으로 죽어가는 야생동물에게 물길을 터주는 일은 좀 애매합니다. 죽어가는 코끼리에게 인공호흡기를 달아주는 것은 아무래도 좀 그렇습니다. 누(gnu)를 노리는 사자의 사냥을 방해하는 것은 절대 동의하기 어렵습니다. 아마 정답은 중간 어디쯤 있을 텐데요.

다시 맥그리거의 이야기로 돌아가보겠습니다. 1966년 11월 27일, 늦은 저녁이었죠. 캠프 가장자리에 불쌍한 미스터 맥그리거가 나타났습니다. 곰베공원의 여장부 플로와 그녀의 세 자녀, 그리고 한 마리의 어린 암컷이 맥그리거에게 관심을 보였습니다. 하지만 긍정적인 관심은 분명 아니었죠. 무리는 수풀 너머로 맥그리거를 응시하면서 '후우' 소리를 내며 웅얼거립니다. 불편한 기색이 역력했습니다. 사춘기 나이의 피치와 아직 어린 티를 벗지 못한 플린트가 호기심을 보이며 조금 접근해서 킁킁 냄새를 맡았지만, 곧 맥그리거를 떠나버렸습니다. 병든 맥그리거와 소녀 침팬지 사이에는 어떤 접촉도, 어떤 대화도 없었죠. 맥그리거의 주변에 나타난 32마리의 침팬지 중에서 가깝게 접근한 침팬지는 고작 아홉마리에 불과했습니다. 그의 몸을 만진 침팬지는 단 네마리였는데, 사실 두마리는 때리고 간 것이었습니다. 철모르는 청소년기 침팬지 한마리와 새끼 침팬지 한마리만 옆에 와서 맥그리거를 잠깐 만졌습니다.

급기야 세마리의 수컷 어른 침팬지가 공격을 시작합니다. 땅에 웅크린 불쌍한 맥그리거를 보며 잇몸을 크게 드러냈습니다. 한마리가 발을 굴러 맥그리거를 밟았습니다. 어깨를 잡아 뒤집으려 하였죠. 침팬지들이 시체에게나 하는 행동입니다. 다른 한마리는 광분하여 맥그리거의 조카 험프리에게 달려들었습니다.

원래 험프리는 삼촌인 맥그리거와 오랜 시간 서로 털고르기를 해주곤 했습니다. 침팬지는 털고르기를 통해 친목을 다집니다. 그러나 이제 맥그리거에게 털고르기를 해주려는 동료는 없습니다. 6일째 되는 날, 맥그리거는 필사적으로 털고르기를 시도합니다. 험프리와 휴에게 가까이 가려고 무려 45미터를 기어갔습니다. 그러나 다들 맥그리거를 피했습니다. 조카 험프리가 신경질적으로 아주 짧게 두번 털고르기를 해주었을 뿐입니다.

이제 맥그리거는 완전히 배제되었습니다. 슬픈 맥그리거는 온 힘을 다해 나뭇가지 위에 엉덩이를 올려놓고, 지친 몸을 기대었습니다. 조금 전까지 험프리와 휴가 서로 털고르기를 하던 곳입니다. 험프리는 불쌍한 맥그리거를 뒤로하고, 휴를 쫓아갔습니다. 맥그리거 곁에는 아무도 오려 하지 않았습니다. 늙고 병든 맥그리거는 험프리와 휴를 한참 동안 물끄러미 쳐다보다가, 다시 낑낑대면서 홀로 내려왔습니다.

행동면역체계의 진화

신체면역체계는 놀라울 정도로 정교하지만 단점이 많습니다. 일단 비용이 너무 많이 듭니다. 면역반응이 일어나면 잇달아서 고열과 염증이 일어납니다. 엄청난 에너지가 소모되죠. 열병은 아주 효과적인 다이어트 방법입니다. 물론 추천하고 싶은 방법은 아닙니다만. 또한 면역반응이 일어나면 좀처럼 다른 일을 할 수 없습니다. 일도 연애도 어렵습니다. 적합도가 낮아집니다. 면접장이든 소개팅 자리든 이마에 물수건을 얹고 입에 체온계를 문 채 나타나면 좋은 결과를 얻기 어렵습니다.

이보다 더 중요한 문제가 있습니다. 가장 중요한 단점은 한발 늦다는 것입니다. 일단 몸에 뭔가 들어와야 반응이 시작됩니다. 진정한 명장은 전쟁을 하지 않고도 승리한다고 하죠. 감염 이전부터 아예 감염 가능성을 차단하는 것입니다. 일찍이 동물행동학자 이레노이스 아이블-아이베스펠트(Irenäus Eibl-Eibesfeld)는 이상한 행동을 보이는 동료에 대한 회피는 전염성 질환이 퍼지는 위험을 줄이기 때문에 적응적인 행동이라고 하였습니다. 이러한 주장은 행동면역체계(Behavioural immune system, BIS)라는 진화의학적 개념으로 발전합니다. 심리학자 마크 샬러(Mark Schaller)가 처음 제안한 용어입니다.

사실 원시적인 동물도 감염 가능성이 있는 대상을 미리 피하는 행동을 보입니다. 하지만 높은 수준의 정서, 인지, 행동 체계를 가진 인간이라면 이러한 행동면역체계가 고도로 발달하기 딱 좋은 조건입니다. 행동 도메인에서 회피(avoidance)를 보이고, 감정 도메인에서는 역겨움(disgust)을 보입니다. 대상을 혐오하고 멀리합니다.

일단 혐오에 대해서 조금 짚고 넘어가죠. 요즘 한국사회에서 '여혐'이다 '남혐'이다 시끄럽지만, 이때의 혐오는 사실 미움이나 증오(hate)에 더 가깝습니다. 부부는 사랑도 넘치지만 종종 맹렬히 싸우기도 합니다. 사랑과 미움은 늘 같이 다니거든요. 하지만 혐오, 즉 역겨움과는 다릅니다. 상대가 미워도 사랑할 수 있지만, 역겨우면 좀처럼 사랑하기 어렵습니다. 더러운 것을 보고 혹시 감염이 될까 두려워하는 정서가 역겨움이기 때문입니다. 소개팅을 할 때는 반드시 깨끗이 씻고 나가야 합니다.

역겨움은 더러운 음식에 대한 반응에서 시작했습니다. 갓 태어난 영아는 시력이 형편없습니다. 태어난 지 일주일이 지나야 색을 구분하기 시작하는데, 빨간색이나 녹색입니다. 파란색 계열을 보려면 더 오래 걸립니다. 신생아는 배냇저고리의 색이 마음에 들지 않는다면서 투정하는 일이 없습니다. 하지만 냄새와 맛에는 예민합니다. 신생아에게 이상한 것을 주는 일은 없겠지만, 엄마 젖의 맛이 조금만 달라져도 역겨움을 느낍니다. 수유 중인 엄마가 음식을 가려먹는 이유죠.

역겨움의 대상은 점점 넓어져왔습니다. 배설물, 해로운 곤충이나 더러운 설치류, 감염된 사람이 보이는 기침이나 구토, 설사, 부자연스러운 행동이나 피부의 발진 등입니다. 혐오는 일종의 직관적 미생물학(folk microbiology)이라고 할 수 있죠. 진화적 연원은 아주 오래되었지만, 아마 신석기 이후 감염병이 급증하면서 문화적 장치와 더불어 크게 진화했을 것입니다. 아무래도 혐오에 있어서 인간은 다른 동물보다 '우월'합니다.

역겨움은 행동면역에 핵심적인 역할을 하는 독립된 행동 및 감정 모듈입니다. 두려움이나 불안 모듈과는 다릅니다. 맹수를 보면 두렵지만 역겹지는 않습니다. 똥은 역겹지만 무섭지는 않습니다. 맛있는 과자도 똥 모양으로 만들면 여간해서는 먹기 어렵죠. 곤충은 양질의 에너지원입니다. 그러나 좀처럼 식탁에 오르지 못합니다. 해충에 대한 본능적 역겨움이 한몫합니다. 역겨움은 특정 자극에 대한 선천적인 자동반응에 의존합니다.

흥미롭게도 행동면역체계는 맥락에 따라 유연하게 조정됩니다. 임신 초기에는 역겨움을 유발하는 자극에 훨씬 민감해집니다. 임산부의 유난스러움은 분명 적응적이죠. 이미 언급한 것처럼 진화의학자 프로펫은 임산부의 독소 회피 전략이 입덧으로 진화했다고 하였습니다. 까탈스럽지 않은 임산부는 건강한 아기를 낳을 확률이 낮았을 것입니다. 일반적으로 감염에 취약한 개체는 더 쉽게 역겨움을 느낍니다. 젊은 가임기 여성이 남성보다 역겨움을 잘 느끼는 것은 분명 문화적인 요인에 의한 것만은 아닐 것입니다. 프로펫의 다른 가설은 좀 의심스럽지만, 입덧에 대해서는 계속 지지하는 연구가 나오고 있습니다. 프로펫의 독소가설은 행동면역체계로 더 잘 설명되는 것 같습니다.

행동면역체계의 확장

역겨움은 회피행동을 유발합니다. 금세 분노와 배척의 문화적 코드로 발전합니다. 인간에게 있어서 행동면역체계를 활성화하는 자극은 부패한 음식이나 감염된 대상, 해로운 동물 등에 한정되지 않습니다. 성관계에 대한 도덕적 기준, 음식에 대한 금기, 외국인 터부와 소수집단에 대한 편견, 종교와 정치, 문화에 대한 입장으로 발전합니다.

수많은 감염병은 성관계를 통해 전파됩니다. 예를 들어 매독은 15세기 이후 인간사회에 가장 심각한 영향을 미친 감염병 중 하나였습니다. 오로지 성관계 때문에 전파되는 성 전파성 질환(Sexually transmitted diseases, STDs)은 물론이고, 일반적인 감염병도 성관계와 같은 밀접한 접촉으로 더욱 쉽게 퍼질 수 있습니다.

인류의 조상은 소위 '비정상적인' 성적 행동과 감염 위험의 관련성을 금방 깨달았을 것입니다. 매독이 유행하면서 유럽사회는 소위 '처녀'에 대한 선호가 높아졌고, 일부일처제에 관한 도덕적 강박이 높아졌습니다. 아예 일부일처제 자체가 성병을 막기 위해 진화했다는 주장도 있습니다. 감염 가능성을 낮추는 성적 행동과 그렇지 않은 성적 행동에 대한 차별적인 혐오반응이 진화합니다. 혼전

순결, 그리고 부부간의 배타적 성관계는 성병을 막는 효과적인 행동면역반응이죠. 그외 다양한 대안적 성관계는 시대와 문화에 따른 차이는 있지만 대개 터부시됩니다.

분명 대안적 번식 전략도 어떤 상황에서는 유리한 진화적 전략입니다. 그런데 감염균이 득실거리는 환경이라면 비용이 높아집니다. 감염 가능성이 높고 치료제도 없는 상황이라면 '위험한 정사'는 다른 이유로 더 '위험'해집니다. 소위 '올바른 혹은 올바르지 않은' 성행위에 대한 횡문화적인 규범이 비교적 일정하게 나타나는 현상에는 행동면역체계가 한몫합니다. 감염병이 유행하는 세상에서는 정절이 자유연애보다 더 높게 평가받게 됩니다. 이를 어기는 자는 더 큰 '혐오'를 받습니다.

이런 식으로 행동면역체계는 사회적 낙인 및 편견으로 이어집니다. 병자에 대한 혐오는 물론이고 기형이 있는 사람, 피부에 모반이 있는 사람에게도 편견을 보입니다. 심지어 뚱뚱한 사람도 탐탁해하지 않습니다. 모두 감염에 관한 취약성을 시사하는 지표입니다. 마음 깊은 곳에서 올라오는 부정적 감정은 쉽게 누그러지지 않습니다.

사실 미추(美醜)에 관한 주관적 판단은 감염 가능성과 깊은 관련이 있습니다. 여드름을 좋아하는 사람은 별로 없을 겁니다. 실제로 매끈한 피부와 우둘투둘한 피부 중 어떤 피부가 더 많은 감염에 시달리고 있을까요? 일단 건강해야 우정이든 사랑이든 가능해집니다. 아픈 사람에게 안타까운 마음이 들 수는 있습니다. 그러나 피가래를 쏟는 사람이 매력 있다면서 입맞춤을 하는 사람은 없습니다.

춘추전국시대 진나라의 예양(豫讓)은 자신이 섬기던 지백(知伯)이란 인물이 죽자, 복수할 계획을 세웁니다. 적에게 접근하기 위한 그의 전략은 아주 독특했습니다. 처음에는 죄인으로 가장합니다. 그래도 안 되자 뜨거운 숯을 삼켜서 목소리를 바꾸고, 옻을 얼굴에 발라 피부를 괴이하게 만듭니다. 혐오의 감정을 활성화해서 자신의 신분을 감쪽같이 숨기려는 전략이었을까요? 사람들의 행동면역체계를 역이용한 것입니다.

외국인 혐오도 비슷합니다. 감염 위험에 대한 과대한 지각 편향이 제노포비아의 주된 원인 중 하나죠. 일단 외국인은 외모가 다릅니다. 종종 다른 외모는 기형으로 취급됩니다. 동양인은 서양인을 '코쟁이'라고 욕하고, 서양인은 동양인을 '뱁새눈'이라고 욕합니다. 외모의 차이를 부각하는 것입니다. 게다가 외부인은 미지의 병원균을 옮겨 와 퍼트릴 수도 있습니다. 사실 모든 감염병은 어디선가 유입된 것입니다. 더구나 외집단의 구성원은 '우리'의 문화적 관습이나 성적 규준을 지키지 않을 가능성이 높습니다.

평상시에 물어보면 대부분의 사람은 '정치적으로 올바른' 입장을 가지고 있는 것 같습니다. 여러 문화에 관대하고, 인종차별을 하지 않으며, 새로운 문화에 깊은 관심을 가진다는 것이죠. 그러나 이는 자기기만적 오해입니다. 우리가 좋아한다는 색다른 외국문화는 상업화되어 있는 가짜 문화입니다. 이국적이고 색다른 느낌만 남기고, 그외는 누구나 좋아할 만한 색깔을 입혀, 설탕가루까지 듬뿍 토핑한 달달한 여행상품에 불과합니다. 김치와 비빔밥을 좋아한다고 해서 '저 외국인은 한국인에 대한 편견이 없군'이라고 단정할 수 없습니다.

이러한 경향은 각자의 여건에 따라 다르게 나타납니다. 임신 초기의 여성은 그렇지 않은 경우에 비해서 자민족 중심주의와 외국인 혐오를 더 심하게 보입니다. 임신 초기라면 감염을 적극적으로 피해야겠죠. 전근대사회에서는 임신 중 감염이 아주 흔했습니다. 감염되면 사산하거나 미숙아, 기형아를 낳기 쉬워집니다.

상황에 따라서도 달라집니다. 팬데믹 등으로 감염의 위험성이 증가하면 이민자에 대한 편견이 증가합니다. 흔히 제노포비아의 원인을 일자리를 둘러싼 경쟁 때문이라고 생각합니다. 혹은 범죄의 위험성이라고 주장하죠. 물론 그런 것도 있겠지만, 더욱 깊은 층위의 혐오는 아마 감염병 회피를 위한 적응적 행동에서 시작되었을 것입니다.

심지어 행동면역계는 정치적 태도에도 영향을 미칩니다. 전염병이 유행하면 주변의 의견에 순응, 동조하는 경향이 강화되죠. 이전보다 보수적으로 바뀌게 됩니다. 새로운 시도나 개혁에 대해 불안해하는 여론이 득세합니다. 사람들은 전보다 더 신중해집니다. 재미있는 연구가 있습니다. 복도에 손세정제만 두어도 일시적으로 보수적인 정치적 입장이 강화된다고 합니다. 보수적 태도는 새로운 감염원에 대한 노출을 줄여줍니다. 이러한 태도는 분명 과거에는 적응적이었을 것입니다. 보수적인 정치인이라면 투표장 근처에 손세정제를 두고 싶을지도 모릅니다. 선거 전날 방역차를 풀가동하고 싶을 것입니다. 반대로 소독제를 몰래몰래 숨기고, "감염병은 종식되었다!"라고 동네방네 외치고 싶은 정치인도 있을까요? 사실 코로나-19를 둘러싼 진보와 보수 진영의 입장은 아주 다양한 요인이 작동하므로 이렇게 단순하지는 않습니다. 그러나 영리한 정치인이라면 감염병 유행이 지지율에 미치는 영향력을 짐작하고 있을 것입니다. 정치인은 여론에 늘 귀를 기울이므로 개개인의 행동면역체계 반응은 결국 국가정책에 영향을 미치게 됩니다.

『정신병리의 기원』(*Origins of Psychopathology*)을 쓴 진화정신의학자 호라시오 파브레가(Horacio Fabrega Jr.)는 이렇게 말했습니다.

사회적 행동에 속하는 관습은 대부분 질병 회피 규준의 역할을 한다. 거의 모든 사회적 규칙은 건강과 관련된다.[•]

감염병을 비롯한 질병에 대한 두려움은 종종 심각한 정신병리를 유발합니다. 오염 회피에 대한 강박장애와 질병공포증, 건강염려증, 감염에 대한 망상입니다.

사회심리학자 조너선 하이트(Jonathan Haidt)는 인간이 보편적

• Horacio Fabrega Jr., "Earliest Phases in the Evolution of Sickness and Healing", *Medical Anthropology Quarterly* vol. 11, 1997, 36면.

으로 가진 다섯가지 도덕성 중 하나가 정결함과 신성함이라고 했습니다. 그리고 이는 병자와 오염된 음식, 쓰레기를 회피하는 반응에서 기원한다고 했죠. 그리고 이러한 반응이 외국인 혐오나 특정 행동에 대한 터부, 종교나 문화적 상징에 대한 순종, 이단에 대한 분노 등으로 발전한다는 것입니다.

행동면역체계의 알레르기

신체면역체계가 오작동하면 알레르기나 자가면역반응이 생깁니다. 행동면역체계도 다르지 않습니다. 과거에는 감염성 질환이 흔했고, 따라서 과민한 면역체계가 유리했을지도 모릅니다. 그러나 '단언컨대' 지금은 아닙니다. 위생과 보건은 이러한 원시적 면역체계보다 훨씬 강력합니다.

그런데도 높은 수준의 행동면역체계가 계속 작동한다면? 그리고 땅콩이나 새우처럼 무해한 항원에 대해 아나필락시스를 일으키는 알레르기 환자처럼 감염 가능성이 없는 개인이나 집단에 대해 과민한 혐오와 배제, 차별의 행동반응이 일어난다면? 네, 바로 우리가 지금 목도하고 있는 비극입니다.

사실 너무 높은 수준의 알레르기성 행동면역체계는 감염병 예방에 오히려 해롭습니다. 건강빈국의 상당수가 저위도 지역에 있습니다. 감염성 질환이 원래 많은 지역이죠. 오랫동안 행동면역체계가 높은 수준으로 작동했을 것입니다. 행동면역반응은 병원체의 노출 수준에 따라 다르게 나타납니다. 이러한 행동반응은 문화적 차이를 유발합니다. 역설적으로 새로운 문화나 질서에 대한 강력한 터부가 작동합니다. 그 결과로 백신을 거부하고, 현대의학을 의심하며, 과학적인 위생행동을 따르지 않습니다. 고위도 지방의 서구사회에서 들어온 '외부의 것'이기 때문입니다. 흔히 낮은 보건위생 관념이 감염병을 일으킨다고 생각합니다. 그러나 정반대인지도 모릅니다. 감염병이 흔하므로 낮은 보건위생 관념이 지속되는 것입니다.

선사시대에는 분명 보수적 관습과 외부에 대한 경계와 배척 등의 행동 전략이 유리했을 것입니다. 이러한 전략은 일단 감염을 막는 효과적인 방법입니다. 너무 무차별적이고, 엉뚱한 희생자를 양산하지만 말이죠. 사실 면역체계는 종종 폭주합니다. 행동면역체계도 그렇습니다. 경계와 배척의 전략은 빈대 잡는다고 초가삼간을 불태우는, 아니 마을 전체에 네이팜탄을 융단 폭격하는 전략이었지만 효과는 있었습니다. 백신도 항생제도 없던 시절이었으니까요. 공기 중의 악취가, 알 수 없는 악령이, 신의 저주가 질병을 일으킨다고 믿던 시절이죠. 그러나 이제는 아닙니다.

우리나라도 마찬가지입니다. 앞으로 신종 감염병은 점점 늘어날 것입니다. 한국은 대표적인 교역국가이며, 자유무역을 통해 부를 일구었습니다. 지하자원이 풍부한 것도 아니고, 농사지을 땅이 넓은 것도 아닙니다. 마치 고대 그리스의 도시국가처럼 활발한 무역을 통해서 큰 이득을 누리는 나라입니다. 그러나 신종 감염병의 유행은 행동면역체계를 통해 사회의 보수성을 강화할 가능성이 있습니다. 집단의 외향성과 개방성이 낮아지고 집단주의가 득세할 수도 있죠. 위정척사운동이 다시 나타날지도 모른다고 생각하면 과도한 걱정일까요?

행동면역체계의 과민반응은 역설적으로 사람들의 건강에 악영향을 미칠 수도 있습니다. 혁신적인 보건의료 개선은 단지 '혁신'이라는 이유로 배척될 수 있죠. 두려움과 불안에 휩싸인 대중은 터무니없는 도시전설에 매달립니다. 백신은 거부하지만 공업용 알코올은 마십니다. 의사의 말은 듣지 않지만 홍삼매장 직원의 말은 맹신합니다. 백신에 들어 있는 극소량의 메틸수은(해롭지 않지만 지금은 거의 쓰지 않습니다)에 대해 '뭔가 나쁜 영향을 미칠 것이다'라며 거부하면서, 음이온이 나온다는 천원짜리 은색 스티커를 핸드폰에 붙이면서 '뭔가 좋은 영향을 미칠 것이다'라고 든든해합니다.

여전히 한국인은 김치와 된장의 신비한 효과를 맹신하고, 홍삼과 개고기의 효능을 믿습니다. 황토와 맥반석, 게르마늄이 불티나게 팔리고, 수많은 사람이 아침마다 '약수'를 뜨기 위해서 먼 거리를 왕복합니다. 교가에는 온통 '산의 정기'를 받는다는 가사가 단골처럼 등장합니다. K-방역에 관한 과도한 믿음은 행동면역체계가 부른 일종의 국가주의적 혐오반응입니다. K-방역이 있으니 국경만 걸어 잠그면 된다는 식이죠.

외국인 혐오, 장애인에 대한 편견, 성에 관한 사회문화적 논란,

국가와 민족 간의 갈등은 전혀 다른 원인을 가진 별개의 사회적 현상으로 보입니다. 하지만 그 근원을 쫓아가면 하나의 진화적 기원에 도달합니다. 병원체와의 치열한 군비경쟁을 통해 공고하게 진화한 행동면역체계입니다. 그리고 새로운 생태적 환경에서 우당탕! 소리를 내며 무너지고 있습니다. 해롭지 않은 대상에 대해 일어나는 행동적 알레르기 반응입니다.

신체의 획득면역체계가 과활성화되면 알레르기를 앓습니다. 하지만 알레르기를 치료하기 위해서 원시의 삶으로 돌아갈 수는 없죠. '나는 자연인이다'는 알레르기의 해결책이 아닙니다. 마찬가지입니다. 현대사회에서 점증하는 혐오와 배제, 편견 등의 사회적 병리, 즉 행동면역체계의 과활성화에 의한 알레르기를 해결하기 위해서 원시의 삶으로 돌아갈 수는 없습니다. 모든 외부인을 잠재적인 위협으로 간주하고, 내부 구성원에게 엄격한 종교적, 도덕적 계율을 강요하던 때로 돌아가고 싶지 않습니다. 분명 수렵채집사회로 돌아간다면 감염병은 금세 사라집니다. 그러나 70억 명이 사냥하고 채집할 공간은 이제 지구에 없습니다. 구석기 후반 최대 인구는 400만 명이었습니다. 69억 9600만 명을 포기하지 않으려면 어쩔 수 없습니다.

인류의 과거는 현대인에게 늘 지혜로운 대답을 들려줍니다. 하지만 선조들의 과거가 지금의 우리에게 일관되게 알려주고 있는 하나의 분명한 진실은 이렇습니다.

살려거든 어서 달아나거라. 뒤를 돌아다보아서는 안 된다. 이 분지 안에는 아무 데도 머물지 마라. 있는 힘을 다 내어 산으로 피해야 한다.(「창세기」 19장)

6장

전염병과
추방, 배제의
이야기

기원전 6000년경부터 인류가 정착해 살기 시작했던 메소포타미아는 세상에서 가장 오래된 신화가 전해지는 지역입니다. 점토판에 설형문자로 쓰인 영웅서사시 「길가메시」의 수메르어 판본이나 창세신화 「에누마 엘리시」의 아카드어 판본도 이곳에서 발견되었습니다. 이 지역의 신화 중에는 대홍수신화의 일종인 「아트라하시스 서사시」도 있는데, 여기에는 가뭄, 전염병, 기근, 홍수 등 네가지 대재앙에 관한 이야기가 나옵니다. 신들이 인간세계의 난잡함을 견디지 못해 재앙을 일으켰는데 신의 선택을 받은 어떤 사람이 큰배를 만들어 가족과 동물들과 함께 대홍수에서 살아남는다는, 어디선가 들어본 듯한 이야기입니다. 이 이야기를 접하는 사람들은 대개 널리 알려진 홍수 모티프에 주목하게 되지만, 전염병 역시 가장 오래된 이야기에서 빠지지 않는 주제입니다.

사실 전염병은 신화보다 훨씬 더 까마득한 과거부터 건강과 생명을 위협해온 중대한 문제입니다. 하지만 우리가 병원체에 대한 지식을 통해 전염병의 원인을 이해하기 시작한 것은 오래되지 않은 일이죠. 그렇다고 해서 오랜 세월을 전염병과 함께 살아온 인류에게 아무런 대책이 없었던 것은 아닙니다. 인류는 병원체 자체가 아니라 감염이나 오염의 단서가 감지되는 사물이나 사람을 멀리함으로써 전염병을 피할 수 있었습니다. 부패한 음식물이나 토사물, 생물체의 배설물과 분비물, 지저분한 곤충이나 동물, 피부에 발진이 있거나 신체가 온전하지 않은 사람을 대할 때 혐오감이나 거부감을 느끼게 된 덕분이죠. 긴 진화의 과정이 만들어낸 일종의 경보장치라고 할 수 있습니다. 그것이 바로 앞 장에서 이야기했던 행동면역체계입니다.

행동면역체계는 적합한 자극만 주어지면 위험이 분명하게 확인되지 않는 정보에도 예민하게 반응합니다. 그래야 잠재적인 감염이나 오염의 위험을 선제적으로 피할 수 있기 때문입니다. 전염의 가능성이 있는 대상과 접촉하지 않거나 환자를 집단에서 방출하는 것 말고는 특별한 대처방안이 없었던 과거에는 훌륭한 적응적 가치를 가졌던 예방시스템입니다. 물론 좋은 기능만 있는 것은 아닙니다. 문제도 발생합니다. 그 경보장치가 지나치게 넓은 범위의 대상들에게 과도하게 반응하는 경우입니다. 그러다보면 실제로 크게 위험하지 않은 대상을 잘못 혐오하는 일이 벌어질 수 있고 결과적으로 멀쩡한 사람을 집단에서 배제하고 추방하거나 살해하는 비극이 발생하기도 합니다.

크고 작은 전염병이 오랜 세월 동안 반복적으로 인류를 위협했던 문제인 만큼, 전염병과 결부된 추방, 혐오, 배제에 대한 서사는 다양한 이야기에 등장하는 단골메뉴입니다. 단지 신화이야기가 아닙니다. 역사도 마찬가지입니다. 전염병 상황 자체를 넘어서 장애인, 성소수자, 외국인 등에 대한 사회적 혐오의 이야기로 이어집니다. 그리고 사회적 혐오는 다시 전염병을 만날 때마다 강화됩니다.

낙원에서의 추방: 질병과 죽음의 숙명

유대-기독교의 경전에는 인류의 불행한 숙명에 대한 서사가 나옵니다. 최초의 인간은 먹을 것이 풍족하고 죽음의 공포도 없는 낙원에서 행복하게 살았는데, 어느 날 신의 명령을 어기는 바람에 그만 추방을 당하게 됩니다. 그때부터 인간은 힘들게 농사를 지어야 겨우 먹고살 수 있었습니다. 자칫하면 누군가에게 살해를 당하거나 운이 좋아도 결국 늙고 병들어 죽게 됩니다. 낙원이라는 곳이 실제로 존재했을 것 같지는 않습니다만, 이 이야기를 전승하던 사람들에게 삶이란 마치 신에게 벌을 받는 것처럼 무척 힘들고 불안한 것이었다는 점은 충분히 짐작할 수 있습니다.

낙원에서 쫓겨난 인간이 고된 농사를 지어야 했던 것은 식량이 부족했기 때문입니다. 채집이나 사냥을 해서 충분히 먹고살 만큼 주변환경이 풍요로웠다면 굳이 힘들여 농사를 지을 이유가 없었겠죠. 그런데 농사에는 노동력만이 아니라 인내심도 많이 필요합니다. 소출을 얻기까지 긴 시간이 걸립니다. 그렇게 공을 들여 곡식을 얻더라도 다 먹어버려서는 안 됩니다. 다음에 심을 씨앗을 남겨두어야 하니까요. 그래서 여러 사람이 함께 농사를 짓고 살려면 규칙을 세워 지키고 어기는 사람이 있으면 엄하게 처벌해야 합니다. 신이 추방과 죽음으로 인간을 벌했듯이 말이죠.

모두 규칙을 잘 지켜서 추방이나 살해를 당하지 않더라도 마냥 안심할 수는 없습니다. 질병이 언제 닥쳐올지 모릅니다. 농사를 짓고 가축을 키우면서 예전에는 없던 인수공통감염병에 걸릴 가능성이 커졌습니다. 짐승으로부터 옮은 병은 사람 사이에서도 퍼질 수 있습니다. 다른 집단과의 혼인이나 물자교환을 통해서 널리 전파될 수도 있습니다. 사정이 이렇습니다. 질병과 죽음의 위험과 싸우는 것은 살아 있는 자의 숙명처럼 여겨집니다. 삶 자체가 신의 징벌로 느껴질 만도 합니다.

이동 혹은 탈출: 이집트의 열가지 재난과 엑소더스

엄습하는 질병과 죽음은 재난과 재해에 관한 이야기에서 빠지지 않는 주제입니다. 「탈출기」 혹은 「출애굽기」라는 유대-기독교 경전에 언급되는 열가지 재앙도 끔찍한 질병과 죽음의 서사로 채워져 있습니다. 모세라는 걸출한 인물이 이스라엘 자손과 함께 이집트를 빠져나오기 직전에 경험한 여러 재난입니다.

첫번째는 피의 재난입니다. 강물이 피로 변해 물고기가 죽고 썩는 냄새가 나서 물을 마시지 못하게 됩니다. 두번째는 개구리의 재난입니다. 모든 곳에 개구리가 가득 차 죽어서 내는 악취로 고통을 겪습니다. 세번째로 사람과 가축에게 모기가 잔뜩 달려들어 고통을 겪었고, 네번째는 등에가 온 집을 뒤덮습니다. 다섯번째로 가축이 전염병으로 죽어나가고, 여섯번째로 이집트의 모든 사람과 가축에게 악성 종기가 번집니다.

오염과 감염의 이미지로 가득한 여섯가지 재난에 이어 나머지 네가지 재난이 결정타를 날립니다. 일곱번째와 여덟번째는 우박과 메뚜기입니다. 이집트 사람의 삶이 초토화됩니다. 아홉번째로 수일 동안 하늘이 깜깜해지고, 열번째로 이집트인의 장자와 이집트에서 키우는 가축의 맏배가 모두 죽습니다. 이런 끔찍한 일들을 모세가 믿는 신의 재앙이라고 여긴 파라오와 이집트인은 모세와 이스라엘 자손을 하루빨리 이집트 밖으로 내보내려 합니다.

결국 모세는 이런 열가지 재난 상황을 발판으로 삼아 이스라엘 자손과 함께 탈출을 감행합니다. 혹자는 이 서사가 기원전 1500년경 이집트를 강타했던 역병의 상황을 묘사한다고 보지만, 사실 역사적 진실은 장담할 수 없습니다. 하지만 이 이야기에서 어렵지 않게 추론할 수 있는 것도 있습니다. 과거에는 오염과 감염의 문제가

이집트의 재난 중 다섯번째 재난을 그린 폴 귀스타브 도레(Paul Gustave Doré)의 판화(1866).
이집트인의 가축들이 전염병으로 죽어나가는 장면을 그리고 있다.

신의 재앙으로 여겨질 만큼 끔찍한 핵심 재난이었다는 것입니다. 이동이나 탈출 말고는 이 문제에 대처하는 뾰족한 수가 없었다는 것입니다.

오이디푸스왕의 비극

고대 그리스의 오이디푸스신화에서도 전염병은 신의 재앙으로 묘사됩니다. 그리고 비극적인 추방의 서사로 이어집니다. 오이디푸스는 테베의 왕자로 태어났지만, 장차 아버지를 죽이게 될 운명이라는 신탁을 받습니다. 부모에게 버림을 받은 이유죠. 키워준 부모를 친부모로 알고 자란 오이디푸스도 신탁을 받습니다. 아버지를 살해하고 어머니와 관계를 맺을 것이라는 예언입니다. 오이디푸스는 그 운명을 피하려고 집을 떠납니다. 길에서 만난 사람과 사소한 일로 다투다가 누군가를 죽입니다. 그는 자신의 아버지였는데, 나중에야 그 사실을 알게 됩니다. 오이디푸스는 스핑크스의 수수께끼를 풀고 테베에 들어가 영웅이 됩니다. 왕이 된 오이디푸스는 전 왕비인 친어머니와 결혼합니다. 물론 이것도 처음에는 몰랐죠.

오이디푸스왕은 테베를 잘 다스립니다. 그러다 어느 해, 전염병이 크게 유행합니다. 테베에서도 전염병은 신의 재앙이었죠. 대재앙 앞에서 사람들은 불안에 떨며 희생양을 찾습니다. 이때, 신전의 예언을 통해 모든 사실이 드러납니다. 아버지를 죽이고 어머니와 관계한 오이디푸스가 전염병의 원인이었죠. 절망에 빠진 오이디푸스는 결국 비극적 선택을 합니다. 스스로 자기 눈을 찔러 실명합니다. 그리고 일생 동안 떠돌이가 되어 방랑합니다.

이 이야기는 그리스 3대 비극시인 중 한 사람인 소포클레스(Sophocles)에 의해 '오이디푸스왕'이라는 제목의 비극으로 각색되어 기원전 429년에 초연된 바가 있습니다. 이때는 역사적으로 의미심장한 시기입니다. '아테네 역병'이 유행했던 때죠. 이 전염병의 원인균은 명확하지 않습니다. 그러나 아테네의 운명을 기울게 한 중요한 원인이었음은 분명합니다. 투키디데스가 쓴 『펠로폰네소스 전쟁사』에 따르면, 기원전 431년에 시작된 전쟁 2년 차에 이 전염병이 크게 유행합니다. 수년 뒤 2차 유행을 겪으면서 아테네 시민의 3분의 2가 사망합니다. 전쟁 통에 많은 시민이 좁은 아크로폴리스에 몰려 인구밀도가 크게 높아진 탓이었죠. 대재앙입니다. 바로 이 시기에 소포클레스가 전염병으로 추방당한 왕 오이디푸스 이야기를 소환한 것입니다. 비극적인 희생양의 서사는 전쟁과 전염병으로 불안해하는 아테네 시민의 관심을 사로잡았을 것입니다.

전염병과 혐오

큰 제국을 형성한 나라일수록, 전쟁을 많이 벌인 나라일수록 전염병에 취약했습니다. 아프리카 사하라사막부터 지중해를 넘어 유럽 대부분과 카스피해에 이르기까지 광대한 영토를 정복했던 로마 제국도 예외가 아니었죠. 로마는 포에니전쟁에서 승리한 이후 오리엔트 지역으로 세력을 넓혀 대제국을 건설합니다. 바로 그 시기, 기원전 1세기에 로마인들은 말라리아에 시달리고 골골 앓습니다. 기원후 1세기 말부터 3세기까지 각종 전염병이 유행하며 국가 전체에 심각한 타격을 입습니다. '모든 길은 로마로 통한다'고 합니다. 전염병도 길을 타고 로마로 향했습니다.

특히 서기 165년에 엄청난 전염병이 유행합니다(안토니우스 역병). 이후에도 반복적으로 유행했죠. 원인균은 아직 명확하지 않습니다. 189년에는 하루에 2000명이 죽을 정도로 심각했습니다. 이로 인해 로마제국 전체 인구의 3분의 1이 죽습니다. 끝이 아닙니다. 541년에 비잔틴제국을 중심으로 페스트균이 퍼집니다. '유스티니아누스 역병'은 약 200년간 수많은 인명을 앗아가며 광대한 제국 각지로 퍼집니다.

또한 십자군전쟁을 통해서 한센병이 유럽에 널리 퍼집니다. '나병'이라고도 불리는 한센병은 역사가 깊은 전염병이지만, 십자군전쟁 이후 상황이 심각해졌죠. 전쟁 후 고향으로 돌아간 군인에 의해 전파되었을 것으로 보입니다. 사실 한센병은 기원전 25세기경의 이집트 문헌에도 기록되어 있습니다. 아주 오랜 세월 동안 인류를 괴롭힌 전염병입니다. 살이 썩고 문드러집니다. 그 환부를 보는 사람은 심한 혐오를 느끼게 됩니다. 쉽게 전염되는 질병은 아니지만, 직관적으로 강한 혐오감을 일으키기 때문에 사회적으로 강력한 격리조치를 당합니다. 추방입니다.

유대-기독교의 경전 「레위기」에도 등장합니다. 흔히 나병이라고 번역되는 피부병에 대한 진단과 사회적 격리에 대한 기록이죠. 제사장은 특정한 기준에 따라 환자를 진단합니다. 진단을 받은 자는 옷을 찢고 머리를 풀며 윗입술을 가린 채 큰 소리로 소리쳐야 했습니다. 자신이 감염되었음을 알려 다른 사람이 자신을 멀리하게 하려는 것이죠. 그리고 진영 밖으로 옮겨 혼자 살며 죽어가야 했습니다. 이는 제사장에게 부여된 신성한 권한으로 반드시 복종해야 했습니다. 질병은 바로 신의 징계였습니다. 이 「레위기」의 기록은 중세 기독교사회에서도 적용됩니다. 중세유럽에서 한센병에 걸린 사람들의 시민권을 박탈하고, 수용소를 만들어 격리해 사회에서 배제하고 무기력하게 죽어가게 했던 조치의 성경적 근거입니다.

14세기에는 흑사병이 창궐합니다. 교역로를 통해 연결되어 있던 중앙아시아, 중국, 서아시아, 유럽 각지와 북아프리카까지 세계 곳곳에서 셀 수 없을 만큼 많은 사람이 죽었습니다. 가장 심했던 유럽은 인구의 3분의 1 이상을 잃었습니다. 일설에 의하면 1346년 몽골군대가 옮겼다고 합니다. 몽골군이 크림반도의 '카파'라는 도시를 포위한 채 흑사병으로 죽은 사람의 사체를 던져 넣었다는 것이죠. 최초의 생화학전일까요? 이후 유럽 전역에 흑사병이 번지게 되었다고 알려져 있죠.

언제 닥칠지 모르는 죽음의 공포가 유럽 전역을 뒤덮었습니다. 그러나 병의 원인이나 치료법에 대해서는 아는 것이 없었습니다.

중세유럽에서 한센병에 걸린 사람들은 시민권을 박탈당하고 사회에서 격리 및 배제되어 무기력하게 죽어가야 했다. 도미니크회 수도사 뱅상 드 보베(Vincent de Beauvais)의 필사본에 수록된 삽화.

피부가 검게 변한 시체가 거리에 뒹굴고 악취가 진동했습니다. 절망 속에서 집단적 광기가 역병처럼 빠르게 퍼져나갔죠. 불안과 혐오가 환자를 포함해 유대인, 마녀(마법사), 외국인, 거지, 한센인 등 사회의 소수자를 향합니다. 유대인이 고의로 우물에 독약을 풀어서 혹은 마녀의 마법으로 인해 흑사병이 퍼지게 되었다고 유언비어를 퍼트립니다. 혐오와 배제가 비등하고, 곧이어 집단적인 학살이 걷잡을 수 없이 일어납니다.

가장 심각한 일이 1349년 2월 14일에 스트라스부르에서 일어납니다. 아직 스트라스부르는 흑사병에 의한 피해가 별로 없었죠. 어쩌면 흑사병보다 더 끔찍하게 혐오한 대상은 유대인이었는지도 모릅니다. 약 2000명에 달하는 유대인이 공동묘지로 끌려가서 즉결 심판을 받습니다. 흑사병의 원인을 제공했다는 죄목으로 처참하게 살해됩니다.

유럽만이 아닙니다. 우리 역사도 역시 전염병의 역사입니다. 전염병의 원인도, 치료도 몰랐던 것은 동서양의 상황이 별반 다르지 않았죠. 주술과 종교를 통해서 엉뚱한 원인을 들이대거나, 기껏해야 대증치료를 하는 정도죠. 전염병이 심해지면 다들 신의 재앙을 의심했습니다. 괴력난신(怪力亂神)을 인정하지 않는 성리학으로 무장한 조선도 별로 다르지 않았습니다. 단종이 즉위한 1452년, 신화서사인 단군 고사와 동명왕 고사까지 거론하면서 전염병의 초자연적인 원인을 찾아야 한다는 상소가 오르기도 했습니다.

특히 조선에는 제사를 받지 못하는 무사귀신이나 비명횡사한 자가 전염병을 일으킨다는 믿음이 있었습니다. 초자연적 병인론입니다. 특별한 종교적 의례를 행하면 재난 상황을 이길 수 있을 것으로도 생각했죠. 심지어 국가가 나서서 불교식 수륙재(水陸齋)나 유교식 여제(厲祭)와 별여제(別厲祭)를 설행하기도 했습니다. 집합금지 명령을 내려야 할 판국에 행사를 치르다니… 결코 만만한 일은 아니었습니다. 물론 효과도 없었죠. 하지만 많은 이가 전염병으로 죽어나가는 긴박한 상황에서 무슨 일이라도 해야 했습니다.

비극도 많이 벌어집니다. 세종대왕 치세였던 15세기 초중반, '나병'이나 '나질(癩疾)'이라고 불리던 한센병이 제주도에서 크게 유행합니다. 한센병은 전염력이 높지 않지만, 그래도 분명 전염병입니다. 신체가 너무 흉악해지므로 혐오와 배제를 당하기 쉽습니다. 나환자를 집에서, 마을에서 내보냅니다. 바닷가 인적 없는 곳에 격리합니다. 낫지 않으면(당연히 약이 없으니 낫지 않죠), 죽을 때까지 집으로 돌아갈 수 없습니다. 얼마나 고통스러웠을까요? 어떤 환자는 바위 벼랑에서 투신하여 자살합니다. 심지어 가족에게 살해당하는 일도 있었습니다. 김동리의 소설 한 대목입니다.

아들을 잃은 영감은 날로 더 거칠어져갔다. 밤마다 술이 취해 와서는 아내를 때렸다. 때로는 여러날씩 아내의 밥을 얻어다 줄 것도 잊어버리고 노상 죽어버리라고만 졸랐다.

"그만 자빠지라문."(…)

아내는 이 말을 들을 때마다 몹시 울었다. 몇달 전까지만 해도 그는 아내와 함께 남의 집 행랑살이에서 쫓겨나와 마을 뒤의 조그만 토막을 지어 아내를 있게 하고, 자기는 집집마다 돌아다니며 날품도 들고 술집 심부름도 하여, 얻어 온 밥과 술과 고기 부스러기 같은 것을 그녀에게 권하며, "먹기나 낫게 먹어라." 측은한 듯이 혀를 차곤 하던 그가 아니던가.[•]

이 소설에서 문둥병에 걸린 여자 주인공은 산속에 토막을 짓고 살아갑니다. 처음에는 아내의 몹쓸 병을 안타까워하던 남편이었지만, 긴병에 효자 없다고 점점 아내를 구박하기 시작하죠. 아들은 집을 나가버립니다. 급기야 남편은 독약이 든 떡을 아내에게 주고, 아내는 설움 속에 그 떡을 삼키지만 죽지 못합니다. 여자는 이제 정처 없이 떠돌아다닙니다. 그러다 우연히 아들을 만나, 서로 엉엉 울면서 같이 살자고 약속합니다. 아들을 기다리며 복바위에 매일같이 소원을 빌지만, 아들이 형무소에 갇혔다는 말을 듣고 여자는 절망에 빠집니다. 자신의 집인 토막이 불에 타는 모습을 보면서 여자는 완전히 정신을 놓아버립니다. 다음 날, 마을 사람들은 복바위를 끌어안고 죽은 여인을 발견하고 이렇게 말합니다.

"더러운 게 하필 예서 죽었노."
"문둥이가 복바위를 안고 죽었네."

[•] 김동리 「바위」, 『신동아』 1936년 5월호.

"아까운 바위를…"

아마 조선의 수많은 한센병 환자가 이처럼 비참하게 죽어갔을 것입니다. 혐오와 편견은 끈질기게 이어집니다. 근대에 접어들어서도 마찬가지였습니다. 심지어 국가가 혐오와 편견으로 무장하여 끔찍한 폭력을 가하는 일도 있었죠. 최근에야 정부는 잘못을 인정하고 배상하기로 결정했습니다. 너무 늦은 일입니다만. 아무튼 2017년 강제로 불임수술과 낙태수술을 당했던 한센병 환자들은 정부를 상대로 낸 손해배상 청구소송에서 승소합니다. 사실 한센병은 유전되지 않습니다. 치료도 가능합니다. 불임수술과 낙태는 질병을 막는 데 별 도움이 되지 않습니다. 그러나 혐오와 편견 앞에서 과학적 지식은 힘을 잃었습니다. 1978년까지 한센병 환자를 사회에서 격리하고, 임신과 출산을 막는 강제 정관수술, 강제 임신중절수술 정책이 지속되었습니다. 한센병 치료제가 이미 널리 처방되던 때인데도 말입니다.

7장

전통에 반영된 감염병 회피 전략

인류의 감염병 회피 전략은 다양한 전통과 관습의 형태로도 나타납니다. 오랜 전통과 관습은 지구촌 시대의 도시인과는 잘 맞지 않을 때가 많죠. 하지만 과거에는 전통과 관습을 따르는 편이 감염병을 피하는 데 유리했을지 모릅니다. 이번 장에서는 음식문화, 거리두기, 그리고 의례와 성적 터부에 대해 이야기해보겠습니다.

먹거리의 범위

육식동물과 초식동물은 잡식동물과 비교하면 식성이 그리 다채롭지 않습니다. 특히 몇몇 초식동물은 입맛이 극단적으로 단조

롭습니다. 그래서 서식지도 제한됩니다. 대나무를 먹고 사는 판다 는 대나무 숲을 떠나 살지 못합니다. 비슷한 이유로 코알라는 유 칼립투스 숲을 벗어날 수 없습니다. 반면, 잡식동물은 어디서든 먹 을 만한 것을 발견할 가능성이 있습니다. 그러니 이동이 자유로운 편입니다. 식도락 여행을 하면서 새로운 음식에 도전하는 미식가의 기질은 잡식동물만이 지닐 수 있는 특권일 것입니다. 바로 인간입 니다.

사실 식도락을 즐기는 것은 쉬운 일이 아닙니다. 새로운 음식에 도전하는 것도 좋지만, 몸에 해로운 것을 가려 먹을 줄 모르면 위 험에 빠집니다. 먹어서는 안 되는 음식을 가려내는 예민한 감각이 필요합니다. 따라서 색, 형태, 냄새, 맛을 통해서 독성이나 병원체, 기생충의 단서를 찾아내는 능력이 진화합니다. 물론 항상 정확한 것은 아닙니다(삭힌 홍어를 좋아하는 분이라면 잘 아시겠습니다 만). 그러나 처음 접했을 때, 그 모양이나 냄새, 맛이 역겨우면 대개 는 좋은 먹거리가 아닐 가능성이 높습니다.

역겨움이 느껴지지 않더라도 소화시킬 수 없는 것은 먹을 수 없 습니다. 나뭇잎은 역겹지 않지만 먹지 않는 이유죠. 동물은 외부로 부터 영양분을 취하려면 섭취한 유기물을 세포막 통과가 가능한 저 분자 단위로 분해해야 합니다. 이를 위한 기계적이고 화학적인 메 커니즘, 즉 소화방식은 동물마다 차이가 있습니다. 같은 잡식동물 이라고 해도 소화방법이 다르므로, 먹을 수 있는 음식도 다릅니다.

역겨운 것을 피하는 기질이나 소화의 메커니즘은 모두 먹거리의 범위를 조절하는 일종의 생물학적 제약입니다. 그런데 인간은 조금 다른 방식으로 식단을 정교하게 만들어나갔습니다. 신체 내부의 과정만이 아니라 신체 밖의 과정을 통해서 말이죠. 다양한 음식 금기와 조리법입니다.

집단에 따른 음식 금기

음식 금기는 (생물학적으로) 먹을 수 없는 것을 먹지 말라는 것이 아닙니다. 충분히 섭취할 수 있는 것들임에도 불구하고 먹지 말라는 규범입니다. 그리고 그런 규범이 널리 수용된다면, 그럴 만한 맥락과 이유가 있습니다. 먹는 것의 유익이 크면 아무리 먹지 말라고 해도 먹을 테죠. 금기가 문화적으로 성공하기 어렵습니다. 물론 한번 굳어진 금기는 제법 오래도록 효력을 발휘할 수 있습니다. 하지만 역시 영원할 수 없습니다.

유대-기독교의 주요 경전인 「레위기」 11장에는 이집트를 떠나 방랑하는 이스라엘 자손이 먹어서는 안 되는 생물이 나열되어 있습니다. 그냥 먹지 말라는 정도가 아니라 손에 닿거나 옷이나 그릇에 닿아서도 안 된다고 합니다. '부정'하기 때문입니다. 그중 일부를 나열해볼까요? 발굽이 갈라지지 않고 되새김질을 하지 않는 짐승(낙타, 오소리, 토끼, 돼지 등), 지느러미와 비늘이 없는 각종 수생생물, 각종 새들(독수리, 흰꼬리수리, 수염수리, 매, 까마귀, 타조, 올빼미, 갈매기,

따오기, 부엉이, 사다새, 고니, 백조, 오디새, 박쥐 등), 날개가 있고 기어 다니는 곤충, 배로 땅을 기어 다니는 것, 네발이 있지만 땅에 붙어 다니는 것, 여러 발을 가진 것 등입니다. 여러분이 만약 평소에 돼지고기, 야생동물 고기, 각종 해산물, 낙지볶음 등을 즐긴다면, 이스라엘 자손으로 태어나지 않은 것을 감사하게 생각해야 할 겁니다.

「레위기」는 소처럼 발굽이 갈라져 있고 되새김질을 하는 동물을 좋은 먹거리로 제시합니다. 반대로 쇠고기를 먹는 것을 끔찍한 일이라고 생각하는 사람도 있습니다. 인도인 대부분이 그렇습니다. 인도에는 주인을 알 수 없는 약 500만마리의 소가 대도시와 들판을 마구 걸어 다니고 있지만, 끌고 가 잡아먹는 사람을 볼 수 없습니다. 인도인에게 쇠고기의 맛을 선천적으로 싫어하거나 느끼지 못하는 신체적 특징 같은 것은 없습니다. 종교적 신앙과 법률 때문입니다.

13억이 넘는 인도 인구의 80퍼센트 이상이 힌두교 신자인데, 전통에 따라 소를 신성시합니다. 소는 힌두교의 여러 신과 밀접한 관계를 맺고 있는 동물이며 종종 신의 현현이라고 믿어집니다. 일반 소도 존중되지만 '인도혹소'라고도 불리는 '보스 인디쿠스(Bos indicus)라는 재래종의 암소는 특별히 성스러운 존재로 여겨집니다. 심지어 소의 몸에서 나오는 모든 것을 소중하게 여깁니다. 소의 젖은 물론이고 똥과 오줌에 신성한 정화능력이 있다고 믿기도 합니다. 힌두교 사제는 신을 예배할 때나 신도를 축복할 때 소의 우유, 버터, 똥, 오줌의 혼합물을 만들어 사용합니다. 일상생활에서도 소는 매우 중요합니다. 우유를 이용해 여러가지 음식을 만들어 먹을 뿐만 아니라 소의 똥을 말려 땔감으로 씁니다. 국민 다수의 신앙과 생활이 이렇다보니, 관련법도 있습니다. 소의 도살과 판매를 금지하는 '소 보호법'입니다.

하지만 단순히 "인도 사람은 쇠고기를 안 먹는다"라고 말하면 틀린 이야기입니다. 인도에 힌두교도만 사는 것은 아니기 때문입니다. 13억 인도 인구 중에서 약 2억명 정도는 무슬림입니다. 이들은 유일신을 믿습니다. 소를 신적인 존재라고 여기지 않습니다. 무슬림은 쇠고기를 먹을 뿐만 아니라 사육하고 도축해서 그 고기를 판매합니다. 물론 인도의 소 보호법이 적용되지 않는 물소고기입니다. 인도에서 사육되는 물소는 모두 2억~3억마리 정도가 될 것으로 추정됩니다. 인도는 2014년에 208만톤을, 그리고 소 보호법이 강화된 이후인 2017년에도 176만톤의 쇠고기를 해외로 반출한 세계 최대의 쇠고기 수출국이기도 합니다.

사실 힌두교도가 '하늘이 두쪽 나도' 쇠고기를 안 먹는 것은 아닙니다. 인도인 친구 중 한명은 힌두교도인데도 쇠고기를 잘 먹습니다. 그래서인지 외국 학회를 좋아했습니다. 쇠고기 요리를 실컷 먹을 수 있거든요. 그러면 안 되는 것이 아니냐고 물었는데, 자기는 '착한 힌두교인'이 아니므로 괜찮답니다.

한편, 인도의 무슬림은 쇠고기는 먹지만 돼지고기는 먹지 않습니다. 먹지 않을 뿐만 아니라 사육조차 하지 않고 심지어 만지지도 않습니다. 이슬람에서 금지된 것을 의미하는 '하람'에 속하기 때문입니다(허용된 것은 '할랄'이라고 합니다). 이슬람의 경전인 『코란』 2장에는 "죽은 고기와 피와 돼지고기를 먹지 말라. 또한 하나님의 이름으로 도살되지 아니한 고기도 먹지 말라"는 금기가 나옵니다. 무슬림들은 이 구절을 신의 명령으로 여기고 복종합니다('무슬림'이라는 말 자체가 '신에게 복종하는 사람'이라는 뜻입니다. '복종'을 의미하는 아랍어 '이슬람'의 파생어입니다).

하지만 역시 무슬림도 다 '착한 무슬림'은 아닙니다. 제 무슬림 친구 중 한명은… 친구의 안전을 위해서 여기까지만 하겠습니다.

대부분의 '착한' 이들은 이처럼 먹을 수 있는 것과 먹을 수 없는 것을 구분하고 지킵니다. 그리고 그 기준은 집단에 따라 다릅니다. 어느 집단에서는 즐겨 먹는 식재료이지만 다른 집단에서는 절대 먹지 말라고 금지하는 경우도 있습니다. 먹지 말라고 하는 이유가 분명하면 좋겠지만, 금기에서 그런 자세한 설명은 생략됩니다. 불친절합니다. 설명하기보다 선언하고 명령하죠. 금기를 열심히 지키는 사람도 왜 그래야 하는지 이유를 잘 모릅니다. 그들이 금기를 지키는 것은 해당 금기의 논리와 체계를 이해했기 때문이 아니라 그 금기를 선언하고 명령하는 주체를 그만큼 신뢰하거나 두려워하기 때문입니다. 또한 규율과 선례를 따르는 게 마음 편하기 때문입니다. 유구한 역사가 낳은 전통이라고 하든 신의 명령이라고 하든 마찬가지입니다.

음식 금기의 숨은 사정

음식 금기에서 나름의 이유와 논리를 찾고자 하는 여러가지 시도가 있었습니다. 예를 들면 음식 금기가 알레고리 같은 일종의 비유라고 보는 설도 있습니다. 가령, 발굽이 갈라진 짐승만 먹으라는 규범에는 음식을 먹을 때에도 선과 악을 구분하라는 심오한 뜻이 있다는 식입니다. 한편, 메리 더글러스(Mary Douglas)와 같은 문화인류학자는 음식 금기에 고대인이 가지고 있던 성스러움의 관념과 우주관이 담겨 있다는 상징적인 해석을 했습니다. 고대인이 성스럽게 생각하는 세계의 질서와 분류체계에 어긋나거나 애매하게 걸쳐 있는 것이 부정하고 먹어서는 안 되는 것으로 여겨진다는 거죠. 즉, '제자리에서 벗어나 있는 것들은 위험하다'는 겁니다.

흥미로운 주장이지만 너무 관념적인 해석입니다. 물론 음식 금기의 의미를 해석하는 과정에서 그와 같은 상징적인 의미가 환기될 수 있습니다. 부정할 수 없습니다. 그러나 원인과 효과를 혼동해서는 안 됩니다. 반대로 중세 유대인 사회의 저명한 철학자인 모세스 마이모니데스(Moses Maimonides)는 음식 금기가 무의미하고 자의적인 것일 뿐이라고 주장했습니다. 역시 옳은 주장이 아닙니다. 음식 금기는 모든 문화권에서 나타나는 인간문화의 중요한 보편적 특징이기 때문입니다.

그렇다면 도대체 이런 음식 금기는 왜 존재하는 것일까요?

이 질문에 대한 답을 구하려면 해당 음식 금기가 언제 어떻게 형성된 것인지를 추적해봐야 합니다. 쉬운 일은 아닙니다. 하지만 가끔은 금기가 생겨난 역사적 과정을 합리적으로 추론할 수 있습니다. 어떤 경우에는 금기가 아주 오랜, 역사 이전의 근원적 문제에서 비롯했을 수도 있죠. 이 경우에는 음식 금기로 해결할 수 있었던 적응적 문제가 무엇인지를 살펴야 합니다. 그 두가지 경우를 하나씩 이야기해보죠.

먼저 앞에서 언급했던 인도의 쇠고기 금기를 다시 이야기해볼까요. 금기가 발생한 역사적 과정을 추론할 수 있는 드문 사례입니다. 종종 인도의 소 숭배가 무척 오래된 전통이며, 심지어 힌두교의 근본적인 특징일 것이라고 생각합니다. 그러나 19세기 말 산스크리트 학자인 라젠드라랄라 미트라(Rājendralāla Mitra)에 따르면 처음부터 그랬던 것이 아닙니다. 힌두교의 사제가 소를 보호하게 된 것은 불교나 자이나교처럼 살생을 금하는 신흥종교와 수세기 동안 경쟁하면서 나타난 현상이라는 것입니다.

인도의 가장 오랜 문헌이자 고대 힌두교 경전의 일부인 『리그베다』에는 기원전 1000년경 북부 인도사회의 분위기가 반영돼 있습니다. 흥미롭게도 '베다' 시대의 고대 힌두교에는 소를 도살해 신에게 바치는 의례와 축제가 성행했다고 합니다. 당연히 쇠고기도 맛있게 먹었습니다. 고대 종교의 의례에서 살해되는 동물은 신에게 바치는 제물이면서 동시에 공동으로 나누어 먹는 음식이기도 합니다. 그러나 세월이 흐름에 따라 소의 수는 줄어가고 사람의 수는 늘어갑니다. 농경과 낙농의 중요성이 점점 커졌습니다. 소의 노동력과 유제품에 많이 의존하게 되었고, 힌두교 사제의 소 도살에 대한 대중적 거부감이 점점 비등합니다.

　기원전 6세기경에 이르면 불교와 자이나교가 등장합니다. 고대 힌두교 브라만계급의 전횡과 살생을 비판하면서 세력을 확장해갑니다. 특히 불교는 기원전 3세기 아소카왕 시대에 인도역사상 가장 융성한 시기를 맞게 됩니다. 그러나 불교는 인도에서 그리 오래가지 못했습니다. 불교의 가르침은 대중이 이해하고 따르기에 어려웠기 때문입니다. 불교는 대중이 숭배하는 신을 인정하지 않았고, 수행과 깨달음을 강조했습니다. 그에 비해 힌두교는 소를 신격화하는 대중의 신앙을 그대로 수용했습니다. '소비자'의 요구를 받아들인 것일까요? 수백년이 흐르면서 불교는 인도에서 점점 힘을 잃어갑니다. 결국 힌두교가 승리했습니다. 그러나 다시는 고대의 동물 희생제의를 부활시킬 수는 없었습니다. 오히려 소를 더 열심히 보호해야 했습니다. 이미 수많은 신자가 소 숭배 신앙을 내면화하고 있었기 때문입니다. 이런 과정을 거쳐서 힌두교는 쇠고기를 금기시하는 종교가 되었습니다. 인류학자 마빈 해리스(Marvin Harris)는 이렇게 말합니다.

　브라만은 암소보호자가 되고 쇠고기를 멀리함으로써 대중적인 종교 교리를 갖추게 되었을 뿐 아니라 더욱 생산적인 농경체제와 공존할 수 있게 되었다.[*]

인도에서도 과거에는 쇠고기가 좋은 음식이었지만 소를 먹지 않음으로써 얻는 유익이 더 커짐에 따라 금기의 대상이 되었다는 이야기입니다. 인도에서 쇠고기 금기가 발생한 역사적 과정에 대한 유력한 설명입니다.

애기가 좀 길어졌네요. 인도의 쇠고기 금기에 대한 이야기를 먼저 한 것은 음식 금기가 단 하나의 원리에 의해 형성되거나 기계적으로 작동하는 문화체계가 아니라는 점을 강조하려는 것입니다. 특정 종교 전통의 본질적인 이념에 의해 형성되었다고 여겨지는 금기도, 알고 보면 다양한 요인이 복잡하게 작용한 결과라는 것이죠. 네, 금기는 다양한 기능을 합니다. 정치적, 경제적, 종교적인 전략일 수도 있습니다. 물론 이 책의 주제처럼, 음식 금기는 감염병 회피 전략의 문화적 버전이기도 합니다.

힌두교도의 쇠고기 금기는 소가 아주 소중한 대상이므로 먹을 수 없다는 것이죠. 하지만 음식 금기의 많은 사례는 대개 대상에 대한 거부감에 호소합니다. 대소변, 피, 고름과 같은 자연상태의 더러운 물질은 원시적 혐오를 유발합니다. 그러나 이런 것만이 금기를 만드는 것은 아닙니다. 즐겨 먹어도 괜찮을 만한 음식을 의식적으로 거부하는 금기도 있습니다. 유대인과 무슬림의 돼지고기 금기가 대표적인 예입니다.

● 마빈 해리스 『음식문화의 수수께끼』, 서진영 옮김, 한길사 2018, 91면.

온갖 신성이 깃들어 있는 암소 '카마데누'. 힌두교에서 소를 보호하고 숭배하게 된 것은 살생을 금하는 다른 종교들과 수세기 동안 경쟁하면서 나타난 현상이다.

삼겹살을 좋아하는 입장에서 볼 때, 유대교와 이슬람교의 돼지고기 금기는 좀처럼 이해되지 않습니다. 돼지고기는 좋은 식품입니다. 맛은 말할 것도 없습니다. 돼지고기에는 양질의 아미노산이 풍부해 감칠맛이 도는 핵산물질이 많이 만들어집니다. 그뿐 아닙니다. 돼지는 고기 생산 효율이 매우 뛰어난 동물입니다. 어린 동물의 몸무게 1킬로그램을 찌우려면 송아지에게는 먹이를 10킬로그램 정도 줘야 하지만 새끼돼지에게는 3~5킬로그램만 줘도 됩니다. 돼지를 사육하고 잡아먹는 것을 꺼릴 이유가 없어 보입니다.

돼지를 먹지 말라는 금기가 생긴 것은 돼지가 본성적으로 더러운 것을 좋아하는 동물이기 때문이라는 설도 있습니다. 이른바 '불결론'입니다. 그러나 돼지가 본성적으로 배설물을 먹고 똥오줌으로 가득한 진창에서 뒹구는 더러운 동물이라는 주장은 근거가 희박합니다. 돼지는 깨끗한 환경을 좋아합니다. 달리 먹을 것이 없으니 배설물을 먹고, 깨끗한 진흙이 없으니 더러운 진창에서 몸을 식힐 뿐입니다. 돼지가 더럽다고 생각할 수 있지만, 더러운 돼지만 봐서 그런 것인지도 모르죠. 하지만 돼지우리의 더러움을 돼지에게 탓해서는 안 됩니다. 사육자 탓입니다.

유대교와 이슬람교가 중동지역에서 시작된 종교라는 점에 착안해서 돼지고기 금기를 설명하기도 합니다. 흥미로운 가설입니다. '중동 생태론'이라고 할 수 있을 텐데요. 돼지는 중동처럼 덥고 건조한 지역에서는 키우기 힘듭니다. 이 지역 사람의 주요 생활방식 중 하나인 유목에 부적합한 가축입니다. 그래서 돼지에 대한 혐오가 생겨났다는 것입니다. 이런 설명에 따르면 돼지고기 금기가 단지 특정 종교의 가르침이 원인이 아닐 수도 있습니다. 정말 그럴까요? 실제로 중동의 주요 고대문명인 페니키아, 이집트, 바빌로니아 사람도 돼지고기를 싫어했습니다. 이 문명 초기에는 돼지고기를 먹었던 흔적이 있지만, 돼지는 점점 불결하고 저주스러운 동물로 여겨지게 되었습니다. 따라서 저술된 시기는 서로 다르더라도 유대-기독교와 이슬람교의 경전이 돼지고기를 금하게 되었을 때는 이미 돼지고기를 금기시하는 관습이 꽤 굳어져 있었을 것입니다. 그래서 해리스는 유대교와 이슬람교의 돼지고기 금기는 그리 유별난 것이 아니라고 주장합니다. 만약 그의 주장이 옳다면, 유대교와 이슬람교의 음식 금기는 이미 존재하던 음식 금기에 종교적 권위를 더한 것에 불과할지도 모릅니다.

하지만 풀리지 않는 문제가 있습니다. 왜 그런 돼지고기 금기가 쉽게 무시되지 않았을까요? 어떻게 뿌리 깊게 수용될 수 있었을까요? 금지 준수의 이득이 작다면, 사람들은 슬금슬금 돼지고기를 굽기 시작했을 것입니다. 앞에서 말한 '불결론'과 '중동 생태론'의 접점이 될 만한 요인이 있습니다. 돼지고기는 상온에서 쉽게 부패하는 음식입니다.

한국에서 양돈산업의 규모가 커진 것은 1970년대 무렵의 일입니다. 즉 우리나라 사람 대부분이 돼지고기를 풍족하게 먹기 시작한 것은 비교적 최근의 일입니다. 점점 정육점의 빨간 형광등 밑에 돼지고기가 많이 진열되던 때에도, 돼지고기에 대한 사람들의 첫인상은 그리 좋지 않았습니다. 1970~80년대 국내 신문에 실린 돼지고기 관련 기사 상당수는 식중독 이야기입니다. 돼지고기는 쉽게 상하고 탈도 잘 나는 음식이었습니다. 그래서 지금도 나이 지긋한 어른들은 종종 "돼지고기는 잘 먹어야 본전"이라는 말씀을 하시죠.

돼지고기는 식중독이나 질병을 유발할 수 있는 병원성 미생물이 잘 생존하고 증식할 수 있는 조건을 갖추고 있는 식품입니다. 돼지고기를 냉장 혹은 냉동하여 보관하고 유통하는 경우에도 미생물의 성장속도가 제한될 뿐 완전히 죽지는 않습니다. 따라서 도축과 해체 단계에서부터 위생에 각별히 신경을 쓰지 않으면 안 됩니다. 냉장시설이 없던 과거, 그리고 특히 기온이 높은 중동지역에서 돼지고기는 아무리 맛있어도 주의해야 하는 음식이었습니다. 그런 환경에서는 돼지고기를 좋아하는 사람보다 싫어하는 사람이 건강하게 살 가능성이 높았을 겁니다. 중동지역에서 돼지고기 금기가 문화적 설득력을 얻게 된 것입니다.

그러고 보니 어떤 '고기'를 먹지 말라는 금기에 대해 계속 이야기하고 있네요. 출출해집니다. 삼겹살에 소주 생각이 납니다. 잠깐, 그럼 상추나 고추 금기도 있을까요? 좋은 질문입니다. 음식 금기는 식물성보다 동물성 먹거리에 대해 더 뚜렷하고 다양하게 나타납니다. 과일이나 채소보다 고기에 대한 금기가 많은 이유는 무엇일까요? 음식을 상하게 하고 질병을 일으키는 세균과 곰팡이가 식물보다는 동물의 사체에서 더 잘 번식하기 때문입니다. 동물의 살에는 촌충이나 회충처럼 사람에게 옮길 수 있는 기생충도 많습니다. 과

일과 채소는 날로 먹어도 괜찮지만, 날고기라면 좀 곤란합니다. 물론 특정 고기를 먹지 말라는 금기가 미생물과 기생충에 대한 과학적 지식에 기초한 것은 아닙니다. 그러나 그 금기를 지키는 것은 음식 때문에 탈이 나거나 병에 걸려 죽을 확률을 줄이는 데 도움이 될 수 있습니다.

음식문화와 조리법

식재료에 대한 금기만이 아니라 조리법도 음식문화의 특징을 구성하는 중요한 요소입니다. 조리법이란 자연상태로는 먹기 어려운 것을 섭취하기 좋게 만드는 기술입니다. 대개 불이 사용되고 각종 첨가물과 향신료가 사용됩니다. 잘 조리된 음식은 맛도 좋습니다. 왜 그럴까요? 조리법이 먹거리를 더 맛있게 해주기 때문이라는 말은 동어반복입니다. 입맛은 사람마다 다를 수 있지만, 대개는 비슷비슷합니다. 날것을 좋아하는 사람보다 조리된 음식을 맛있게 느끼는 사람이 더 많습니다. 진화의 관점에서 볼 때, 대부분의 사람이 조리된 음식을 좋아하는 것은 불로 익히거나 향신료를 첨가한 음식을 맛있게 느끼는 사람이 날것을 좋아하는 사람보다 영양을 쉽게 섭취하면서 감염의 위험을 줄이고 더 건강하게 살 수 있었다는 것을 의미합니다.

그러므로 먹어도 되는 것과 먹으면 안 되는 것을 가려내는 것만큼이나 적절한 방식으로 조리하는 것도 건강한 삶을 위해 매우 중요합니다. 그래서 조리법은 생태환경에 따라 다양한 특징을 갖습니다. 특히 상온에서 부패의 속도가 빠른 더운 지역에서는 세균과 곰팡이를 죽이거나 성장을 억제할 수 있는 조리법이 많이 개발되어 있습니다. 연평균기온이 높은 지역일수록 항균효과를 가진 향신료를 넣는 조리법의 비율이 크게 나타납니다.

물론 음식 금기와 조리법이 오직 질병을 피하기 위한 단일 목적으로 고안된 것은 아닙니다. 그러나 음식 금기와 조리법이라는 문화적 전통과 관습에 인류의 감염병 회피 전략이 반영된 사례는 아주 많습니다. 음식문화만이 아닙니다. 감염병 회피 전략이 사회문화적 수준에서 발현되는 일은 이외에도 얼마든지 있습니다. 전근대사회의 사회적 거리두기, 의례적 관습, 터부에 관해 이야기해보겠습니다.

전근대 한국사회의 사회적 거리두기

코로나-19로 인해 우리는 '사회적 거리두기' 혹은 '생활 속 거리두기'에 동참하는 경험을 갖게 되었습니다. 사회적 거리두기는 소중한 사회적 관계는 유지하면서도 가급적 물리적인 접촉을 피하자는 의미를 포함합니다. 생활 속 거리두기는 사회적 거리두기보다 조금 완화된 조치로서 기본적인 방역수칙을 지키면서 일상을 유지하자는 캠페인입니다. 이 모두가 사회적 관계 자체를 소원하게 하자는 것은 아니기 때문에 '물리적 거리두기'라고 부르는 것이 낫다는 의견도 있습니다.

감염병으로 인해 '사회적'이든 '생활 속'이든 거리두기를 하게 되면 불편한 점이 많습니다. 계획된 일을 진행하지 못하는 경우도 생기고 손해도 입습니다. 그래도 거리두기에 동참하는 것이 감염병의 확산을 저지하는 데 유익합니다. 감염병은 가까이 있거나 접촉하는 사람이 많을수록 더 쉽게 퍼지기 때문입니다.

세균이나 바이러스에 대한 과학적 이해가 없었던 전근대 한국 사회도 이것을 알고 있었습니다. 조선시대의 기록을 볼까요? 세종 14년(1432년) 4월, 서울 도성에서 건물을 관리하고 보수하는 공사가 한창이었을 때 전염병이 크게 유행했습니다. 세종은 급하지 않은 공사를 멈추게 하고 부역자를 집에 돌아가 쉬도록 했습니다. 전염병이 여러 사람이 모인 가운데서 잘 퍼진다는 것을 알고 일종의 '거리두기'를 지시한 것입니다.

그러나 조선은 그 중요한 '거리두기'를 늘 일관되게 시행하지는 못했습니다. 조선을 위협하는 것은 전염병만이 아니었죠. 흉년과 기근에 따른 굶주림도 심각했습니다. 이 두가지 '재앙'에 동시에 맞서는 것은 어려운 과제였습니다. 조선에는 흉년이 들어 백성이 굶어 죽는 상황이 되면 진제장(賑濟場)이라는 배급소를 열어 곡식이나 죽을 무상으로 나눠 주는 제도가 있었습니다. 심한 기아에 시달렸던 세종 19년(1437년)에도 진제장이 운영되었습니다. 굶주린 수많은 사람이 음식을 먹으러 모여들었습니다. 그런데 뜻밖의 상황이 벌어졌습니다. 진제장을 운영하는데도 오히려 백성이 더 많이 죽는 겁니다. 굶주린 백성이 배급소에 왔다가 전염병에 걸린 것이죠. 몰려드는 백성을 집단수용했던 진제장에 전염병이 덮친 것입니다.

세종은 끔찍했던 이 일을 오랫동안 기억합니다. 세종 26년(1444년) 다시 기아가 찾아옵니다. 세종은 과거의 아픈 기억을 이야기하면서 무엇보다 먼저 백성이 한곳에 머무는 일이 없도록 명했습니다. 이번에는 거리두기를 잊는 실수를 범하지 않겠다는 것이죠. 환자나 굶주린 자의 거처를 분산하고, 아픈 사람은 다른 사람과 섞여 지내지 않도록 하며, 한 사람도 죽지 않도록 철저히 돌보라고 지시했습니다.

거리두기는 국가정책이 아니라 관습에 의해 행해지기도 합니다. 신생아와 관련된 전통사회의 관습이 그렇습니다. 전통적으로 우리는 아이가 태어난 집에 가족이 아닌 사람이 찾아와 축하하는 것을 그리 반기지 않습니다. 백일잔치를 할 즈음이나 환대를 받으면서 아기의 얼굴을 볼 수 있었죠. 혹시 모를 감염의 위험에서 아기와 산모를 보호하려는 관습입니다. 한시적으로 행해지는 사회적 거리두기라고 할 수 있습니다.

아이가 태어난 집은 대문 앞에 새끼줄을 느슨하게 쳐서 외부인이 출입을 삼가도록 했습니다. 새끼줄은 보통 짚을 오른쪽으로 꼬아서 만드는데, 이때 사용하는 새끼줄은 특별히 왼쪽으로 꼬아 만든 것입니다. 새끼줄에는 드문드문 숯조각을 꽂는데, 아들인지 딸

『조선왕조실록』 세종 26년(1444) 3월 16일자 기록에 나타난 조선시대의 방역. 한성부(漢城府)에 전지하기를, "정사년(1437)에 주린 백성으로서 서울 도성에 몰려들어 사는 자를 한곳에 모아서 구제하였더니, 주린 자들이 대부분 배불리 먹어 거의 살아났으나, 여름이 되매 병에 걸리고 곧 서로 전염되어 마침내 사망한 자가 자못 많았다. 이제 만약 주린 백성을 한곳에 모두 모이게 한다면 폐단이 도로 전과 같을까 참으로 염려되니, 마땅히 동·서 활인원(東西活人院)이나 각 진제장에 나누어 거처하게 하여 곡진하게 진휼을 더하고, 질병을 얻은 자는 다른 사람과 섞여 살게 하지 말고, 본부 낭청(本府郞廳)과 오부 관리(五部官吏)가 고찰(考察)을 나누어 맡아서 의료(醫療)하는 방책을 소홀하게 하지 말도록 하라. 만일 한 사람이라도 죽게 되면 죄주고 용서하지 않겠다" 하였다.

인지에 따라 빨간 고추나 솔가지를 함께 꽂기도 했습니다. '금줄'이라고 불렀죠. 이런 금줄이 쳐진 집에는 설사 가족이라고 해도 분가하여 따로 사는 가족이라면 출입을 피하는 관습이 있었습니다. 금줄은 대개 21일이나 49일 정도 쳐두었다가 거두었지만, 보통은 더 오래도록 격리했습니다. 아이가 태어난 지 100일이 안 된 집에는 가급적 방문하지 않는 것이 상례였죠. 이를 어기면 "부정 탄다" 혹은 "삼신할머니가 노한다"고 했습니다. 얻게 되는 효과는 사회적 거리두기의 경우와 다르지 않습니다. 감염 예방입니다.

금줄은 장을 새로 담은 항아리에도 쳤습니다. 가까이 다가서지 말라는 표시입니다. 장이 제대로 발효되려면 불필요한 세균이나 곰팡이가 자라지 않도록 청결을 유지해야 했던 것이죠. 물론 당시 사람이 장을 담글 때 어떤 미생물이 작용하는지를 알았을 리 없습니다. 많은 실패와 시행착오를 겪으면서 좋은 장을 만드는 나름의 경험적인 행동규칙을 발견한 것입니다. 새 장을 담은 항아리로부터 일정 기간 물리적으로 거리를 두었을 때가 그렇게 하지 않았을 때보다 결과가 좋았던 것이죠. 두고두고 먹어야 하는 장인데 잘못 만들면 가족들의 건강에 탈이 나기도 했겠죠. 아이가 새로 태어나거나 오래 두고 먹을 음식을 새로 만드는 것, 이렇게 중요한 일일수록 경험적 행동규칙을 엄격하게 적용하게 됩니다.

엄격한 의례와 관습

행동규칙에 대한 언급을 시작한 김에 '의례'(ritual)에 관한 이야기를 좀더 해보겠습니다. 의례는 명확하게 정의되는 개념은 아닙니다. 비슷하지만 성격이 다른 다양한 놀이가 '게임'이라는 범주로 이야기될 수 있듯이 의례도 일종의 가족 유사성(family resemblance)에 의해 소통되는 범주입니다. 즉, 게임이라는 개념과 마찬가지로 의례라는 개념을 정의하는 본질적 특징은 아예 존재하지 않습니다. 너무 어려운가요?

의례는 행동의 흐름을 체계화하는 특별한 방식입니다. 몇가지 흥미로운 특징을 갖습니다. 첫째, 목표와 효과가 명백한 행동이 아닙니다. 둘째, 똑같은 행위, 몸짓, 말을 반복합니다. 셋째, 질서를 추구하고 경계를 세우는 데 집중합니다. 넷째, 깨끗함과 위험에 집중합니다. 이러한 의례적 행동은 전세계 어디서든 관찰될 뿐만 아니라 삶의 매우 다양한 국면에서 다채롭게 행해집니다. 종교만이 아니라 결혼, 죽음, 교육, 정치, 사업, 군대, 심지어 스포츠에도 의례적 행위가 개입합니다. 의례는 보편적인 인간행동입니다.

의례는 오랫동안 종교학과 문화인류학에서 매우 인기 있는 주제였습니다. 특히 낯선 문화권의 현지 조사를 통해 만나는 의례는 연구자의 이목을 끌기에 충분히 흥미로운 것이었습니다. 자연스럽게 20세기의 의례 연구자는 대개 특정한 의례의 형식 및 절차가 지닌 사회적 기능이나 상징적 의미를 분석하고 해석하는 데 집중했습니다. 점점 더 많은 연구가 축적되면서 의례에 해당하는 인간행동이 전세계의 모든 문화에서 발견되는 보편적인 현상이라는 사실을 알게 되었습니다. 그러나 무엇이 인류로 하여금 이런 의례적 행동을 하게 했는지에 대해 밝혀진 것은 많지 않습니다.

최근 들어서야 이 보편적인 인간행동을 일으키는 심리적 메커니즘과 그 진화적 기원에 관심을 기울이기 시작했습니다. 파스칼 보이어(Pascal Boyer)라는 인지종교학자는 다음과 같이 말합니다.

진화는 특정한 행동을 창조하지 않는다. 진화는 사람을 특수한 방식으로 행동하게 하는 마음의 구조를 창조한다.[*]

그렇다면 인간으로 하여금 의례라는 특정한 행동을 하게 하는 마음의 구조란 어떤 것일까요?

이 문제에 바로 답변하기는 어렵습니다. 왜냐하면 인간의 뇌/마음에 '의례적 기질'(ritualistic disposition)이나 '의례체계'(ritual system)가 존재한다는 증거는 없기 때문입니다. 의례적 행동을 가능하게 하는 마음의 구조는 '의례'를 위해 진화한 것이 아닐 수도 있습니다. 다른 적응적 문제를 해결하기 위해 진화한 적응적 기질이 의례라는 특정한 방식의 행동에도 영향을 미치고 있는 것인지

----

[*] Pascal Boyer, *Religion Explained: The Evolutionary Origins of Religious Thought*, Basic Books 2002, 234면.

도 모릅니다.

몇몇 연구자는 의례적 행동이 포식자의 공격이나 질병의 감염과 같은 잠재적인 위험을 경계하는 일종의 '경계-예방체계'(vigilance-precaution system)와 상관성이 있다고 말합니다. 이 예방체계는 위험에 대한 약간의 단서를 지각하는 것만으로도 예민하게 활성화되도록 진화된 심리적 장치입니다. 감염병 회피 전략도 이런 예방체계의 활성화가 필요합니다. 그러나 너무 과도하게 활성화되는 경우에는 강박행동이 나타나기도 합니다. 실제로 대뇌기저핵(basal ganglia)과 안와전두피질(orbitofrontal cortex) 등의 신경인지체계에 이상이 있는 강박장애 환자는 씻기, 닦기, 환경에 대한 지속적인 관찰과 정리 등에 지나치게 집중하는 경향이 있습니다. 특정한 행동을 엄격하게 그리고 반복적으로 할 것을 요구하는 의례의 많은 부분이 강박행동과 비슷한 측면이 있는 것은 우연이 아닐 겁니다. 의례는 인류가 지닌 경계-예방체계와 감염병 회피 전략의 활성화와 관련된 행동일지도 모릅니다.

이슬람교에서 무슬림이 행하는 우두(al-wuḍū')를 예로 들어봅시다. 우두란 이슬람교에서 예배 전에 몸을 물로 씻는 의례적 실천입니다. 손을 손목까지 세번 씻고, 입을 물로 세번 헹구고, 콧구멍으로 물을 들이켜 세번 씻고, 얼굴을 양손으로 세번 씻고, 오른팔을 팔꿈치 끝까지 세번 씻고, 왼팔을 같은 식으로 씻고, 손에 물을 적셔 머리를 한번 닦아내고, 젖은 손의 집게손가락으로 귀 안쪽을 그리고 엄지손가락으로 귀 바깥쪽을 닦고, 손에 물을 적셔 목둘레

터키 이스탄불의 쉴레이마니예 모스크에서 우두를 하는 사람들. 우두는 이슬람교에서 예배 전에 몸을 물로 씻는 의례적 실천을 말한다.

를 닦고, 양발을 오른발부터 발목까지 세번 씻습니다. 만약 소변, 대변, 방귀 등 생리적 배설을 하거나, 신체에서 피나 고름이 나오거나, 구토하거나, 잠이 들거나, 마약이나 술을 하거나 하면 우두는 무효가 되므로 다시 해야 합니다. 만약 병중이거나 물을 접하면 안 되는 경우, 충분한 양의 물이 없는 경우, 물을 사용하는 일이 해롭거나 병을 유발할 가능성이 있는 경우, 또는 우두를 하는 동안 장례예배나 큰 축제의 집회를 놓치게 될 경우에는 물 대신 깨끗한 흙이나 모래 혹은 돌을 가지고 약식으로 몸을 닦는 '타이야뭄'이 허용됩니다.

신을 예배하기 위해 몸과 마음을 깨끗이 할 필요가 있다는 것입니다. 그러나 이 의례에서 중요한 것은 실제로 얼마나 깨끗하게 씻느냐가 아니라 절차와 규범을 얼마나 완전하게 지키느냐 하는 것입니다. 신체의 구석구석을 모두 물로 세번씩 씻는 것은 청결과 위생을 위한 것이라기에는 과도해 보입니다. 물이 없으면 흙으로 대신 몸을 닦는 시늉을 하는 것은 더 이상합니다. 더 더러워질 것 같은데요. 의례적 실천의 목표와 기능은 대개 모호합니다. 그런데도 무슬림은 이 의례에 참여하는 것이 옳다고 느낍니다. 인간이 가지고 있는 경계-예방체계와 감염병 회피 전략의 활성화와 관련된 행동이기 때문입니다.

죽음 의례

많은 의례가 행동면역체계의 활성화와 밀접한 관련을 갖지만, 감염병 회피 전략을 더 직접적으로 구현하는 의례도 있습니다. 사람이 죽으면 하는 의례가 그렇습니다. 우리나라에서는 보통 '장례(葬禮)'라고 부릅니다. 장례는 세분된 절차로 이루어지며 각 절차는 엄격하게 완수되어야 하는 특정한 행동규칙으로 이루어져 있습니다. 장례는 망자의 죽음을 공식화하여 사회적 관계를 정리하고, 유족을 위로하는 과정입니다. 그러나 장례의 가장 기본적인 기능은 엉뚱한 곳에 따로 있을지도 모릅니다. 부패하는 시신을 안전하게 처리하여 혹시 모를 질병 감염의 위험에서 살아 있는 사람을 보호하는 것입니다.

시신을 처리하는 집단행동은 세계 어디에나 있습니다. 생활환경 근처에서 시신을 보거나 냄새 맡거나 만지지 않으려는 경향이 반영된 보편적인 행동이라고 할 수 있습니다. 그런데 시신을 처리하는 방법은 하나가 아닙니다. 망자가 속한 공동체의 자연환경, 문화적 관습, 종교 등에 따라 다양한 장법(葬法)이 있습니다. 매장(埋葬), 화장(火葬), 수장(水葬), 조장(鳥葬), 세골장(洗骨葬), 자연장(自然葬) 등이 널리 알려져 있으며, 각 공동체의 문화적 관습과 법령에 따라 허용되는 범위가 다릅니다.

매장이란 시신을 땅에 묻는 것을 말합니다. 시신을 그냥 내버려두는 것을 제외한다면, 인류의 가장 오래되고 보편적인 장법이라고 합니다. 매장을 하면 땅속의 생물과 미생물이 시신을 분해합니다. 시신이 부패하는 역겨운 모습과 냄새를 접하지 않아도 된다는 장점이 있습니다. 관의 재질이나 봉분의 크기에 따라 달라지기는 하지만 비교적 적은 비용으로 시신을 처리할 수 있는 방법이기도 합니다. 그래서 매장은 세계적으로 널리 선호되는 장법이 되었습니다. 그러나 시신을 묻을 땅이 점점 부족해져가는 현대사회에서는 그 사회적 비용이 점점 비싸지고 있죠.

시신을 태우기도 합니다. 화장입니다. 불을 사용하는 인위적인 방법으로 시신에서 살과 체액이 분해되어 뼈만 남게 되는 시간을 최대한 단축하는 방법이라고 할 수 있습니다. 인도처럼 시신이 쉽게 부패하는 고온다습한 지역에서 전통적인 장법으로 선호되어온 이유입니다. 인도에서 시작된 종교 전통인 불교에서도 흔히 화장을 합니다. 스님이 입적하면 치르는 다비(茶毘)의식입니다. 그런데 망자의 시신을 태워 백골만 남기기는 쉽지 않습니다. 과거에는 보통 나무로 불을 지펴 화장했는데, 충분한 화력을 확보하려면 비용이 많이 들었습니다. 그래서 매우 존경받았던 스님이 아니라면 제대로 된 다비를 받기 어려웠다고 합니다.

그러나 현대사회에서 화장은 특정 지역이나 종교, 혹은 특별한 사람에게 국한된 장법이 아닙니다. 과거만큼 비용이 많이 들지도 않습니다. 매장보다 저렴합니다. 많은 나라에서 화장시설을 구축해서 적극적으로 권장하고 있습니다. 자발적으로 화장을 선택하는 사람도 꾸준히 늘고 있습니다. 한국도 마찬가지입니다. 과거에는 매장을 선호했지만, 이제는 화장하는 비율이 크게 늘었습니다. 2018년 한해 동안 행해진 장례에서 화장의 비율은 무려 84.6퍼센트에 달합니다.

수장은 시신을 물속에 잠그는 장법을 가리킵니다. 수중 생물과 미생물이 시신을 분해합니다. 해양 민족이나 뱃사람들의 장례로 알려져 있습니다. 현대사회에 일반화된 장법은 아니지만, 간혹 지금도 행해지곤 합니다. 2012년에 미국 해군장병이 우주비행사 닐 암스트롱(Neil Armstrong)의 화장한 유해를 수장하는 장면이 보도된 적이 있습니다. 한국에서 수장은 흔하지 않습니다. 역사적으로도 그렇습니다. 경상북도 감포 바다에 가면 신라 문무왕의 시신을 수장한 장소라고 알려진 바위섬이 있지만, 아주 특수한 사례입니다. 일반법적으로 어렵습니다. 현행법은 수장을 엄격하게 제한하여 일반인에게는 허용하지 않습니다. 물론 시신의 부패와 질병의 전염이 염려되는 경우는 예외입니다. 가령 배를 타고 장기간 항해하는 중에 사망한 자가 있으면 국토해양부령에 따라 선장이 시신을 수장할 수 있습니다.

조장은 망자의 시신을 새에게 먹이로 주는 장법입니다. 우리나라에서는 행해지지 않았습니다. 티베트의 고원지대처럼 기온이 낮고 건조한 곳에서는 시신의 부패가 느리게 진행되기 때문에 이런 장법이 시신처리 방식으로 적합합니다. 조장도 다른 장법과 마찬가지로 생활환경 속에 시신을 오래 두지 않고 신속하게 처리하는 방법이라고 할 수 있습니다. 망자의 시신이 높은 산에 있는 조장터로 옮겨지면 의식을 집전하는 사람이 칼을 이용해 시신을 해체하여 독수리 같은 새가 쉽게 먹을 수 있게 해줍니다. 하늘을 나는 새가 시신을 처리한다는 점에서 '천장(天葬)'이라고도 합니다.

세골장은 시신을 특정한 장소에 안치해놓고 살이 썩으면 뼈만 추려서 다시 안치하는 장법입니다. 두번 장례를 치르게 된다는 점에서 이중장(二重葬) 혹은 복장(複葬)의 일종이라고 하겠습니다. 세골장을 기본 장법으로 하는 지역이 있기는 하지만, 대개 전염병이 돌 때 하는 장법으로 알려져 있습니다. 전염병으로 죽은 사람의 시신은 격식을 갖춰 장사 지내기가 어렵습니다. 감염을 막기 위해서는 최대한 시신과의 접촉을 피해야 해서 염습조차 제대로 하기 힘들죠. 그러면 임시로 초분(草墳)을 조성해 시신을 모셔두었다가 전염병이 사라진 후에 유골을 깨끗이 수습해서 정식으로 장례를 치르는 세골장이 행해지게 됩니다.

최근에는 '자연장'을 하는 사례가 조금씩 늘고 있습니다. 역설적으로 자연장은 그리 '자연'스럽지 않습니다. 우리나라의 법령에 따르면 자연장이란 "화장한 유골의 골분(骨粉)을 수목, 화초, 잔디 등의 밑이나 주변에 묻어 장사하는 것"입니다. 따라서 자연장은 먼저 화장을 한 이후에 다시 매장하는 이중장입니다. 골분을 어디에 묻는가에 따라 수목장, 화초장, 잔디장 등으로 구분해서 부르기도 합니다. 일종의 하이브리드 장법인 만큼 자연장은 화장과 매장의 특징을 다 가지고 있습니다. 화장처럼 시신의 부패를 빠르게 종결하면서도 매장처럼 유족이 고인과 상징적인 상호작용을 할 수 있는 물리적 지표를 장기간 제공합니다.

그밖에도 다양한 장례의 형태가 있습니다. 대개는 시신을 효과적으로 처리하기 위한 문화적 장치입니다. 그 기본적인 기능 이외의 요소는 대부분 하나로 고정되지 않는 '의미의 세계'에 속합니다. 그런데 왜 이런 문화적 장치가 전지구적으로 적합성을 갖게 되었을까요?

죽은 사람의 몸을 보는 것을 즐기는 사람은 거의 없습니다. 자신이 먹고 자고 생활하는 환경 속에서라면 더욱 그렇습니다. 부패해 가는 시신에서 냄새가 나고 벌레와 구더기가 들끓고 체액이 흘러나오는 모습을 보면 대부분의 사람은 강한 역겨움과 공포를 느낍니다. 앞에서 이야기했던 행동면역체계가 작동하는 것입니다. 그래서 모두 그 자리를 피하고 싶어합니다. 그러나 유족과 친지의 마음은 복잡합니다. 시신을 피하고 싶은 마음은 분명하지만 동시에 고인에 대한 평소의 감정과 직관이 유지되기 때문입니다. 여전히 가까운 사람으로 느껴지는 고인이 썩어가는 시신이 되어 누워 있는 것을 보는 것은 충격적이고 역겹고 두렵고 슬픈 일입니다. 아무래도 그냥 내버려둘 수가 없습니다. 무엇을 해야 하는지 정확히 몰라도 뭔가 해야 한다는 당위입니다. 어쩔 줄 모르겠지만 강렬한 정서입니다. 선례와 관습이 절실한 순간입니다.

모든 사람은 언젠가 죽습니다. 따라서 죽음은 반복될 수밖에 없는 사건입니다. 살아남은 사람은 시신을 두고 여러가지 행동을 할 수 있겠지만, 왠지 결과가 좋지 않았던 행동, 즉 감염과 오염에 취약했던 행동은 점점 하지 않게 됩니다. 하나의 집단 내에서 여러 세대를 거쳐 이런 상황이 반복되면 시신을 처리하는 일정한 규칙이 만들어집니다. 각 규칙의 기능과 의미에 대한 이해는 크게 중요하지 않습니다. 시신처리를 일정한 형식과 절차에 따라 정확하게 해야 한다는 느낌이 더 중요합니다. 그렇게만 하면 혹시 모를 감염과 오염의 위험에서 살아 있는 사람과 그 생활환경을 안전하게 지킬 가능성이 높아집니다. 시신처리 방법은 이런 과정을 거쳐서 하나의 의례가 되었을 겁니다.

장례는 강박에 가까운 의무감과 불안한 감정을 유발합니다. 가까운 사람이 죽었는데 장례를 제대로 치르지 못하게 되면 마음이 영 편하지 않습니다. 심지어 도덕적인 죄책감이 듭니다. 기원전 5세기 고대 그리스의 비극시인 소포클레스가 만든 비극 『안티고네』에도 이런 괴로운 심정이 잘 묘사되어 있습니다.

안티고네는 그리스신화에 나오는 테베의 왕 오이디푸스의 딸입니다. 오이디푸스가 스스로 눈을 찔러 실명하고 떠돌이가 되었을 때, 왕자 두명이 왕권을 놓고 경쟁하다가 결국 모두 죽습니다. 그 사이에 왕의 자리를 차지한 삼촌 크레온은 죽은 두명의 왕자 중에서 한명만 성대하게 장례를 치러줍니다. 그리고 다른 한명은 반역자로 몰아 시신을 수습하지 못하게 합니다. 들짐승의 먹이가 되게 내버려두라는 것이죠. 그러나 안티고네는 형제의 시신이 들판에 버려져 있다는 사실을 견디지 못하고 괴로워하다가 왕명을 어기고 시신을 몰래 매장합니다. 결국 그 행동의 댓가로 처벌을 받습니다.

안티고네는 왜 형제의 시신을 묻었을까요? '그래야만 했기' 때문입니다. 당위가 먼저입니다. 시신을 위해 뭔가 하지 않으면 불안하고 괴롭습니다. 직관과 감정이 앞서는 것이죠. 적절한 이유는 그 다음입니다. 그것이 바로 인류가 지닌 행동면역체계의 감염병 회피 전략이 작동하는 방식과 같습니다.

성적 터부의 강렬함

모든 문화권에는 성행동과 관련한 금기가 있습니다. 성적 터부입니다. 정상적인 성행동에 대한 규범적인 믿음이 있고 그것을 벗어나는 성행동은 비인간적인 것으로, 도덕적으로 잘못된 것으로 생각합니다. 「레위기」에는 월경기간의 섹스, 간통이나 강간, 남성간의 섹스, 짐승과의 섹스, 근친상간 등을 금하는 규정이 등장합니다. 이러한 금기는 신의 명령입니다. 모든 문화의 성적 금기가 같은 내용과 기준을 가지고 있는 것은 아니지만, 성적 금기를 위반한 행동에 대한 정서적 반응은 비슷합니다. 역겨움과 경멸, 즉 혐오입니다.

성적 터부의 존재만이 아니라 금기의 위반에 대한 혐오가 세계적으로 널리 나타난다는 사실은 무엇을 말해줄까요? 성적 터부도 보편적인 행동면역체계에 기초를 두고 있는 문화일 가능성이 있습니다. 행동면역체계가 성적 금기의 형성에 큰 영향을 미치게 된 것은 성적 접촉이 질병 전파의 중요한 경로이기 때문입니다.

인류는 짝짓기를 통해 유성생식을 하는 동물입니다. 유성생식을 하는 생물종이 갖는 진화적 이점은 아주 큽니다. 가장 좋은 점은 유전자 다양성을 확보할 수 있다는 거죠. 자신과 다른 다양한 유전자를 지닌 후손을 많이 얻을 수 있다면, 환경이 혹독하게 변해서 살기 어려운 지경에 이르더라도 멸종하지 않을 가능성이 있습니다. 해로운 유전자가 누적되는 것도 피할 수 있죠. 변화된 환경에 상대적으로 잘 적응하는 형질을 지닌 후손이 태어나 살아남을 수 있습니다.

그러나 유성생식이 무성생식보다 손해가 되는 점도 있습니다. 유성생식의 비용입니다. 누구나 이왕이면 유전적으로 뛰어난 파트너를 구하려고 합니다. 경쟁이 치열해집니다. 경쟁자가 많은 상황에서는 파트너를 구하는 게 쉽지 않겠죠. 자칫하면 짝짓기를 할 기회조차 없습니다. 어쩌다가 파트너를 구하더라도 여러가지 위험이 따릅니다. 파트너 사이에서 병이 옮을 수도 있고, 짝짓기에 집중하다가 누군가에게 치명적인 공격을 당할 수도 있습니다. 게다가 이렇게 큰 부담을 안고 짝짓기에 성공해 자식을 갖게 되더라도 자기 유전자가 자식에게 50퍼센트밖에 전달되지 않기 때문에 '이기적'인 유전자의 관점에서 보면 무성생식을 하는 것보다 그만큼 손해일지도 모릅니다.

그래서 유성생식을 하는 생물종은 짝짓기에 따르는 위험과 비용을 최대한 줄여야 합니다. 무엇보다 감염의 위험을 줄이고 포식자와 경쟁자의 공격을 피할 수 있어야 하는 거죠. 인간의 짝짓기도 마찬가지입니다. 인류문화 속에 성적 행동에 대한 갖가지 강력한 규범과 금기가 만들어지게 된 것도 이런 어려움 때문입니다.

성적 규범과 금기의 많은 부분이 오염과 감염의 이미지와 대결하는 것은 우연이 아닙니다. 특히 과거 환경에서는 어떤 성적 행동이 피, 분비물, 배설물 등 오염이나 감염을 환기하는 약간의 단서와 관련되기만 해도 역겨움을 느끼고 피하는 것이 적응적인 전략이었습니다. 만약 감염의 위험이 큰 성행동을 하면서도 역겨움을 잘 느끼지 않는 사람이 있다면, 강제로 금기와 처벌을 통해 통제하는 것이 효과적이었겠죠. 많은 문화권에서 수간(獸姦)을 금하고, 혼전순결을 강조하며, 간통과 강간을 금지하고 처벌하는 규범이 나타나게 됩니다. 규범을 만든 사람이, 누구 한명이 만든 것은 아니지만, 직접적으로 성 전파성 질환의 감염 가능성을 계산하여 만든 것은 아닙니다. 그러나 점점 금기가 정교해지면서, 결과적으로 인수공통감염병과 성 전파성 질환의 위험을 피하는 데 도움이 되었을 것입니다.

8장

병원체를
피하는 마음과
사회적 혐오

2009년 미국 라이프타임 채널에서 방영되었던 「바비를 위한 기도」(Prayers for Bobby)라는 TV 영화가 있습니다. 실화를 바탕으로 한 작품인데 한국에도 소개된 적이 있죠. 바비는 여성보다 남성에게 마음이 끌리는 소년입니다. 그런데 바비의 가족은 개신교 신자입니다. 어머니는 아주 독실한 신앙인입니다. 동성애가 죄악이라는 종교의 가르침에 귀를 기울였던 어머니는 아들이 동성애자라는 것을 알고 대경실색합니다. 어머니는 바비를 '전문가'에게 보내 이른바 '전환치료'를 억지로 받게 합니다. 아주 무지막지한 치료였죠. 효과는 없었습니다. 죽도록 괴롭고, 아주 외로워집니다. 결국 바비는 스스로 목숨을 끊습니다. 시간이 흘러 바비의 어머니는 아들의 심정을 이해하기 시작합니다. 다른 교회 목사의 도움과 성소수자 부모 모임을 통해서 바비에게 얼마나 큰 잘못을 저질렀는지 깨닫게 됩니다.

인상적이었던 한 장면이 있습니다. 바비의 장례식 날, 조문객과 바비의 가족이 만나는 장면입니다. 조문객 중에는 바비와 친하게 지내던 동성애자 친구가 있었습니다. 바비의 어머니에게 조문하면서 악수를 하고, 음식을 담았던 식기를 돌려줍니다. 그런데 그가 돌아서 나가자 바비의 어머니는 곧바로 물건을 쓰레기통에 버리고 악수했던 손을 비누로 박박 씻습니다. 마치 끔찍하게 더러운 것이 묻은 것처럼 말이죠.

바비의 어머니는 왜 그랬을까요? 「레위기」에 '동성애자가 쓴 물건은 폐기해라. 동성애자와 손이 닿으면 손을 씻어라' 하는 율법이라도 있는 것일까요? 그럴 리 없습니다. 상대가 동성애자라는 사실 때문에 왠지 더럽고 역겨운 느낌이 들었을 것입니다.

자신의 규범적 판단이 종교적 가르침에 근거를 둔다는 사람이 있습니다. 동성애자를 포함해 누구도 차별하지 말아야 한다는 포괄적 차별금지법안에 '반대'한다는 일부 종교인도 그렇습니다. 성경에서 동성애는 죄로 정하고 있으므로, 자기도 그럴 수밖에 없다는 것이죠. 그런데 정말 그럴까요? 이전에는 동성애에 관한 중립적 판단을 하고 있었는데, 성경을 읽고 난 후에야 '동성애는 죄악이로군'이라고 깨닫게 된 것일까요?

도덕적 판단은 사실 경전을 읽은 후 시작된 것이 아닐지도 모릅니다. 조너선 하이트에 따르면, 사람은 직관과 감정에 따라 규범적인 판단을 먼저 내립니다. 그 이후에 합리적이고 타당한 이유를 찾습니다. 인간의 마음이 작동하는 방식입니다. 종교인도 마찬가지입니다. 먼저 직관과 감정에 따라 도덕적 판단을 내린 후, 그것을 정당화해줄 종교적 근거를 경전에서 찾곤 합니다. 따라서 종교인의 도덕적 판단이 실제로 어떻게 이루어지는지를 알기 위해서는 교리 공부만으론 부족합니다. 인간의 마음속에서 도덕적 판단을 생산해내는 직관과 감정의 프로세스를 이해해야 합니다.

이런 접근은 일부 종교인의 몇몇 사회적 혐오의 '부당함'을 주장하려는 것이 아닙니다. 사실 '혐오하는 사람을 혐오한다'는 말처럼 적실한 말이 없습니다. 우리는 모두 혐오의 심리를 공유합니다. 인류사회에 널리 퍼져 있습니다. 종교인이든 비종교인이든 다르지 않습니다. 인류는 진화된 마음의 보편적 체계를 갖고 있습니다. 이에 관해서는 책을 하나 다시 써도 부족하지만, 여기서는 병원체를 피하기 위한 적응적 전략이 사람 사이에서 나타나는 혐오에 어떤 영향을 끼치고 있는지 살펴보겠습니다.

오염강박이 머릿속에서 일으키는 일

감염이나 오염의 단서를 지각할 때 강력한 역겨움을 느껴 위험을 피하게 해주는 행동면역체계, 이미 여러번 이야기했죠? 행동면역체계는 사물의 형태, 냄새, 맛에 대해서만 작동하는 것이 아닙니다. 사람의 외모나 행동에 대해서도 작동합니다. 낯선 사람에게, 특히 얼굴에 울긋불긋한 반점이 있거나, 좌우대칭이 심하게 어긋나 있거나, 신체장애가 있거나, 전형적이지 않은 성행동을 하는 사람에게 쉽게 호감을 느끼지 못하는 이유입니다. 그런데 종종 감염 위험성이 없는 사람에게도 행동면역체계가 활성화될 수 있습니다. 다음 두가지 요인 때문입니다.

첫째, 진화된 심리기전은 조상의 환경에서 입력되던 고유영역 (proper domain)의 정보만이 아니라 변화된 환경에서 입력되는 현실영역(actual domain)의 정보에도 반응합니다. 조상의 환경에서 갑자기 달려드는 짐승에게 반응하도록 진화한 인지체계가 운동장에서 피구시합을 할 때 날아오는 공에도 반응하고, '증강현실'로 구현된 스포츠게임에서도 반응한다는 거죠. 행동면역체계도 마찬가지입니다. 감염이나 오염의 위험이 있는 대상에 대해서만 작동하는 게 아니라 비슷한 조건만 갖춰지면 사실상 전혀 위험하지 않은 대상에 대해서도 작동하죠. 모니터에 비친 분변을 보고도 역겨워하고, 잉크로 그린 벌레를 보고도 기겁합니다.

둘째, 위험을 감지하는 심리기전이 오류를 범한다면 거짓 음성 (false negative)보다 거짓 양성(false positive)의 오류를 범하는 편이 낫습니다. 즉 위험한 상황을 위험하지 않다고 판단하는 것보다 위험하지 않은 상황을 위험하다고 판단하는 게 손해가 적죠. 둘다 오류지만, 안전을 생각하면 두번째가 더 낫습니다. 행동면역체계도 종종 거짓 양성, 위양성의 오류를 범합니다. 감염 위험이 있다는 약간의 단서만 있어도 역겨움을 느끼도록 진화했습니다. 연기를 조금만 감지해도 알람이 크게 울리도록 설계된 화재경보기처럼 말이죠. 화재경보기의 알람이 울리면 위험 여부를 살피고, 문제가 없는 것이 확인되면 다시 대기상태로 돌려놓으면 됩니다. 똥인 줄 알고 초콜릿을 못 먹는 손해보다, 초콜릿인 줄 알고 똥을 먹는 손해가 더 막심합니다.

문제는 화재경보기의 센서가 너무 다양한 자극에 반응하거나 지나치게 예민한 경우입니다. 그런 경우에는 예상치 못한 상황에서 알람이 울릴 수도 있고 일단 울리기 시작하면 아예 잘 꺼지지 않을 수도 있습니다. 적절한 대책을 세우지 않으면 시도 때도 없이 울리는 화재경보 때문에 괴로워질 겁니다. 행동면역체계는 자연선택에 의해 인류의 머릿속에 장착된 경보장치의 하나입니다. 오염과 감염의 단서에 반응하도록 진화되었죠. 이 장치는 조금 과민하게 세팅이 되어 있어서 가끔 쓸데없이 알람이 울려댑니다. 그러나 그 예민함 덕분에 우리는 실수로 똥을 먹는 일을 피할 수 있었습니다. 그런데 종종 이 경보장치가 너무 과도해집니다. 예쁘게 포장된 초콜릿을 보고도 역겨워지는 것이죠. 오염강박입니다.

오염강박이 있는 사람은 더러운 것에 오염될지도 모른다는 생각에서 벗어나지 못합니다. 더럽다고 느껴지는 신체 일부나 물건을 깨끗이 씻거나 제거하려는 행동을 반복합니다. 다른 사람과 스치거나 어떤 물건에 손이 닿는 것만으로도 무언가에 오염되거나 감염될 것 같아 괴롭고 불안합니다. 거리를 두고 접촉하지 않는 것이

상책이라는 생각이 들지만, 해결책은 아닙니다. 더러워 보이는 것은 어디에나 있으니까요. 짧은 시간 내에 여러번 손을 씻고 몇시간씩 샤워하고 하루에도 몇번씩 청소해야 겨우 불안이 조금 해소됩니다. 하지만 그것도 잠시입니다. 얼마 지나지 않아 다시 불안해집니다. 그런 행동을 다시 반복합니다. 강박사고는 불안을 증폭시키고, 강박행동은 불안을 감소시킵니다. 강박사고를 잠재울 수 없으니, 강박행동이 끊임없이 지속됩니다. 너무 지나치다는 생각이 들고 당장 그만두고 싶지만 좀처럼 그럴 수가 없습니다.

감염병이 크게 유행하는 상황이라면 오염강박이 심해집니다. 오염강박을 자극하는 단서와 정보가 넘쳐나기 때문입니다. 감염병의 위험과 현황을 보도하는 각종 매체에서 온통 더러운 이야기가 쏟아집니다. 오염강박 환자에게는 불난 곳에 기름을 붓는 것과 마찬가지입니다. 강박행동을 직접 부추기는 분위기도 한몫합니다. 방역당국은 모든 시민에게 될 수 있는 대로 손을 자주 씻고, 마스크를 쓸 것을 권고하고, 다른 사람과 접촉하는 것을 최대한 피하라고 합니다. 외과수술 전에 하는 손 씻기 방법은 의대시험에나 나오는 것인데, 이제는 공중화장실에도 붙어 있습니다. 이른바 강박 권하는 사회입니다.

감염병이 돌면 오염강박만이 아니라 타인에 대한 혐오와 배제 같은 사회적 문제도 심해집니다. 모두 행동면역체계의 특징과 관련이 있습니다. 감염병 상황에서는 행동면역체계가 평소보다 훨씬 민감하게 반응하고 그 반응의 대상도 늘어납니다. 한 연구에 의하면,

감염 위험성을 환기하는 정보를 제공하면 감염의 위험이 분명하지 않은 대상도 일단 위험하다고 판단하며 그에 따른 감정적, 인지적, 행동적 반응을 보이는 것으로 나타났습니다. 각종 미디어와 뉴스를 통해 감염병이 심각하게 퍼지고 있다는 정보를 계속 접하게 되는 상황, 벌써 1년째 일기예보처럼 코로나-19 현황이 계속 반복되고 있는 상황입니다. 감염 위험이 거의 없는 대상에 대한 혐오와 배제가 덩달아 증가할 수 있습니다.

감염병이 충동질하는 혐오와 배제

감염병에 걸리지 않으려면 병원체를 멀리하는 것이 상책입니다. 하지만 바이러스나 박테리아 같은 병원체는 인간의 오감으로 지각할 수 있는 대상이 아닙니다. 맨눈으로는 볼 수 없습니다. 인간은 결국 현미경을 발명했지만, 최근의 일입니다. 우리 조상은 병원체를 직접 감지하고 피하는 수단이 없었습니다. 대신 감염과 오염의 단서에 반응하고 간접적으로 병원체를 피할 수 있을 뿐입니다. 피, 고름, 토사물, 배설물이나 그와 비슷한 사물을 멀리합니다. 감염이 의심되는 자, 생김새와 행동이 낯선 외부인을 혐오하고 배제하는 식이죠. 과거 인류 조상에게는 꼭 필요한 적응행동이었습니다.

각종 오염물을 멀리하는 행동은 병원체를 피하는 수단으로서 지금도 꽤 효과적입니다. 콧구멍을 후비다가 바로 그 손가락으로 복강을 절개하는 의사는 분명 허구한 날 의료소송에 시달릴 겁니다. 그러나 어떤 사람의 생김새나 행동이 낯설다는 이유로 혐오하고 배제하는 것은 별로 유효하지 않습니다. 다양한 사람이 함께 살아가는 현대의 글로벌 사회에서는 얻는 것보다 잃는 게 더 많은 행동이죠. 외모로 차별할 것이라면, 차라리 체온계를 들고 다니면서 차별하는 편이 더 과학적입니다. 그러나 현대사회에서 사는 우리의 마음은 그리 현대적이지 못합니다. 도시를 활보하는 원시인이 바로 우리 자신입니다. 과거 조상이 살던 원시시대의 방식을 여전히 고수합니다. 감염병 상황에서 타자에 대한 혐오와 배제가 쉽게 일어나는 것은 그 때문입니다.

우리말에서 혐오(嫌惡)는 매우 싫어하고 미워하는 감정을 가리킵니다. 그런데 현재 한국사회에서 '혐오'는 단지 개인이 느끼는 감정 차원의 문제가 아니라 인권을 둘러싼 폭넓은 담론의 장을 형성하는 용어입니다. 즉 오늘날 편견, 차별, 폭력, 비인간화 등의 문제와 결부된 '혐오'는 단순히 어떤 사물에 대한 느낌을 넘어서 사람들 사이에서 나타나는 복잡한 사회문화적 현상입니다. 여기에는 역겨움, 경멸, 분노, 두려움 등의 정서들, 그리고 그 정서들과 결부된 특징적인 행동들, 그리고 자신의 행동을 정당화하는 다양한 생각이 엉켜 있습니다. 그런 점에서 사회적 이슈로서 '혐오'는 심리학적으로도 매우 복합적인 현상입니다. 이런 현상을 한방에 꿰뚫어 보게 해주는 마법탄환 같은 것은 없을 겁니다.

따라서 '혐오'를 이야기할 때에는 관점에 따라 용어의 범위와 맥락을 한정할 필요가 있습니다. 이 책의 목적을 생각할 때 우리가 이야기하는 '혐오'는 역겨움의 정서와 기피행동에 한정하는 것이 좋겠습니다. 역겨움과 기피는 감염 및 오염의 문제와 직접 관련되어 있을 뿐만 아니라 다양한 사회문화적 현상과 밀접한 상관을 갖기 때문입니다.

세계 곳곳에서 이주민, 성소수자, 장애인, 감염인 등에 대한 혐오가 사회문제로 대두되고 있습니다. 그들이 이미 한 사회의 일원으로서 사는 경우에도 마치 완전한 시민권을 가질 수 없는 존재인 것처럼 취급되거나 배제를 당하기도 합니다. 이런 혐오와 배제가 '도덕적으로' 바람직하다고 주장하는 이는 많지 않습니다. 그러나 혐오와 배제가 나쁘다고 말하고, 건전한 시민의식에 호소하는 것만으로는 부족합니다. 외국인에게 번데기를 먹이려면 엄청난 설득이 필요합니다. 설득 끝에 억지로 입에 번데기를 하나 넣습니다. 그러나 역겨운 느낌마저 없어지려면 오랜 시간이 걸립니다. 쉽지 않습니다. 그에 반해 혐오와 배제는 쉽게 촉발되고 퍼집니다.

감염병이 돌아 불안이 고조되면, 혐오와 배제가 더 심각하게 끓어오릅니다. 감염이나 오염의 작은 단서라도 포착되면 그 사람은 혐오와 배제의 대상이 되기 십상입니다. 특정 집단에 대해 원래 갖고 있던 편견과 불만이 감염병 확산과 관련한 가짜뉴스와 뒤섞여 부글부글 끓어넘칩니다.

코로나-19가 퍼지자 출신지나 인종을 이유로 사람을 혐오하고 배제하는 일이 늘어났습니다. 코로나-19가 중국 우한에서 시작되었다는 이유만으로 아시아인이 부당한 일을 당하는 사건이 속출했죠. 미국, 프랑스, 네덜란드, 핀란드, 호주 등 세계 곳곳에서 아시아인의 외모를 한 사람이 각종 언어적 폭력과 신체적 폭력에 피해를 보는 일이 발생했고, 한국인을 대상으로 한 증오범죄도 자주 일어났습니다.

미국에서 코로나-19 대유행 시기에 발생한 아시아계 미국인에 대한 혐오사건을 신고하는 기관의 인터넷 사이트(Stop AAPI Hate)가 만들어진 것도 그런 상황을 반영합니다. 이 기관에는 2020년 3월 19일부터 5월 13일까지 8주 동안 무려 1900여건의 아시아계 혐오사건이 보고되었습니다. 사건을 유형에 따라 분류해보면, 언어적 괴롭힘 69.3퍼센트, 따돌림 22.4퍼센트, 신체적 폭행 8.1퍼센트, 침 뱉기와 기침하기 6.6퍼센트 등으로 나타났습니다.

인도에서는 평소에도 늘 문제가 되었던 힌두교도의 무슬림 혐오가 코로나-19와 관련된 가짜뉴스를 타고 극도로 심해졌습니다. 2020년 3월 1일부터 20일간 열린 무슬림의 종교집회로 인해 4000명이 넘는 사람이 신종 코로나바이러스에 감염된 것이 밝혀진 즈음의 일입니다. 코로나-19에 감염된 무슬림이 일부러 바이러스를 퍼뜨리고 다닌다는 소문이 흉흉하게 퍼지기 시작했습니다. 무슬림이 격리시설의 보건인력에 침을 뱉고 코를 풀어 병을 옮기려고 했다든지, 무슬림이 자신을 숙주로 삼아 바이러스를 퍼뜨리기 위해 주사기로 바이러스를 몸에 주입했다고 하는 가짜뉴스가 나오기도 했습니다.

한국에서도 감염병 상황에서 여러가지 혐오이슈가 발생했습니다. 국내에 들어와 있는 중국동포 집단에 대한 편견의 문제도 빼놓을 수 없습니다. 중국 출신의 이주민에 대한 혐오는 코로나-19 확산 초기부터 종종 문제가 되었지만, 중국동포가 많이 모여 사는 특정 지역에서 확진자가 나온 것을 계기로 몇몇 온라인 커뮤니티를 중심으로 다시 심각해졌다고 합니다. 또 한국은 성소수자에 대한 혐오와 배제도 무척 심한 편인데, 성소수자가 많이 이용하는 클럽에서 감염된 환자가 나오면서 더욱더 심해지고 있습니다. 평소 개신교를 싫어하던 이는 모든 개신교인을 도매금으로 묶어 욕합니다. 반대로 일부 개신교인은 스스로 이러한 혐오대열에 동참하고 있습니다.

모두가 모두를 혐오합니다. '나' 말고는 다 더럽답니다. 점점 심각해지는 감염병 상황에 부닥치면 모두 불안합니다. 누가 감염자인지 아닌지 모르는 상황입니다. 약간의 부정적 단서만 있어도, 금세 역겨워집니다. 서로를 의심하기 쉽습니다. 감염병 유행에 원인 제공자라고 지목되면, 자세히 알아보지도 않고 삿대질을 하고 눈을 흘깁니다. 강력한 처벌, 엄격한 법 집행을 요구하는 목소리가 터져 나옵니다. 성이 차지 않으면 사적 제재에 나섭니다. 악순환의 고리는 점점 가속화됩니다. 고리를 끊지 않으면 끔찍한 비극이 발생합니다. 과거의 역사 속에서 이미 무수하게 겪어온 일입니다.

건강한 위생행동과 부적응적 혐오의 미묘한 경계

손 씻기는 건강에 좋은 행동입니다. 세계보건기구는 매년 5월 5일을 '손 위생의 날'(Hand Hygiene Day)로 지정해 세계인들에게 손 위생의 중요성을 홍보하고 있습니다. 특히 감염병 상황에서는 병원체의 확산을 억제하기 위한 가장 기본적인 행동 지침으로 손 씻기가 권고됩니다. 손은 생각날 때마다 '자주 꼼꼼히' 씻는 것이 좋습니다.

손 씻기는 이로운 위생행동이지만, 좀처럼 버릇이 들지 않습니다. 보건당국의 꾸준한 캠페인이 필요한 이유죠. 사실 현대인이 일상에서 손을 충분히 '자주 꼼꼼히' 씻지 않는 것은 다 '조상 탓'입니다. 진화적 적응 환경에서 살던 인류의 조상은 손 씻기 유전자를 우리에게 물려주지 못했습니다. 비누도 물려주지 않았죠. 물론 과거에도 손 씻기가 더러움을 제거하는 행동이라는 것을 모르지는 않았습니다. 그러니까 손을 씻어 부정(不淨)을 제거하는 의례적 관습도 만들어졌겠죠. 그러나 그런 관습은 눈에 보이지 않는 미생물 병원체를 염두에 둔 것은 아니었습니다. 인류가 위생행동으로서 손 씻기의 중요성을 과학적으로 진지하게 받아들이기 시작한 것은 그리 오래된 일이 아닙니다.

하지만 건강에 도움이 되는 행동이라도 너무 지나치면 문제가 될 수 있습니다. 방금 손을 꼼꼼히 씻었는데 곧 다시 씻어야 할 만큼 불안해서 견딜 수 없다면, 그리고 이런 일이 계속 반복되거나 지속한다면 괴로운 일입니다. 심지어 감염병이 유행하는 상황도 아닌데 늘 그렇다면 더 좋지 않습니다. 과도한 손 씻기 때문에 손의 피부가 상하고 일상생활에 부정적인 영향이 생길 수 있죠. 어떤 환자는 하루에 수천번 손을 씻다가 손에 피가 철철 나는 상태로 병원에 왔습니다. 오히려 감염에 취약해집니다. 그래도 계속 '손을 씻고 싶다'는 겁니다.

한편 같은 행동도 환경에 따라 효용과 가치가 달라질 수 있습니다. 오랜 옛날에는 어느 정도 효과적이었던 위생행동이 지금의 환경에서는 오히려 부적응적 행동이 되는 경우도 있습니다. 예를 들어 과거에는 생김새와 행동이 낯설고 전형적이지 않은 외부인을 일단 피하고 보는 것이 미지의 질병에 걸릴 위험을 줄이는 괜찮은 수단이 될 수 있었습니다. 가족과 친족을 중심으로 비교적 작은 집단을 이루어 살던 시대의 직관적인 위생행동이라고 할 수 있습니다. 눈에 보이지 않는 병원체에 대한 이해, 병리학적 지식, 역학조사 방법이 없었을 때니 달리 다른 방책도 없었겠죠. 그러나 현대사회에서 그렇게 사는 것은 시대착오적입니다. 오늘날에는 이미 서로 다른 외모와 문화를 지닌 사람이 일상적으로 교류하고 심지어 함께 어울려 사는 세상이 되어 있을 뿐만 아니라, 각종 감염병에 효과적으로 대응할 수 있는 과학적 지식이 계속 발전하고 있습니다.

하지만 현대인의 마음이 작동하는 방식은 그리 현대적이지 않은 것 같습니다. 지금도 우리의 직관은 생김새와 행동이 이상하게 보이는 사람에 대한 경계와 혐오에서 자유롭지 않습니다. 현대인의 마음속에는 여전히 구석기시대 조상으로부터 물려받은 행동면역체계가 활발히 작동하고 있기 때문입니다.

행동면역체계는 오염과 감염을 암시하는 단서, 즉 오감의 자극에 역겨움으로 반응해 위험을 피하게 해주는 직관적인 예방시스템입니다. 냄새, 모양, 색깔 등이 배설물을 연상시키는 사물을 접할 때나 병에 걸린 것처럼 깡마르고 기침을 하는 사람을 대할 때 활성화되죠. 위험한 대상이 확실한 경우만이 아니라 비슷한 느낌만 들면 실제로 감염의 위험이 없어도 활성화됩니다. 즉 이 시스템은 광범위하게 작동하고 민감하게 작동하지만, 정확성은 조금 떨어집니다. 연구에 의하면 행동면역체계는 새롭고 위험 여부가 모호한 대상을 접할 때 거짓 양성의 오류를 범하는 경향이 있습니다. 심지어 구석기시대 조상이 좀처럼 볼 기회가 없었을 외국인이나 비만인에 대해서도 이 시스템이 작동하는 것으로 보입니다. 오늘날 현대인이 경험하는 이주민, 성소수자, 장애인, 감염인 등에 관한 혐오와 배제의 문제도 이와 무관하지 않습니다. 그렇다면 오늘날 사회적 소수자가 겪는 혐오와 배제가 끊이지 않는 것도 다 '조상 탓'이라고 해야 할지도 모릅니다.

조상이 물려준 기질을 생각하면 특별한 경우에만 손을 씻는 것이 자연스럽고 사회적 소수자를 혐오하고 배제하는 것도 자연스럽습니다. 그러나 자연스러운 것과 바람직한 것은 다른 것입니다. 우리 조상은 당시의 생태환경에 잘 맞춰 살았습니다. 구석기인에게

'위 아 더 월드'(We Are The World)를 강요하면 이상한 일이죠. 수렵채집부족에게 '세계'란 종종 그들 부족의 영역만을 뜻하고, '사람'이란 그들 부족원을 말하는 용어입니다. 그러나 현대인은 오늘의 사회와 환경에 맞춰 살아야 합니다. 세계를 누비는 외교관의 마음이 온통 외국인 혐오로 가득하다면 이상한 일입니다. 우리는 전근대 시절의 외교관보다 외국인을 훨씬 자주 만나고, 외국 문물을 더 많이 접합니다. 우리가 쓰는 물건, 먹는 음식, 입는 옷… 대부분 외국에서 건너왔습니다. 원시인으로 살겠다고 고집하는 것이 아니라면, 언제까지나 조상 탓만 하고 있을 수는 없습니다.

감염병이 유행하면 위생행동의 중요성이 커집니다. 우리 마음도 오염과 감염의 가능성을 감지하는 데 한층 더 민감해집니다. 평소보다 조금 강박적일 만큼 손을 자주 씻게 되고 왠지 병을 옮길 것 같은 낯선 사람과 대면하고 싶지 않게 됩니다. 감염병의 확산을 억제하는 데 도움이 되는 반응입니다. 그러다보면 필요 이상의 혐오감에 자신과 타인을 괴롭게 하는 일이 벌어질 수도 있습니다. 얻는 것보다 잃는 것이 더 많아질 수도 있습니다.

물론 진화된 심리기전에 의해 발휘되는 직관의 수준에서는 건강한 위생행동과 부적응적 혐오 사이에 명백한 구분 선을 그을 수 없습니다. 천연두는 가장 오랫동안 인류를 위협한 감염병의 하나지만 지금은 사라졌습니다. 백신 덕분입니다. 그러나 처음에는 많은 사람이 백신 접종을 거부했습니다. 감염병의 병원체를 몸에 주입해 넣는다는 것은 직관적으로 혐오스러운 일이었기 때문입니다. 과거의 '백신'과 현대의 '백신'이 충돌하는 것입니다. 직관은 위생과 혐오 사이에서 길을 잃을 수 있습니다. 보이지 않는 바이러스를 통제하고 감염병으로부터 건강을 지키려면 이러한 직관의 제약을 슬기롭게 넘어설 수 있어야 합니다.

9장

전쟁
혹은
공생

'코로나 전쟁', '야전병원', '보이지 않는 적과의 3차대전'. 코로나-19 관련 기사에서 흔히 찾아볼 수 있는 표현입니다. 우리나라만 그런 것이 아닙니다. 'winning the corona war'(코로나 전쟁에서 승리하기), 'corona warrior'(코로나 전사), 'corona battle'(코로나 전투) 등의 머리를 단 기사가 가득하죠.

　감염병이 유행하면 곧 전쟁이 시작됩니다. 의료진은 '참전'하고, 물자는 '징발'되며, 마스크는 '배급'됩니다. '본부'를 차리고 '전투를 지휘'합니다. 곳곳에서 검문검색, 아니 검역이 시행됩니다. 출입국을 금지하고, 통행금지령이 내려집니다. 지시에 불응하면 체포됩니다.

　감염병과의 전쟁이라는 유비는 역사가 깊습니다. 감염학자나 면역학자가 군장교 출신인지는 모르겠지만, 의학교과서를 들춰 보면 마치 전쟁 다큐멘터리를 보는 것 같습니다. 병균이 '침입'하면, 면역세포가 '출동'합니다. '공격'받은 세포는 '방어'물질을 내보내죠. '패배'한 세포는 감염체의 '거점'이 되고, 백혈구는 '자살공격'에 돌입합니다. 병원균과 숙주는 점차 '군비경쟁'을 벌이며 공격무기와 방어무기를 진화시킵니다.

이해를 돕기 위해 쓴 용어지만 오해도 많이 낳았습니다. 전쟁이란 인간사회와 일부 영장류에서 관찰되는 종 내 경쟁의 한종류입니다. 그런데 감염균과 인간은 서로 종이 다릅니다. 강력한 은유가 과학적 실체를 덮어버렸습니다. '좋은 균'이나 '적당한 감염'이라는 개념은 전쟁의 은유 속에서는 도무지 이해하기 어려워졌습니다. 원래 전쟁이란 그런 것이죠. 좋은 적군도 없고, 적당히 침략을 허용할 수도 없습니다.

분명 감염병은 전쟁이 아닙니다. 굳이 전쟁이라고 한다면 도무지 답하기 어려운 질문이 있습니다. 과연 적군은 무엇을 위해 전쟁을 일으켰단 말일까요? 그럼, 전쟁이 시작된 무렵으로 거슬러올라가 보겠습니다.

백신무기의 개발

감염병의 운명을 결정지은 것은 위생과 영양의 개선이었지만, 분명 백신의 역할도 상당했습니다. 18세기 영국에서 널리 보급된 인두 접종은 사실 아주 위험한 처치였습니다. 인두 접종은 천연두 환자의 고름에서 나온 물질을 다른 사람의 피부에 넣는 것을 말합니다. 지금이라면 연구윤리위원회를 절대 통과하지 못했을 것입니다. 사실 지금 우리가 쓰고 있는 약물 중에는 지금이라면 도무지 개발할 수 없었을 약이 많습니다.

원래 인두 접종은 인도에서 시작되었는데, 중국이라는 주장도 있습니다. 12세기 무렵 송나라에서도 시행되었다고 합니다. 인두 접종은 인도에서 지금의 터키를 거쳐 유럽으로 전파됩니다. 천연두 환자의 딱지를 말려 콧속에 넣는 식이었죠. 물에 타서 콧구멍에 넣기도 하고, 가루로 만들어 들이마시기도 했습니다. 엄청나게 위험한 일입니다. 서아시아에서는 종교적 의례의 일환으로 시행되었습니다. 경험적으로 이러한 의례를 하면 다시는 감염되지 않는다는 사실을 알게 됩니다. 이유는 몰랐지만 효과는 있었죠. 장거리 여행을 다니는 상인에게는 의무적인 접종이 이루어지기도 했습니다. 당연히 일부 접종자는 천연두에 걸려 죽었습니다. 열 명 중 한 명입니다. 연구윤리위원회 승인은커녕, 의료소송에 걸리기 딱 좋습니다. 아무튼 당시에는 윤리위원회도 없고, 의료소송도 없었습니다. 열 명 중 아홉 명은 발진을 앓은 후 평생 가는 면역력을 얻었죠. 인두법(Variolation)은 전세계로 퍼져나갔습니다.

우리나라에도 도입됩니다. 다산 정약용은 인두법에 대한 책을 중국에서 얻어 읽고, 실학자 박제가와 같이 책을 하나 펴냅니다.

『마과회통(麻科會通)』입니다. 주로 홍역을 다루고 있지만, 천연두 이야기도 있습니다. 우리나라 최초로 인두법을 소개한 책입니다. 사실 『마과회통』에는 무려 '우두법'에 대해서도 간단하게 적혀 있습니다. 『마과회통』의 부록 「신증종두기법상실(新證種痘奇法詳悉)」입니다. 1828년의 일입니다. 제너가 접종을 처음 시도한 것이 1796년이니, 불과 30년 만에 한국에도 소개된 것이죠. 아마도 19세기 중반 조선의 일부 지역에서는 우두법이 시행되고 있었던 것으로 보입니다.

세계 최초로 우두법을 정립한 인물은 제너입니다. 18세기 무렵, 영국의 한 시골에서 병원을 개업했던 제너는 흥미로운 이야기를 듣습니다. 우유를 짜는 여인이 소가 앓는 우두를 앓으면 나중에 천연두에 걸리지 않는다는 것이죠. 제너는 서둘러 실험을 시도합니다.

제너는 아주 야심만만한 모험가였습니다. 쿡 선장의 세계일주에 동행하기도 했죠. 제너는 젊은 시절에 헌터 밑에서 수술을 배우기도 했습니다. 네, 매독과 임질을 같은 병이라고 생각했던 그 헌터입니다. 사실 제너가 소와 인간의 감염병에 대한 통찰을 가지게 된 것은 그의 다양한 관심사 덕분이었습니다. 그는 뻐꾸기가 다른 새의 둥지에 알을 낳는 현상(탁란)을 관찰했는데, 알을 누가 밀어내는지에 대해서는 정설이 없었습니다. 당시에는 어미 뻐꾸기가 다른 알을 떨어뜨린다고 생각했는데, 제너는 세심한 관찰을 통해서 막 태어난 뻐꾸기의 해부학적 구조가 다른 알을 밀어내기에 적당한 구조라는 사실을 밝힙니다. 그의 관찰 결과는 다윈이 자연선택을

L'ORIGINE DE LA VACCINE.

A Paris chez Depeuille, Rue des Mathurins Sorbonne aux deux Pilastres d'Or

제너는 우유를 짜는 여인이 우두를 앓고 나면 나중에 천연두에 걸리지 않는다는 이야기를 듣고 우두 접종법을 개발하게 되었다. 1800년대 프랑스 파리에서 발행된 풍자화로 '백신의 기원'이라는 제목이 붙어 있다.

설명하는 데 인용되기도 했습니다.

그의 동물에 대한 해박한 지식은 소가 걸리는 우두와 인간이 걸리는 천연두의 공통점에 관한 통찰로 이어졌습니다. 우두 접종이라는 기상천외한 대모험은 대성공이었습니다. 상당한 위험을 감수해야 했던 인두법에 비해 큰 인기를 얻을 수밖에 없었죠. 천연두를 앓는 사람의 고름을 접종하는 인두법은, 이제 안전한 우두법으로 발전합니다. 새로운 치료법에 대한 소문은 삽시간에 유럽대륙 전체로 퍼집니다. 수천명의 유럽인이 접종을 받았습니다. 그리고 지구를 반바퀴 돌아서 정약용에게까지 전해진 것입니다.

파스퇴르와 공수병

1885년 7월 6일, 아홉살의 프랑스 소년 조제프 메스테르(Joseph Meister)에게 엄청난 사건이 일어납니다. 광견병에 걸린 개에게 무려 14번이나 물리는 큰 사고를 당한 것이죠. 광견병은 바이러스에 감염된 동물에 물려서 전염되는데, 정신착란과 공포, 공격성, 분노 등의 증상이 나타나며 대개 몇주 안에 죽게 됩니다. 치사율이 대단히 높을 뿐 아니라 마땅한 치료법도 없기 때문에 아주 무서운 병으로 알려져 있죠. 특히 무엇을 삼키려고 할 때 엄청난 고통을 느끼게 되므로 침을 삼키지 못하여 질질 흘리게 됩니다. 물도 두려워하게 되므로 '공수병(恐水病)'이라고 부르기도 합니다.

광견병은 아주 역사가 깊은 병이죠. 기원전 2000년 무렵, 고대 수메르의 『에슈눈나 법전』(*The Eshnunna Code*)에도 광견병에 대한 언급이 있습니다. 미친개가 사람을 물지 못하도록 대비책을 세워야 하며, 만약 사람이 물려 죽을 경우에는 개 주인이 큰 배상을 해야 한다는 조항입니다. 그러나 수천년간 광견병을 치료할 방법은 개발되지 못했습니다. 일단 증상이 나타나면 극도의 고통을 겪으면서 죽을 수밖에 없는 불치의 감염병이었거든요.

조제프의 아버지는 수소문 끝에 당시 유명한 과학자 루이 파스퇴르(Louis Pasteur)를 찾아갔는데, 사실 파스퇴르는 임상의사가 아니었습니다. 지금 기준이라면 불법 진료라고 할까요? 파스퇴르는 광견병 예방 백신을 개발하여 동물실험까지 마친 상태였지만, 인간에게는 접종해본 일이 없었습니다. 그런데 이미 60세가 넘은 파스퇴르는 자신의 평판과 명성을 건 도박을 감행합니다. 다른 의사 손을 빌려 꼬마 조제프에게 광견병 백신을 접종한 것입니다. 만약 실패하기라도 하면, 어린이에게 검증되지 않은 실험을 했다는 이유로 엄청난 비난을 받을 것이 뻔했죠. 무면허 진료로 처벌을 받을 수도 있었습니다. 천만다행으로 13회에 걸친 백신 접종은 성공적으로 끝났고, 꼬마 조제프는 광견병에 걸리지 않았습니다.

이야기는 더 이어집니다. 조제프는 이후 파스퇴르연구소에서 수위로 일합니다. 이미 파스퇴르는 죽었고, 조제프도 64세의 노인이 되었습니다. 조제프는 파스퇴르연구소를 접수하러 온 나치군을 마주하게 됩니다. 독일군은 파스퇴르의 무덤을 열라고 강요합니다. 조제프는 생명의 은인을 배신할 수 없어서, 스스로 목숨을 끊습니다. 유명한 일화인데요, 사실은 아닙니다. 조제프가 파스퇴르연구소에서 일한 것은 사실이고, 독일군 침공 후 얼마 안 되어 자살한 것도 사실입니다. 그러나 파스퇴르의 무덤을 열라고 해서 죽었다는 이야기는 거짓입니다. 앗, 이야기가 좀 옆으로 샜네요.

위생혁명

전염병의 감소에는 위생과 영양의 개선이 가장 큰 역할을 했지만, 대중의 눈에는 의사의 직접적인 치료행위가 더 깊게 각인되었습니다. 마을주민 전체를 떼죽음으로 몰고 가는 전염병이 점점 사라지자, 타락에 대한 거룩한 심판을 들먹이는 종교의 힘도 약해졌죠. 생의학적 질병관에 의거한 의학은 자연주의적 의학보다 더 믿음직스러웠습니다. 때마침 유럽사회는 계몽주의 열풍이 불고 있었고, 이성과 지식이 세계와 인간, 건강을 개선하는 새로운 신의 자리에 올랐습니다. 의학의 앙시앵레짐(Ancien Régime)은 무너집니다.

병원균을 찾아내고, 알맞은 약을 개발하고, 백신을 만들었습니다. 이제 인류를 수백만년 동안 괴롭히던 감염병에서 곧 벗어날 수 있을 것 같았습니다. 독일의 세균학자 코흐는 탄저균과 결핵균, 콜레라균을 발견하고, 미생물과 질병의 관련성에 관한 네가지 기준, 이른바 코흐의 공리(Koch's postulates)를 제창했죠. 이제 의대생은 사체액설 대신 코흐의 네가지 공리를 배우게 되었습니다. 사체액설이란 혈액, 점액, 황담즙, 흑담즙 등 네 체액의 조화와 균형이 건강과 기질을 결정한다는 주장입니다. 고대 그리스의 히포크라테스 학파가 정립한 의학이론으로 이후 중세유럽 및 이슬람 의학에 엄청난 영향을 미쳤죠. 중세 의사들은 감염병의 원인을 체액의 불균형에서 찾으려 했고, 피를 뽑거나 설사를 일으켜 병을 치료하려고도 했죠. 이에 반해 코흐의 공리는 대략 다음과 같습니다. 특정질병을 앓는 생물체에서 미생물이 검출되어야 하고, 그 미생물을 분리·동정·배양할 수 있어야 하고, 건강한 개체에 접종하면 병을 일으켜야 하고, 그 개체에서 다시 동일한 미생물을 분리동정할 수 있어야 한다는 원칙입니다.

파스퇴르는 세균설을 정립하며 수많은 목숨을 구했죠. 더불어 우유와 맥주를 깔끔하게 저온살균하는 법을 찾아냈습니다. 한때 유럽사회를 거의 파멸 직전까지 몰고 간 페스트는 파스퇴르연구소의 의사 알렉상드르 예르생(Alexandre Yersin)에 의해 그 소박한 정체가 밝혀집니다. 그는 페스트균(Yersinia pestis)에 자신의 이름을 붙입니다. 이제 의사의 승리가 목전에 다다른 것 같았습니다.

항생제혁명

전염병 정복을 위한 신무기는 바로 백신과 항생제입니다. 전쟁에서 이기려면 무기와 병력을 효과적으로 사용해야 합니다. 콜레라가 기승을 부리던 19세기 유럽의 의사는 각개전투를 통해서는 전염병을 퇴치하기 어렵다는 것을 깨달았습니다. 1851년 파리에서 열린 국제위생회의(International Sanitary Conference)에 유럽의 수많은 의사가 모였죠. 아직도 미아즈마(miasma) 이론을 주장하는 의사들로 인해 합의는 이루지 못했지만, 일단 한번 모이니 두번째는 더 쉬웠습니다. 미아즈마 이론이 무엇이냐고요? 뒤에서 설명하겠습니다. 1938년까지 총 14회의 회의가 열립니다. 주요 주제는 콜레라, 황열병, 가래톳페스트 등이었습니다.

각국의 보건당국은 의료자원을 통제하여 전염병의 발병과 전파를 막고, 치료를 촉진하는 행정적인 시도를 감행합니다. 때맞춰 항생제와 백신이 보급되고, 방역과 위생, 상하수도 시설의 개선 등 다양한 노력이 뒷받침되면서 구체적인 성과가 나타나기 시작했습니다. DDT의 등장은 말라리아모기의 숫자를 급격히 줄였습니다. 오랫동안 인류를 괴롭히던 결핵의 정체도 점점 분명해졌습니다.

군 의료조직은 좀더 빠른 속도로 개선되었습니다. 전투에서 죽는 군인보다 전염병으로 죽는 군인이 더 많다는 것을 몇몇 현명한 지휘관이 깨달았기 때문이죠. 군의 특성상 강압적인 위생 개선과 백신 접종이 가능했고, 따라서 효과 입증도 선명했습니다. 군의관에 의해 검증된 치료방법은 곧 민간에도 적용됩니다. 전쟁 중에는 종종 민간인에 대한 배급을 시행합니다. 전시물자를 효율적으로 사용하려는 목적이죠. 의사들은 맛에는 관심이 없었고 오로지 최적 영양성분에 맞춘 식량이 배급되었습니다. 뜻밖에도 빈부 수준과 관계없이 안정적으로 영양을 공급하는 효과를 낳았죠. 일부 하류층은 오히려 전쟁 전보다 영양상태가 더 좋아졌고 더 건강해졌습니다.

1909년 파리에서 국제공중위생국이 창립되고, 이후 국제연맹은 보건기구(the Health Organization of the League of Nations)를 설립했습니다. 1945년 유엔 중국대표의 발의로 3년의 준비기간을 거쳐 1948년 4월 7일 드디어 '세계보건기구'(World Health Organization, WHO)가 창설됩니다. 창설 당시 목표는 말라리아 확산 방지, 결핵 및 성병 감염 통제, 모성 및 아동 건강 개선, 영양 및 환경·위생 개선이었습니다. 말라리아 퇴치 프로그램과 결핵 예방을 위한 대량 BCG 접종은 큰 성과를 거둡니다. 1958년 천연두 근절을 위한 글로벌 이니셔티브에 착수했는데, 당시에는 매년 200만명이 천연두로 죽었지만, 1979년 천연두는 완전히 근절됩니다.

은유로서의 감염병

질병론 체계란 건강과 질병의 정의와 원인, 진단, 투약, 처치 등과 관련된 믿음체계(belief system)를 말합니다. 예를 들어 악령이 들어 경련한다든가 산후조리를 못해서 뼈에 바람이 들었다든가 혹은 HIV가 후천성면역결핍증을 유발한다는 등의 설명론이죠. 질병론은 실체적인 자연현상과 일치하지 않을 수 있습니다. 관념적인 지적 구성물입니다.

흔히 현대인은 미개한 원시적 질병론 체계에서 벗어나, 실증적인 의학에 입각한 과학적 접근을 한다고 생각합니다. 하지만 전쟁의 은유를 다시 한번 꺼내볼까요? 전투에서는 이겨도 전쟁에서 지는 일이 얼마나 흔한가요? 분명 생의학적 질병관은 초자연적 질병관이나 자연주의적 질병관에 비해 더 많은 사람의 목숨을 구했고, 더 많은 사람을 건강하게 만들어주었죠. 하지만 항생제가 소위 질병과의 전쟁에서 승리하게 만드는 마법의 탄환은 아닙니다. 생의학적 질병관과 전쟁의 은유를 동일시해서는 곤란합니다.

오랜 세월 동안 자연주의적 질병관이 의사의 치료방침을 결정했습니다. 사체액설이나 음양오행의 조화 등입니다. 의사는 신체와 정신, 몸과 자연의 균형을 바로잡는 일종의 철학자였죠. 지금도 민간의학이나 전통의학에서는 이러한 관점에서 건강과 질병을 바라봅니다. 더 이전에는 어땠을까요? 초자연적 질병관이 지배하던, 즉 의사가 사제를 겸임하던 시절입니다. 저주를 풀고 악령을 몰아내는 구마와 축사의 의식은 가장 오랜 의료행위 중 하나였습니다.

흥미롭게도 질병을 적군에 은유하는 입장은 초자연적 질병관의 인식론과 닮아 있습니다. 외부의 무엇인가가 나쁜 의도를 가지고 우리를 공격한다는 것입니다. 과거에는 악령이나 분노한 신의 저주였고, 지금은 병원균이라는 것이 다를 뿐이죠. 물론 항생제가 세균을 죽이는 것은 실증할 수 있는 사실이며, '항생제라는 무기로 세균을 공격하고 신체를 방어한다'라고 표현해도 안 될 것은 없습니다. 그러나 은유의 밑바닥에 '세균이 의도를 가지고 침입했으므로 반드시 죽여야 한다'는 전제가 깔리는 것이 문제입니다.

헬리코박터 딜레마

헬리코박터 파일로리(*Helicobacter pylori*)는 위장과 십이지장에서 사는 나선형 그람음성 간균입니다. 예전에는 위장에 미생물이 살 수 없다고 믿었죠. 강한 염산이 나오므로 죄다 죽는다는 것입니다. 위산의 기능 중 하나가 살균이죠. 그런데 이에 의문을 품은 사람이 있었습니다. 호주의 연구자 배리 마셜(Barry J. Marshall)과 로빈 워런(J. Robin Warren)은 직접 실험을 해보기로 했습니다. 헬리코박터 배양액을 마신 후 위에서 거뜬하게 살아남는다는 사실을 보여주었죠. 2005년 노벨생리의학상을 받았습니다.

'나쁜' 세균이 위장에 진지를 구축하고 있다니 얼른 박멸해야 합니다. 그래야 위염도 막고, 위암도 막을 수 있을 것입니다. 인간은 대대적인 공격작전에 들어갑니다. 항생제를 복합 처방하여 소탕을 시작했습니다. 아무도 공격명령에 의심을 하지 않았습니다. 그러나 여전히 위염을 앓는 사람이 있습니다. 위암도 많습니다. 아직 우리가 모르는 레지스탕스가 숨어 있는 것일까요? 혹은 더 강력한 무기가 필요한 것일까요?

그렇다고 헬리코박터 프로젝트라는 이름이 붙은 요구르트를 먹자는 것은 아닙니다. 분명 위염이나 위궤양, 십이지장궤양, 위암의 위험성을 높이기 때문에 증상이 있으면 치료를 받는 것이 바람직합니다. 하지만 헬리코박터 파일로리에 감염된 사람의 15퍼센트만

증상을 호소하고, 1퍼센트만 위암으로 진행합니다. 85퍼센트는 아무런 증상이 없습니다. 증상이 없는 사람도 치료하는 것이 합당한 일인지에 대해 의문이 점점 커지고 있습니다.

다른 관점에서 생각해보죠. 헬리코박터 파일로리는 최소 5만 8000년 동안 우리와 같이 살았습니다. 균주의 유전적 다양성은 동 아프리카로부터의 지리적 거리에 따라 점점 낮아지는 특징을 보입니다. 다시 말해서 인류의 조상이 아프리카를 떠나기 이전부터 감염되어 있었다는 것입니다. 게다가 전세계 인구의 약 절반이 헬리코박터 파일로리에 감염되어 있습니다. 가장 흔한 감염입니다. 그런데 심각한 질병을 일으킨다고요? 병원성 균형 이론에 의하면 병원균의 독성은 점점 감소하고 숙주는 점점 적응합니다. 공생하게 되는 것입니다. 헬리코박터 파일로리가 죄다 위염이나 위궤양, 위암에 걸리게 했다면 아마 숙주와 같이 장렬하게 전사했을 것입니다.

공생하려면 서로 이득을 주고받아야 합니다. 한 연구에 의하면, 헬리코박터 파일로리 감염은 염증성 장질환(Inflammatory bowel disease, IBD)의 가능성을 감소시킵니다. 알레르기의 위험성을 줄인다는 보고도 있습니다. 가설에 불과하지만 연충, 즉 장내 기생충과의 상호작용도 있을 수 있습니다. 인류와 오랫동안 공생해온 연충이 사라지면서 헬리코박터의 독성이 더 강해졌다는 주장입니다. 기생충과 세균, 그리고 인체의 절묘한 균형이 깨지면서 사달이 났을 수 있다는 것입니다.

콜롬비아 지역의 산촌과 어촌을 대상으로 진행된 연구에 의하면, 이상하게도 산촌사람의 위암 발생률이 무려 25배나 높았습니다. 해산물을 많이 먹어서 건강해진 것이 아니었습니다. 산촌에는 주로 아메리카 원주민이 살았고, 어촌에는 주로 아프리카계 주민이 살았습니다. 수백년 전 노예로 끌려온 아프리카인의 후손입니다. 아메리카 원주민은 무려 1만년 전에 베링해를 건너온 소수집단의 후손입니다. 이들은 구세계에서 새롭게 나타난 변종 헬리코박터 파일로리에 적응될 시간이 부족했던 것입니다.

오해는 마세요. 헬리코박터를 위장에 키운 마셜 박사처럼 위장 속에 반려균으로 애지중지 키우자는 것은 아닙니다. 기생충을 다시 몸에 심자는 뜻도 아닙니다. 그러나 무증상 집단 전체를 대상으로 한 항생제 융단폭격은 바람직하지 않습니다. 일단 항생제를 써도 박멸하지 못할 가능성이 25퍼센트죠. 게다가 가벼운 부작용까지 포함하면 항생제 부작용을 경험하는 경우가 거의 절반에 달합니다. 무차별적인 항생제 투하는 오히려 내성균주만 키울 가능성을 높입니다. 미생물의 마음속에 인간을 지배하겠다는 야심 같은 것은 없습니다. 그저 살 곳을 찾아 떠도는 여행객입니다. 어떨 때는 돕고, 어떨 때는 말썽을 일으킵니다. 최후의 하나까지 찾아내어 분쇄할 필요는 없습니다.

도무스 복합체와 맹독성 감염병의 진화

하지만 좀 이상합니다. 기생체와 숙주, 즉 인간이 오랜 세월 공생했다면 왜 이렇게 치명적인 감염병이 많은 것일까요? 미생물을 무조건 나쁜 침략군으로 보지 말라는 것은 알겠지만, 감염병에 걸려 사경을 헤매어본 사람이라면 좀 생각이 다를 것입니다. 다제내성균과 싸우는 환자 앞에서는 인간과 자연의 공생과 조화 같은 우아한 이야기가 쏙 들어갈 것입니다. 분명 엄청나게 많은 사람이 감염병으로 죽었고, 죽어가고 있습니다. 전염병으로 인한 연간 사망자 수는 1600만명에 달합니다. 매년 150만명이 결핵으로 죽고, 40만명이 말라리아로, 70만명이 HIV로 죽습니다. 5억명이 바이러스성 간염을 앓고 있으며, 매년 5000만명이 새롭게 클라미디아에 감염됩니다.

약 1만년 전 홀로세가 시작되면서 인류의 삶은 점점 팍팍해졌습니다. 날씨는 온화했지만 벌이는 시원찮았습니다. 점점 작은 동물을 사냥하고, 맛없는 열매를 채집해야 했습니다. 농사짓는 법은 이전부터 알고 있었지만, 사냥감이 널려 있던 구석기시대에는 농사를 지을 필요가 없었습니다. 그러나 상황이 바뀌었습니다. 힘들어도 농사를 지어야 했습니다. 광역혁명의 시작입니다. 집 주변에 가축을 키우고, 농사를 지으면서 다양한 녀석이 더부살이하기 시작했습니다. 돼지와 닭, 염소, 낙타, 말, 소 등은 반가웠지만, 쥐와 모기, 파리 등 반갑지 않은 녀석도 있었습니다. 그리고 이들은 공히 치명적인 감염균을 몰고 왔습니다. 앞서 이야기한 바 있는 도무스 복합체입니다.

선전포고는 인류가 했습니다. 야생에서 '평화롭게' 살던 동물과 식물, 그리고 균까지 모조리 잡아 포로로 삼았죠. 하지만 모두 고분고분 따른 것은 아닙니다. 원래 높은 수준의 사회성을 가지고 있던 몇몇 동물은 순순히 인간과 더불어 살기로 합니다. 그러나 미생물은 아니었습니다. 미생물의 가축화는 어려운 일입니다. 오랜 세월 동안 야생에 살던 녀석이 인간의 몸에 들어오면서 조화가 깨졌습니다. 처음부터 인간과는 궁합이 잘 맞지 않았습니다. 소의 몸에서 잘 살고 있던 미생물은 인간에게 홍역과 결핵, 천연두를 일으켰고, 돼지 몸에서 공생하던 미생물은 백일해와 인플루엔자를 일으켰습니다.

진화적으로 동물 매개성 감염은 시간이 지나도 병원성, 즉 독성이 좀처럼 감소하지 않습니다. 이미 공생하고 있는 숙주가 따로 있기 때문에 인간에게 치명적이라고 해도 자연선택에 의해 제거되지 않는 것입니다. 아마 미생물 입장에서도 당황스러울 것입니다. 원하지도 않은 초대를 받아 다종생물 재정착 캠프에 눌러앉게 되었는데, 환영은 고사하고 대대로 욕이나 먹다가 급기야 항생제의 융단폭격을 받고 있으니 말입니다.

이제 와서 전범이 누구든 무슨 상관이란 말인가요? 이래저래 귀찮으니 미생물을 아예 없애버리면 될까요? 하지만 세계 전체를

BSL-4 수준의 밀폐된 실험실로 만들 수 없습니다. 네, 생물안전 4등급의 최상위 시설(Biosafety Level-4) 말입니다. 설령 핵폭탄급 항생제를 만들어 미생물을 모조리 제거할 수 있다고 해도 결과는 그리 '깔끔'하지 않을 것입니다. 김치나 요구르트를 먹을 수 없는 것은 물론이고, 인간의 건강을 심각하게 해칠 것입니다. 수많은 미생물 중 인간의 건강에 해로운 것은 고작 1400여종에 불과합니다. 지구상에 사는 미생물종의 1퍼센트죠. 우리 몸에 이미 사는 미생물만 약 1만종, 100조마리에 달합니다. 장내 세균의 무게만 2킬로그램입니다. 대부분은 무해하거나 유익한 균입니다. 1400여종에 불과(?)한 병원균도 대부분 인수공통감염균입니다. 만약 인류가 정주생활을 통해 도무스 복합체를 만들지 않았다면 해로운 병원균은 고작 100여종에 불과했을 것입니다.

프네우마와 미아즈마

인류와 오랜 세월 같이 지낸 미생물은 보통 건강에 유익하거나 최소한 유해하지는 않습니다. 하지만 언제라도 심각한 병원균으로 돌변할 수 있습니다. 균형이 깨지는 이유는 두가지입니다. 숙주의 건강이 나빠지거나 미생물이 갑자기 돌변하거나.

중세에 접어들면서 유럽사회는 주기적인 전염병에 시달렸습니다. 교역이 활발해지면서 외래에서 유입되는 감염균의 종류가 늘었고,

인구도 늘어나면서 전염병의 전파가 쉬워졌죠. 여전히 성당에서 기도하면서 신의 분노가 수그러들기를 바라는 사람도 있었지만, 중세 의사들의 학문적 종교는 따로 있었습니다. 갈레노스였습니다.

갈레노스는 유럽의 전통의학에 히포크라테스보다 더 큰 영향을 미친 인물입니다. 아리스토텔레스의 제자였는데, '최고의 의사는 철학자'라고 설파하며 히포크라테스의 사체액설을 계승했습니다. 사실 그의 주장 상당수는 실증할 수 없는 상상의 산물이자 철학적 사상이었습니다. 그러나 1000년 이상 유럽의 의사들은 그의 의학을 신앙처럼 따르고, 그의 책을 성서처럼 떠받들었습니다. 갈레노스에게 질병은 신체의 오묘한 조화가 깨진 결과였습니다.

15세기 무렵 유럽에 전염병이 창궐하자 의사들은 대립했습니다. 상당수의 의사는 미아즈마, 즉 냄새나는 나쁜 공기가 전염병의 원인이라고 주장했습니다. 감염병에 걸리면 악취가 나곤 하지만 그것 자체가 원인은 아닙니다. 미아즈마는 분명 상상속의 독성물질입니다. 그러나 갈레노스는 프네우마(pneuma), 즉 숨을 쉴 때 몸으로 들어오는 우주의 기운이 건강을 유지하는 힘이라고 여겼고, 따라서 미아즈마는 이를 방해하는 나쁜 기운이었죠.

갈레노스의 십자가를 내세운 중세의 의사는 아주 용감했지만 참패를 거듭했습니다. 프네우마도 미아즈마도 실체가 없었기 때문입니다. '새 부리 가면'을 쓴 의사는 향기 나는 약초로 감염병을 막으려고 했지만, 별 도움이 되지 않았습니다. 엄청난 위세의 전염병 대유행 앞에서 1000년을 이어온 의학의 전통은 맥없이 쓰러졌

17세기 로마의 감염병 의사를 표현한 독일의 동판화(1656). 당시 감염병 의사들은 새 부리 모양의 가면을 썼는데, 감염병의 주요 원인으로 알려진 미아즈마를 막기 위해서였다.

습니다.

발칙한 몇몇 젊은 의사가 그깟 전통 따위가 무슨 소용이냐며 세균설을 주장합니다. 1546년 이탈리아의 지롤라모 프라카스토로 (Girolamo Fracastoro)가 시작이었습니다. 페스트는 주로 지중해 연안에서 많이 발생했는데, 이탈리아의 몇몇 의사는 검역을 통해서 페스트가 어느 정도 통제된다는 사실을 알고 있었습니다. 죽느냐 사느냐는 문제 앞에서 오랜 전통은 무릎을 꿇었습니다. 급기야 스위스의 의사 필리푸스 파라셀수스(Philippus Paracelsus)는 갈레노스의 권위를 부정하고 새로운 질병에는 새로운 약이 필요하다고 역설했습니다. 덕분에 대학에서 쫓겨났습니다만.

세균설이 등장했지만, 본격적인 의학적 계몽을 위해서는 시간이 더 필요했습니다. 일단 미생물은 눈에 보이지 않았습니다. 미아즈마나 세균이나 모두 입증할 수 없는 가설에 불과했습니다. 위생과 영양의 개선은 질병을 줄일 수 있었지만, 아주 분명하지는 않았습니다. 일단 병에 걸리면 모든 치료방법을 다 동원했기 때문에 뭐가 더 효과적인지 구분할 수가 없었습니다. 그때 느닷없는 도약적 진보가 일어났죠. 바로 백신입니다. 새로운 시대가 열린 것입니다.

코흐와 파스퇴르에 의해 세균설은 확고하게 정립됩니다. 백신도 속속 개발됩니다. 백신보다 더 강력한 무기가 등장하려면 시간이 좀더 필요했습니다. 20세기 초반에 살바르산(salvarsan)이 처음으로 매독 치료에 쓰였지만, 수십년이 지난 후 드디어 쓸 만한 항생제 페니실린(penicillin, PCN)이 합성되었습니다. 이제 백신을 통한 인

위생혁명 당시의 상황을 그린 아이작 크룩섕크(Isaac Cruikshank)의 만평(1808). 백신을 반대했던 의사들이 제너와 그 동료들에게 밀려나고 있고, 병들어 사망한 이들의 시체가 그들의 발아래 놓여 있다.

체의 면역반응에 의존할 필요 없이 세균을 직접 '공격'할 수 있게 되었습니다. 1942년의 일입니다. 이어서 1949년 최초의 항진균제가, 1961년 최초의 항바이러스제가 개발되었습니다. 곧 감염병에 대한 승리를 거머쥘 수 있을 것 같았습니다.

미아즈마 가설은 완전히 사라졌습니다. 과거의 선배 의사들은 감염병에 걸린 환자에게 맑은 공기가 있는 시골로 요양하라고 처방했습니다. 깨끗한 공기, 맑은 물을 마시면서 충분히 쉬고, 프네우마로 몸을 다독이라고 했죠. 그러나 후배 의사는 그런 '구닥다리' 처방을 하지 않았습니다. 백신으로 예방하고, 항생제로 치료했죠.

1851년 파리 국제위생회의의 참석자는 당시 내로라하는 저명한 의사들이었습니다. 그런데 여전히 일부 의사는 미아즈마 이론을 주장했고, 첫 회의는 결렬되었습니다. 갈레노스를 버리지 못하는 '꼰대' 노의사 때문이었을까요? 아닙니다.

당시 감염병은 더러운 공장, 비위생적인 빈민가에 사는 가난한 이와 전쟁터에 나선 젊은이의 목숨을 주로 노렸습니다. 미아즈마 이론은 틀린 주장이었지만, 항생제와 백신이 진정한 건강을 보장하지 못하리라는 것도 분명했습니다. 빈민의 비참한 삶을 개선하려는 노력, 즉 그들의 삶에 '생기'를 불어넣으려는 시도가 무산될까 걱정했습니다. 그들에게 미아즈마, 즉 냄새나는 공기는 빈곤과 차별, 비위생과 굶주림의 상징이었죠.

인류는 미생물과의 전쟁에서 승리할 수 없습니다. 이유는 간단합니다. '전쟁'이 아니기 때문입니다. 먼저 싸움을 건 것은 인간이지만, 미생물이 이에 맞서 인간을 공격하는 것은 아닙니다. "나쁜 인간들, 우리의 생태계를 파괴하다니. 가만두지 않겠다!"라고 다짐하는 미생물은 없습니다. 다만 그들은 지난 수십억년의 진화적 적응을 어김없이 반복하고 있을 뿐입니다.

급속한 도시화와 환경 파괴, 공장식 사육, 무분별한 세계화로 인한 물자와 인원의 급격한 이동, 충분한 의료자원을 비축하지 않는 적시공급시스템, 집중화된 대형병원에 의존하는 의료시스템 등은 모두 현대사회의 '미아즈마'입니다. 신종 감염병을 양산하고, 세계적 대유행을 일으키는 요인입니다. 사실상 지구 전체가 하나의 도무스 복합체나 다름없습니다. 현대사회 자체가 신종 감염병을 배양하는 배지나 다름없습니다. 그들은 외부의 적이 아닙니다. 우리가 스스로 만들어낸 괴물입니다. 항생제와 백신은 적응이라는 거대한 진화적 현상 앞에서 귀여운 장난감에 불과합니다.

코로나-19가 전세계를 휩쓸고 있지만, 다들 백신과 치료제만 이야기합니다. 물론 얼른 개발하고, 얼른 접종하고, 얼른 치료해야죠. 하지만 현대사회의 '미아즈마'를 좀더 맑고 건강한 '프네우마'로 바꾸지 못하면, 코로나-20, 코로나-21이 나타날 겁니다. 감염병과의 전쟁이 아니라 미생물과의 공생이 필요합니다.

10장

오래된
미래

대규모의 의학

전염병은 일차적으로 의학적 문제입니다. 그러나 전염병의 발생, 유행, 대응, 영향 등은 사회적 수준의 문제입니다. 지난 100년간 생물학적 의학이 크게 득세하면서, 우리는 의학을 인간에 관한 생물학으로 오해하고 있습니다. 그러나 의학은 단지 생물학이 아닙니다.

1848년 독일 슐레지엔 지방에 발진티푸스가 유행합니다. 프로이센 정부는 27세의 젊은 의사를 파견합니다. 바로 루돌프 피르호(Rudolf C. Virchow)였죠. 새내기 의사에 불과했던 피르호는 사실 전염병에 관한 경험이 별로 없었죠. 그런 그의 눈에 처참한 광경이 펼쳐집니다. 수많은 주민이 심각한 영양실조에 시달렸고, 위생

시설은 말할 수 없이 열악했습니다. 군주는 이들의 고통에 무심했죠. 전염병이 돌지 않으면 오히려 이상할 지경이었습니다. 피르호는 300쪽에 이르는 발칙한 보고서를 제출합니다.

전면적인 민주주의를 도입하고, 세금을 면제하고, 도로를 개선하고, 고아원을 설치하고, 구호기금을 만들라.[*]

물론 프로이센 정부는 보고서를 채택할 생각이 없었죠. 보고서를 제출한 지 8일 만에 피르호는 3월혁명에 동참합니다. 민주주의와 자유주의를 바라던 혁명은 실패하고 말았습니다. 하지만 실망하지 않았습니다. 시골에 좌천된 그는 두문불출하며 연구에 매진합니다. 획기적 발견을 거듭했죠. 약 10년의 '유배'를 마치고 베를린에 화려하게 복귀했습니다. 그리고 인류학자로 활약합니다. 캅카스, 이집트, 수단 등에서 인류학 현지 조사에 나섰고, 트로이유적의 발굴에 참여했죠. 수백만명의 독일인에 대한 인류학 연구를 통해 '독일인이 다른 인종보다 우월한 것은 아니다'라고 발표하기도 했습니다. 현대 인류학의 아버지 프란츠 보아스(Franz Boas)의 스승이 바로 피르호였습니다.

진정한 위대함은 '더 큰 규모'에서 빛을 발했습니다. 바로 정치였죠. 아니, 의사가 정치를? 인류학자가 정치를? 그러나 피르호는 적

● Rudolf Carl Virchow, "Report on the typhus epidemic in Upper Silesia", *American Journal of Public Health* vol. 96(12), 2006, 2102~105면.

극적으로 중앙정치에 발을 내딛습니다. 베를린 시의원과 독일의회 의원을 장기간 역임하면서 젊은 시절 보고서에 썼던 꿈을 하나씩 실현해나갔죠.

심지어 철혈재상 오토 폰 비스마르크(Otto von Bismarck)와 결투를 할 뻔도 했습니다. 비스마르크가 해군예산 증액을 요청하자, 국회 예산위원장은 단칼에 거부합니다. 그 예산위원장이 피르호였습니다. 비스마르크는 이렇게 응수합니다. "메스로 결투를 하게 해준다면 도전을 받아주겠소."

그는 이른바 공중보건을 창시한 사람입니다. 공공보건제도를 만들고 식품위생법, 상하수도 개선 등 거대한 사회개혁에 나섰습니다. 민주주의와 자유주의, 그리고 교육과 번영이 세상을 위한 처방이라고 믿었습니다. 독일은 의학의 강국이었고, 피르호 본인도 위대한 병리학자였습니다. 독일 국민의 건강은 좁은 의미의 의학이 아니라, 이러한 거대한 규모의 의학을 통해서 보장될 수 있었습니다. 피르호는 이렇게 말했습니다.

의학은 사회과학이며 정치는 대규모의 의학에 불과하다. 사회과학으로서의 의학은 이론적 해결책을, 정치와 인류학은 실제적 해결책을 찾아야 한다.[*]

● The Pathology Guy, "Rudolf Virchow on Pathology Education", http://www.pathguy. com/virchow.htm.

코로나-19는 이러한 피르호의 선언이 옳았음을 아주 고통스러운 방법으로 알려주고 있습니다. 지금의 상황은 화타가 살아와도, 허준이 나타나도, 히포크라테스가 환생해도 해결하기 어렵습니다. 한명의 의사가 얼마나 많은 환자를 구할 수 있겠습니까? '대규모의 의학'이 필요합니다.

코로나-19는 전세계 모든 나라에 전파되었습니다. 그러나 국가별로 확진자 수도 다르고, 사망자 수도 다릅니다. 각 나라의 의료 수준도 영향을 미쳤지만 더 중요한 이유는 따로 있습니다. 피르호의 말처럼 의학은 이론적 해결책을, 정치와 인류학은 실제적 해결책을 찾아야 합니다. 우리의 의학 수준은 세계 정상급입니다. 부족한 쪽이 어느 쪽인지는 자명합니다.

신종 감염병 시대의 종교

많은 전염병은 인류사회의 발전 양상과 더불어 발생했습니다. 앞서 말한 대로 인류가 집단을 이루고 가축을 키우면서 다양한 인수공통감염병이 출현하게 되었죠. 전염병의 유행은 질병의 병리학적 특질과 역학적 과정의 종합적인 결과입니다. 특히 질병이 전파되는 역학적 과정에는 다양한 사회적 행동 요인이 중요하게 작용합니다. 그뿐 아닙니다. 방역, 진단, 격리, 치료 등 전염병에 대응하는 방식은 사회적 수준에서 결정되고 시행됩니다. 나아가 전염병이 여러 사회영역에 미치는 영향도 큽니다. 경제활동의 위축과 소득 감소, 각종 사회적 비용의 발생, 교육과 보육의 변화, 불평등과 격차의 심화 등 다양한 이슈들입니다. 전염병은 '대규모의 의학'이 개입해야 하는 문제입니다.

그런데 사회적 현상은 흔히 도덕과 윤리의 문제를 수반합니다. 사회적 현상으로서의 감염병 유행도 물론이죠. 전염병의 발생과 유행에 관여하는 사회구조와 인간활동에 대해 다시 곰곰이 돌아봐야 합니다. 전염병의 대응과 영향의 측면에서 불거지는 여러가지 사회적 갈등 역시 도덕과 윤리의 문제가 복잡하게 얽힙니다.

전염병과 종교는 이 지점에서 조우합니다. 그렇다고 종교계가 전염병 상황에서 사회구성원이 따라야 할 바람직한 도덕적 규범과 윤리적 강령을 제공한다는 것은 아닙니다. 사회적 갈등을 해결하는 데 유용한 지침을 제시해줄 것이라는 순진하고 낙관적인 기대도 아닙니다. 오히려 전염병 상황에서 종교는 문제 해결을 지연하거나 악화시키곤 했습니다. 인류의 역사책을 들춰 보면, 차라리 종교가 없는 편이 나았겠다는 생각이 들곤 합니다. 스스로 초월적인 신성불가침의 영역에 있다고 주장하는 종교. 그러나 그 자체도 세속의 도덕과 윤리 문제가 얽혀 있는 사회적이고 문화적인 현상입니다. 종교도 다른 사회영역들과 마찬가지로 신종 전염병에 대처하기 위한 성찰과 소통에 적극적으로 참여할 필요가 있습니다.

우리 사회는 종교계에 무척 많은 특권을 부여해왔습니다. 하지만 종교의 특권적 지위에 대한 진지한 반성과 비판은 부족합니다.

종교에서 문제가 발생하면 종종 일부 '광신도'나 '사이비종파'의 문제로 간주됩니다. 전체적으로는 괜찮은데 예외적인 '일부'가 문제를 일으킨다고 보는 것이죠. 또 어떤 문제가 있더라도 해당 종교 내부에서 알아서 잘 해결할 것이라고 믿습니다. 종교에 관한 과도한 기대이자 잘못된 환상입니다. 여기에는 '진정한 종교는 잘못을 범하지 않는다'는 믿음도 작동하고 있습니다. 편견입니다. 종교에 부여된 특권적 지위를 유지시키는 착각이고 허상입니다. 아무리 널리 인정된 종교라고 해도 항상 바람직하고 좋은 일만 하는 것은 아닙니다. 상상속의 종교가 아니라 현실 속에 존재하는 종교를 이해해야 합니다.

종교학 특히 인지종교학의 관점에서 인류의 종교문화에 대한 과학적인 이해가 신종 감염병 시대의 도덕과 윤리를 위해 어떤 아이디어를 제공하는지 살펴볼까요?

종교의 특별한 지위?

종교라고 하면 기독교, 불교, 이슬람교, 힌두교 등이 떠오릅니다. 대충 어떤 종교인지 대략 떠오르는 이미지가 있을 것입니다. 삭발한 스님, 메카의 성지순례, 인도의 고승 등. 그러나 이런 수준으로는 종교문맹(religious illiteracy)이라고 해도 할 말이 없습니다. 종교는 우리 인류의 삶에 아주 깊이 뿌리내리고 있습니다.

특정 종교가 아니더라도 우리는 종교적 생각과 종교적 행동을 하고 있습니다. 조상신이나 유령 같은 초자연적 존재를 머릿속에 떠올리거나, 누군가의 장례를 치르고 애도하거나, 어떤 유명인의 팬덤(fandom)에 푹 빠지는 것은 꽤 '종교적'인 생각이자 행동입니다. 종교인에게 배워야만 할 수 있는 일이 아닙니다. 우리는 어떤 의미에서 종교적 감수성을 처음부터 가지고 태어납니다.

이런 현상은 모든 문화권에서 관찰됩니다. 종교는 인류의 진화된 마음에서 비롯합니다. 물론 뇌 속에 종교를 위해 진화된 특수한 신경구조나 기능적 모듈이 있을 것이라는 뜻은 아닙니다. 종교적 생각과 행동은 종교와 직접 상관이 없는 다른 마음 모듈의 부산물일 수도 있습니다. 더럽고 역겨운 것을 피하고, 잠재적인 포식자와 피식자를 탐지하고, 인과추론을 하고, 다른 개체들과 교환하고 협력하며 의사소통을 하는 데 필요한 마음구조가 부수적으로 만들어낸 현상이 기반이 되어 종교적 마음을 만든 것인지도 모르죠. 그리고 그러한 마음이 영글면서 다양한 종교의 교리가 생기고, 종파도 생기고, 예배당과 모스크, 사찰도 생겼을 것입니다. 종교에 관한 대중적 이미지는 사실 종교의 가장 피상적인 겉포장에 불과합니다.

종교는 하늘에서 내려온 것이 아닙니다. 인간으로부터 돋아난 것입니다. 신성모독일까요? 그렇다고 종교가 가지는 실존적 의미와 유용한 기능을 부인하려는 것은 아닙니다. 다만 종교를 둘러싼 선험적 전제를 다시 생각해보고, 이를 통해서 세계에 대해 새롭게 인식하는 것이 종교의 여러 사회적 문제를 해결하는 기초가 될 수 있습니다. 종교적 영역과 관련된 문제라고 해서 삶의 다른 영역의 문제와 근원적으로 다른 차원의 해법이 필요한 것은 아닙니다. 물론 감염병 유행 상황에서도 그렇습니다.

방역과 종교의 자유

코로나-19 팬데믹으로 인해 여러 나라의 방역체계가 최대한 가동되고 있습니다. 한국도 그렇습니다. 사회의 모든 부문이 코로나의 피해와 손실을 최소화하기 위해 머리를 짜내며 힘을 쓰고 있죠. 물론 종교계도 동참하고 있습니다. 감염자가 급증하는 초기 상황에서 발 빠르게 대처했습니다.

천주교는 미사를 중단했습니다. 한국천주교 236년의 역사에서 처음 있는 일입니다. 불교계는 주요 사찰의 출입을 통제하는 강력한 조치, 즉 '산문폐쇄(山門閉鎖)'를 단행합니다. 방역단계에 따라 개신교의 많은 교회도 대면예배의 횟수를 줄이고 원격예배를 확대했습니다. 민족종교계를 위시한 여러 신종교 단체도 이러한 움직임에 합류했습니다. 모두들 정부와 방역당국의 조치에 최대한 협조하고 있습니다.

그러나 이에 반대하는 종교인도 있습니다. '진정한 종교활동'은 온라인으로 할 수 없다고 합니다. 반드시 직접 모여 얼굴을 보고

해야 한다며, 집합금지조치를 거부합니다. 당국의 방역조치는 '종교의 자유'를 침해하는 처사이며 명백한 종교탄압이라고 항의합니다. 코로나-19가 위험한 질병이라고 해도, 기꺼이 순교하겠다는 이야기까지 나옵니다.

이러한 신앙인의 의도를 의심할 것은 없습니다. 종교 뒤에 숨어서 어떤 정치적 목적을 노리는 것이 아니냐고 비판할 것도 없습니다. 진짜 의도를 어떻게 알 수 있겠습니까? 종교는 원래 그런 성질을 가지고 있습니다. 종교사를 뒤돌아보면 종교가 전체 사회를 위해서 일사분란하게 협력했던 적은 별로 없습니다. 그리고 사실 종교는 어느 정도 정치에 가깝습니다. 정치와 종교가 시작할 무렵부터 둘은 원래 하나였습니다.

'진짜 종교'나 '정통 신앙'을 가리는 것은 해당 종교인에게나 중요한 문제입니다. 일반 시민과 정부가 그들의 신앙을 저울질할 것까지는 없습니다. 다만 팬데믹 상황에 적절한 행동인지 담박하게 판단하면 됩니다. 종교집단이라고 더 관대할 것도 없고, 더 엄격할 것도 없습니다.

우리나라에는 종교의 자유가 있다고 합니다. 대한민국 헌법 제20조는 "모든 국민은 종교의 자유를 가진다"(제1항)와 "국교는 인정되지 아니하며, 종교와 정치는 분리된다"(제2항)로 구성되어 있습니다. 그런데 문제는 '종교의 자유'라는 의미가 시간과 장소에 따라 다르게 간주된다는 것입니다.

서구사회에서 종교자유담론의 확산은 개신교가 등장한 '종교개

혁' 시기에 주로 일어났습니다. 중세유럽을 특징지었던 가톨릭 지배체제의 붕괴와 근대 민족국가의 등장에 따른 역사적 산물입니다. 그 당시 '종교의 자유'는 로마가톨릭의 지배로부터 '국가와 군주'가 얻고자 하는 '자유'였습니다. 국가와 군주는 로마가톨릭으로부터 자유를 원했죠. 여전히 '개인'에게는 자유가 없었습니다. 개인의 신앙과 양심의 자유에 대한 주장은 한참 뒤에나 등장합니다. 가톨릭이나 개신교가 아니라, 소위 '이단'이라고 불리던 재세례파, 침례파, 퀘이커파 등에서 앞장섰습니다.

한국은 어땠을까요? 구한말 개항기로 거슬러올라갑니다. 외국의 가톨릭과 개신교가 정교분리와 종교자유를 요구합니다. 조선의 문명화와 근대화의 필수조건이라고 선전했습니다. 처음에는 가톨릭이 나섰습니다. 유럽에서는 오랜 기득권을 가지고 있었지만 조선에서는 신흥종교였죠. 가톨릭은 원래 '종교의 자유'라는 말을 좋아하지 않았지만 조선 땅에서는 적극적으로 주장합니다. 유교가 통치이념인 조선에서 가톨릭을 선교하려면 종교의 자유가 필요했습니다. 유교 전통과 권위로부터의 자유입니다. 여러번의 교난(敎難)을 겪으면서 많은 사람이 목숨을 잃었습니다. 이에 비해 개신교의 사정은 좀 나았습니다. 가톨릭이 닦아놓은 길 위에서 비교적 안정적으로 선교를 할 수 있었죠. 그러다가 개신교 역시 정교분리를 주장하며 국가권력과의 갈등을 피하고자 했습니다.

역사적으로 볼 때 '종교의 자유'에 관한 주장은 당시 사정에 따른 독특한 맥락 속에서 서로 다른 목적과 목표가 있었습니다. 그러니 방역단계에 따라 종교활동을 제한하는 지침이 종교자유의 침해라는 주장도 분명히 그럴 겁니다. 물론 당연한 일입니다. 종교가 자기 이익과 목표를 추구하는 것은 있을 수 있는 일이죠. 그러나 그러한 주장을 세상에 잘 '설교'하려면 세상 사람이 납득할 만한 근거를 제시해야 합니다.

재난, 종교, 에티켓

재난은 고통입니다. 재난을 생생하게 겪은 피해자와 그 가족에게 고통은 달리 표현될 방법이 없습니다. 3차, 4차 피해자, 즉 재난의 직접적인 당사자가 아닌, 지역사회 주민이나 일반 국민도 고통을 느낍니다. 고통과 괴로움을 이해할 수 있어야 합니다.

종종 고통은 그저 감내하는 것 외에는 다른 방도가 없습니다. 갑작스럽게 사랑하는 이와 사별하는 상실의 고통이죠. 어떤 방법으로도 죽은 이가 살아 돌아올 수는 없습니다. 부조리하게도 우리는 고통이 낯설지 않습니다. 인류의 역사는 재난의 역사입니다. 전쟁과 화재, 태풍, 가뭄, 홍수, 지진, 그리고 역병입니다. 많은 이가 그저 견디는 것 외에는 다른 방법이 없는 고통을 겪었습니다.

당사자에게 상실의 고통은 기억이 아니라 현실입니다. 그들은 절규합니다. "왜 우리에게 이런 일이 벌어진 걸까?" 그러나 답은 쉽게 찾을 수 없습니다. '답변의 부재'가 당사자가 겪는 고통의 핵심입니다. TV 뉴스에서 나오는 소위 '전문가'의 진단과 설명도 공허합니다. 아무리 과학적이고 객관적인 설명을 해주어도, '하늘이 무너져 내린' 사람의 고통을 달래줄 수는 없습니다. 잠시 TV를 꺼야 합니다. 그것이 빈소(殯所)에서의 기본적인 예의입니다.

고통을 그저 감내할 수밖에 없다면, 그 의미를 찾아낼 수 있어야 합니다. 의미 없는 고통이야말로 삶을 이어나갈 힘을 포기하게 만듭니다. 여러 방법이 있습니다. 어떤 이는 고통의 의미를 '카르마'(karma, 業)라는 보편적인 인과율에서 발견하여 무명과 집착에서 벗어나고자 합니다. 또 어떤 이는 우주를 창조하고 통치하는 절대자의 '주권'과 '섭리'를 승인하고 언젠가 완전한 구원을 베풀 그에게 복종함으로써 현재의 고통을 감내하고자 합니다.

이뿐 아닙니다. 동아시아 문명권에는 재이사상(災異思想)이라고 해서, 특히 천변지이(天變地異)에 의해 피할 수 없는 고통을 겪게 된 경우 이를 천인상관(天人相關)의 사건으로 보는 시각이 있습니다. 사람은 하늘과 불가분의 관계에 있으며 하늘의 움직임은 사람의 행위와 관련이 있다는 것입니다. 이 책의 시작에서 이야기한 '인플루엔자'와 비슷합니다. 특히 군주의 선정(善政)과 무도(無道)는 각각 하늘의 상서(祥瑞)와 재앙(災殃)을 부르게 된다고 합니다. 이런 시각은 우리에게 제법 익숙합니다.

조선시대 「인조실록(仁祖實錄)」을 들춰 볼까요? 인조 2년(1624)에는 계속되는 극심한 가뭄으로 흉년이 듭니다. 백성이 굶어 죽고 거리에 시체가 즐비합니다. 임금은 어떤 대책을 세웠을까요? 신하에게 자신의 허물을 책망하여 잘못한 일을 바로잡을 수 있게 하라는 명을 내립니다. 임금 자신의 실정(失政)이 모든 고통의 원인이라는 것을 인정하고, 왕이 스스로 반성하겠다는 것입니다.

흑사병이 유행하던 유럽은 어땠을까요? 짧은 기간(1347~50) 동안, 당시 유럽인구의 30~35퍼센트에 이르는 엄청난 수의 사람이 사망했습니다. 원인도 몰랐고 치료법도 없었죠. 말 그대로 재앙이었습니다. 유럽인에게 모든 악과 고통은 인간의 죄에 따른 결과였습니다. 성 아우구스티누스(Aurelius Augustinus)의 기독교적 신정론(theodicy)이죠. 그러니 이러한 무지막지한 재난을 제대로 이해할 방법이 없었습니다.

"왜 우리에게 이런 고통이 있는가?"

그들이 찾은 대답은 두가지였습니다. 그 고통의 현존은 '자신의 죄' 때문입니다. 그것이 아니라면 '이교도의 음모' 때문입니다. 당시의 고통을 죄에 대한 신의 징벌로 해석하는 집단적인 죄의식은 흑사병만큼이나 무섭게 퍼져나갔습니다. 자신을 채찍질하며 고행을 하는 사람도 많이 생겨났습니다. 한편으로 이교도의 음모론을 주장하는 사람도 많았습니다. 1348년부터 이교도에 대한 학살이 시작됩니다. 기독교인이 마시는 물에 유대교인이 일부러 독을 넣어 흑사병을 퍼뜨렸다고 주장하며, 유대인들을 끌어내어 집단학살합니다.

한계를 넘어선 아픔을 감내하려면 어떤 식으로든 그 아픔을 의미화해야 합니다. 고통의 당사자는 자신의 문화적 배경에 따라 다

14세기 벨기에 지방에서 만들어진 필사본의 삽화로 1349년 흑사병 유행 시기의 유대인 학살을 그리고 있다. 유대인을 모아 불에 태워 잔인하게 죽이고 있다.

양한 해석을 통해 고통의 의미를 읽어냅니다. 물론 고통에 대한 모든 해석이 정당한 것은 아닙니다. 유대교인을 학살한 '신경증적 해석'은 옳지 않습니다. 종종 우리는 고통의 원인을 편집적으로 이해하고, 피해적으로 반응합니다.

그러나 분명한 것은 이러한 해석 과정이 극한의 고통에 직면한 인간의 실존적인 반응이라는 것입니다. 그것은 잘 다듬어진 설명이 아닙니다. 절박한 심정의 토로(吐露)입니다. 그렇게 해석된 고통의 의미는 사실에 갇혀 있지 않습니다. 그 의미가 객관적 사실과 어긋난다고 해도 고통의 당사자에게 그것 이상의 진실은 존재하지 않습니다. 그것만이 고통의 현실을 이해할 수 있게 해주기 때문입니다.

그렇다면 고통스러운 현실에 대한 '언어적 설명'의 요구에 '언어와 사실을 초월한 의미'로 응답하는 것은 이해하지 못할 정도로 기괴한 행동이 아닙니다. 광기도 아닙니다. 오래전부터 우리는 절박한 고통의 상황을 그런 식으로 감내해왔습니다.

물론 우리가 만나는 해석 모두가 피해 당사자의 실존적 반응은 아닙니다. 그러한 해석에는 자신의 고통에 대한 절박한 심정의 토로가 있지만, 남의 고통에 대한 외부의 담론도 섞여듭니다. 이 두가지는 구분해야 합니다. 외형상 비슷한 의미를 진술하고 있다고 하더라도, 그 둘은 결코 같지 않습니다. 고통의 당사자는 어떠한 객관적 설명도 결코 담아내지 못할 자신만의 실존적인 의미를 절박하게 토해냄으로써 '자신의 고통'이 던지는 "왜 우리에게?"라는 질문에 답하고자 합니다. 반면, 남의 고통에 관해 이야기하는 사람은 자신에게 익숙한 관점에 따라 "왜 그들에게?"라는 질문에 대한 답변을 하려고 하죠.

자기 집이 불타는 것과 남의 집이 불타는 것을 볼 때의 입장은 다를 수밖에 없습니다. 아무리 풍부한 공감능력을 가지고 감정을 이입하여 연민하더라도 여전히 남의 일입니다. 그러니 남의 고통에 대해 말할 때는 아주 조심해야 합니다. 같은 말이라도 고통의 당사자가 아닌 '남'이 할 때는 자칫 무서운 저주가 되거나, 오히려 화자 자신의 '무책임함'과 '철없음'을 드러낼 수 있습니다. 같은 말이라도 남이 해서는 안 될 말이 있습니다.

감염병으로 고통을 겪는 사람은 당혹스럽고 불안합니다. 고통은 설명을 요청합니다. 그런데 재난 상황의 인과추론이나 도덕 판단은 진화된 마음의 인지적, 심리적 과정의 결과입니다. 직관과 감정이 우선하고, 그 이유에 대한 설명은 차후에 만들어지므로 정확한 설명이 되기 어렵습니다. 종교적 가르침이나 경전의 내용을 근거로 설명해도 마찬가지입니다. 두꺼운 경전의 일부만 빼서 편리하게 인용합니다. 매번 설명이 달라집니다.

공식적인 교리의 차원에서 평화와 안녕을 추구하지 않는 종교는 없습니다. 그러나 종교는 교리의 가르침만으로 이루어진 것이 아닙니다. 다른 문화와 마찬가지로 종교는 사람의 생각과 행동으로 구성됩니다. 종교적인 생각과 행동 역시 진화된 마음이 만들어내는 각종 심리적 편향으로부터 자유로울 수 없습니다. 그래서 종교인은 재난에 처한 타인의 고통에 대해 말할 때는 특히 조심해야 합니다. 오래전에 진화한 인지체계가 부르는 잘못된 설명에 종교적 권위를 더해서 터무니없는 주장을 만들어낼 수 있습니다. 코로나-19로 가족을 잃은 사람이 170만명이 넘습니다. 그런데 이를 두고 '신의 당연한 징벌'이라고 외치는 이들이 있습니다. 정말 무심하고 무지한 폭력입니다.

팬데믹입니다. 세계 곳곳에서 재난의 피해에 대한 소식이 부고처럼 들려옵니다. 제대로 된 빈소조차 마련하지 못한 채 슬퍼하는 수많은 사람의 슬픔과 고통이 눈에 선합니다. 죽음의 소식은 하루도 거르는 법이 없습니다. 한국에서만 1700명이 넘게 죽었습니다. 우리가 할 수 있는 일은 많지 않습니다. 다만 재난 상황에서 갖춰야 할 예법과 태도가 있습니다. 유족의 심정을 헤아리고 말을 삼가는 가장 작은 일부터 배우고 실천하면 됩니다. 부고를 접한 '사람'이 지켜야 할 최소한의 에티켓입니다. 가장 근원적인 의미의 '종교'입니다.

공동체 기능의 회복

감염병에 의한 재난을 복구하는 데에는 공동체가 가지고 있는 몇가지 요인이 아주 큰 영향을 미칩니다.

첫째, 사회경제적 자본은 재난 시 복구속도와 그 후유증에 큰 영향을 미칩니다.

일반적으로 재난 이후 식량이나 의료 등 자원에 대한 접근성이 차단됩니다. 격리자나 확진자는 물론이고, 일반인도 마찬가지입니다. 비축자원이 빈약한 집단의 피해는 신속하고 광범위하게 발생합니다. 사회경제적 수준이 낮은 경우에는 전반적인 회복기간도 정체되고 지연됩니다. 미국은 코로나-19 확진자가 가장 많지만, 어떻게든 해결해낼 겁니다. 자원이 너무너무 많거든요. 그에 반해 기저 자원이 부족한 나라는 작은 재난에도 휘청입니다. 한국은 자원이 아주 적은 편은 아니지만, 그렇다고 넘치도록 많은 편도 아닙니다.

둘째, 시민사회의 역할이 아주 중요합니다.

시민사회(civic society)가 활성화된 집단은 더욱 낮은 취약성을 보이는 경향이 있습니다. 주로 민간 비영리단체(non-profit organization, NPO)와 비정부기구(non-governmental organization, NGO), 종교적 기구(faith-based organization) 등이 활발하게 역할을 하는 사회죠. 한국의 코로나-19 상황에서 이러한 시민사회의 기능은 상당히 미흡합니다. 우리나라 시민사회의 열정과 의지는 뜨겁지만 전문성이 부족하기 때문에 복잡한 감염병 재난에서는 어찌할지 모르는 것이죠.

안정적이고 전문적인 비국가 행위자가 잘 운영되는 사회는 높은 사회적 지지와 안전한 공동체 공간, 효과적인 정치적 리더십을 통해서 재난의 위험성이 낮아집니다. 한번 발생한 재난의 회복속도도 빠릅니다. 재난은 정부 혼자의 힘만으로는 어찌하기 어려운 경우가 많습니다. 게다가 종종 재난이 일어나면 정부에 대한 불신이 높아집니다. 시민사회나 종교적 기구와 같은 비국가 행위자가 정직한 중개자의 기능을 수행할 수 있습니다.

셋째, 사회의 정치와 문화의 수준도 중요합니다.

부분적인 민주체제를 이룬 국가는 재난에 취약하며, 종종 심각한 재난이 정권의 실패로 이어지기도 합니다. 라이베리아, 소말리아 등에서 실제 일어난 일입니다. 심지어는 정치체제가 완전한 경우에도 재난에 취약성을 보이는 경우가 있습니다. 또 미국입니다. 연방정부와 주정부 간의 불화가 있었던 허리케인 카트리나 사태가 그랬고, 지금의 코로나-19도 그렇습니다. 대통령과 주지사가 각각 다른 주장을 내세우며 분열하니 될 일도 안 됩니다.

특히 건강과 관련된 믿음체계는 재난 이후 회복 과정에 큰 영향을 미칩니다. 터무니없는 음모론이 나돌고, 백신의 위험성이 과장되고, 민간요법이 기승을 부리면 재난을 극복하기 어렵습니다. 집단이 쪼개어져 서로 싸우고, 책임을 전가하면 문제는 오히려 더 커집니다. 사회의 전반적인 이타성과 다양성 등에 대한 강한 규준이 있다면 신속하게 회복할 수 있습니다.

1918년 스페인 독감이 미국에서 유행하자 미국사회는 공황에 빠졌습니다. 바이러스학자 니키포룩의 이야기입니다.

부패한 시장과 무능한 보건당국자가 이끌어가던 필라델피아는 끔찍한 고통을 겪었다. 수많은 흑인 이웃을 나몰라한 결과 경찰서 밖에 시신이 산처럼 쌓였다. 매일 수백명의 사람이 죽어가는데 당국은 '두려워하거나 경계할 이유가 전혀 없다'는 공허한 공식 발표만 남발했다.

　반대로 지역사회 중심의 탄탄한 조직력을 바탕으로 끔찍한 지진사태를 딛고 일어난 경험이 있었던 샌프란시스코는 수많은 희생자에도 불구하고 당당히 역경을 이겨낼 수 있었다. 학교가 폐쇄되자 교사는 자진해서 간호사, 무덤 파는 인부, 전화 교환수로 나섰다. 필라델피아와 그곳의 터무니없는 여론 조작자와 달리 샌프란시스코의 당국자는 공황상태를 무마하려고 애쓴 것이 아니라 침입자를 저지하는 데 초점을 맞췄다. 모든 사람은 마스크를 쓰고 적극적으로 일에 달려들었다.[•]

● 앤드류 니키포룩『대혼란: 유전자 스와핑과 바이러스 섹스』, 이희수 옮김, 알마 2010, 396면.

에필로그

어두운 미래

　가까운 미래, 아니 지금 당장이라도 다양한 신종 감염병이 중복 유행할 가능성이 높습니다. 지난 20년간 HIV는 변종이 2개에서 400개로 늘었죠. 1975년 이후 크게 유행한 신종 감염균만 50여 종입니다. 앞으로 상시적인 감염병 팬데믹이 일어나는 세계는 어떻게 바뀔까요? 미국 의회예산처에서 발행한 보고서에 의하면, 사망자가 전체 인구의 2.5퍼센트를 넘기 시작하면 과거 대역병이 불러온 사회적 현상이 재현된다고 합니다. 북미를 기준으로 800만명이 죽는 상황이죠. 노동인구의 3분의 1은 환자가 되거나 환자를 돌봐야 합니다. 경제는 무너지고 공공서비스가 마비됩니다. 의료시스템 붕괴는 이차적인 감염병을 부릅니다. 그런데 지금까지 코로나-19로 사망한 사람은 270만명에 달합니다. 한번 걸리면 최소한 인플루엔자 사망 위험률의 3배에 달하는 사망률을 보입니다. 소아청소년의 경우에는 10배가 넘는 위험률을 보입니다. 노인은 특히 취약한데, 한국의 경우 80세 이상 고령자는 코로나-19 확진자의 5퍼센트에 불과하지만 사망자의 50퍼센트 이상을 차지합니다. 방역에 실패하면 미래는 이미 정해진 것이나 다름없습니다.

백신이나 치료제 개발에 거는 기대가 큽니다. 그러나 백신이나 치료제 개발에는 막대한 예산과 시간이 걸립니다. 설사 개발에 성공해도 모든 사람에게 접종하는 것은 불가능합니다. 결국 정부는 "기침과 재채기는 입을 가리고 하세요"라는 식의 첨단과학기술과 거리가 먼 단순한 기술적 메시지에 의존할 수밖에 없습니다. 물론 틀린 말은 아니지만 도대체 언제까지 마스크를 쓰고 살아야 할까요? 학교는 언제 제대로 된 개학을 할까요? 우리는 이제 해외여행을 영영 못 가게 되는 것은 아닐까요?

국가는 상황이 나쁠수록 엄격한 격리와 국경폐쇄를 선택할 수밖에 없습니다. 감염이 확산하는 상황은 정치·경제적으로 상당한 부담입니다. 집단면역을 실험한다는 스웨덴은 결국 백기를 들었습니다. 해외토픽에는 자가격리 위반자를 사살한다는 어떤 나라의 이야기가 보도됩니다. 그러나 이러한 아비규환의 세상은 인류사적으로는 낯선 상황이 아닙니다. 상황이 더 심해지면 밀어닥치는 환자로 병원은 마비상태에 빠지고, 의료물자가 금방 바닥날 것입니다. 공포에 질린 의사와 간호사가 병원을 떠나기 시작하면 마지막이 온 것이죠. 2020년 초 스페인에서는 환자가 늘어나자 치료할 사람과 포기할 사람을 임의로 나누어야 했고, 뉴욕에서는 부족한 묘지로 인해 집단매장을 결정했고, 워싱턴 시민은 백악관으로 '진격'했습니다.

이러한 혼란은 인류사에서 흔하게 일어났던 '정상적' 과정입니다. 고고학자 로버트 애덤스(Robert Adams)는 자원의 집중화 뒤에 따르는 불규칙하지만 불가역적인 쇠락의 순환주기를 설명하면서, 이를 탈집중화를 향한 압력이라고 했습니다. 몇몇 곡물에 의존한 집중화된 농경과 과도한 가축사육은 필연적으로 전염병을 불렀고, 주기적인 기아로 이어졌죠. 국가의 붕괴는 문화의 재공식화와 탈중심화로 봐야 한다는 것입니다. 그래서 인류학자 스콧은 과감하게도 국가 붕괴가 질서의 정상화라고 주장합니다. 중앙집권화된 권력이 거대한 가시적 문화를 유지하지는 못하겠지만, 오히려 자유를 만끽하고 인류의 복지는 결과적으로 향상된다는 것이죠. 로마제국은 멸망해도 로마인은 여전히 삶을 지속할 수 있었던 것처럼 말입니다. 다만 국경선의 모양, 그리고 세금징수원의 소속이 바뀐다고 했습니다. 어두운 미래라고는 하지만 스콧은 과연 누구에게 암흑기란 말이냐고 따집니다.

그러나 이러한 주장에 선뜻 동의하기 어렵습니다. 흔히 흑사병으로 인해 찬란한 르네상스가 도래했다고 말하는 사람이 있습니다. 맞는 말이지만, 그래도 싫습니다. 인구의 3분의 1 이상을 희생하고 얻는 르네상스라면 차라리 중세의 암흑기에서 사는 편을 택하겠습니다.

신석기에 시작된 수많은 전염병은 과도하게 생산력을 증대시키려는 다양한 시도가 불러온 참혹한 결과입니다. 현대사회의 신종 전염병도 마찬가지입니다. 좁은 곳에서 많은 사람이 모여 살기 위해서 위험천만한 도박을 벌인 것입니다. 효율적이지만 도박은 도박입니다. 도박장에서 계속 돈을 따는 사람은 없습니다.

코로나-19는 향후 뉴노멀의 시대를 불러올 것입니다. 하지만 정확하게 말하면 다시 찾은 과거죠. 언제부터인가 세계는 마치 지구 전체를 경계로 하는 거대한 하나의 도시가 될 것처럼 서로 연결되고 있었습니다. 그리고 그것이 밝은 미래를 보장해줄 것이라고 모두 근거 없는 희망을 품었죠. 처음이 아닙니다. 부를 극대화하려는 지배층은 교역의 규모와 지리적 한계를 끝없이 확장하려고 했습니다. 5500년 전, 수메르의 도시국가 우루크는 북으로 캅카스산맥, 남으로 페르시아만, 동으로 이란고원, 서로는 동지중해까지 펼쳐진 최초의 세계체제를 이루었습니다. 당시 유행한 전염병이야말로 최초의 팬데믹이라고 할 수 있을까요? 그러나 우루크 체제는 오래가지 못했습니다. 인구가 밀집한 거대도시, 먼 지역간의 물자교역, 잦은 여행과 원거리 원정, 새로운 거주지의 확장은 신종 감염균이 생겨나고, 크게 유행하기에 최적 조건이기 때문입니다.

미래가 어떻게 바뀔지 누구도 알 수 없습니다. 그러나 끝없이 커지기만 하던 세계무역과 인력, 물자의 이동은 기세가 꺾일 것입니다. 지금의 인류는 역사상 가장 큰 규모의 '제국'을 건설했죠. 지구 전체가 하나의 도시나 다름없습니다. 강력한 백신과 항생제, 보건

의료의 향상과 위생의 개선에도 불구하고 2차 세계대전 이후 세 번의 '공식적인' 팬데믹이 발생했습니다. 코로나-19가 언제 종식될지, 과연 종식할 수 있을지 아무도 모릅니다. 설령 종식된다고 해도 안심할 수 없습니다. 유스티니아누스 역병은 무려 200년을 끌었습니다.

니키포룩은 수필가 이언 웰시(Ian Welsh)의 말을 빌려, 사람들이 여행을 덜 하고 무역을 줄이며 공공보건에 더 관심을 기울일 것이라고 하였습니다. 백화점에 진열된 해외상품의 수가 줄어든다는 것이죠. 단종재배와 공장형 사육, 생태계 파괴, 세계화 등에 대한 대중의 의문이 제기될 것입니다.

생태계 파괴와 세계화, 도시화 등을 통한 경제적 이득이 향후 지속해서 발생할 신종 팬데믹을 감수할 만한 가치가 있을까요? 지구온난화에는 심드렁하던 사람들이 코로나-19에는 아주 예민하게 반응하고 있습니다. 인간의 가장 심원한 무의식에 자리한 역병에 대한 공포입니다. 이제 거스를 수 없는 거대한 사회적 변화가 시작되었습니다. 우루크 세계체제가 무너진 것처럼 지금의 단일한 세계경제체제가 종막을 고할지 모릅니다. 분명 2019년 12월 이전으로 돌아가기는 어려울 것입니다.

여러번 반복하지만 인류의 역사는 감염병의 역사입니다. 그러나 인류가 감염병에 시달리지 않았던 시기가 없었던 것은 아닙니다. 그때가 언제일까요? 문명이 들어서기 전, 수렵채집을 하던 때입니다. 물론 주먹도끼를 들고 구석기시대로 돌아갈 수는 없습니다. 하지만 지긋지긋한 감염병 연대기의 마지막 장을 끝내려면 아주 오랜 선조의 경험에 눈을 돌려야 합니다. 최후의 빙하기 이전의 인류사입니다.

또한 감염과 관련된 강력한 불안과 두려움, 공포, 강박의 심리적 반응, 그리고 혐오와 배제, 차별의 사회적 반응에 관심을 기울여야 합니다. 감염병 자체보다 더 막대한 피해를 가져온, 우리 본성의 악한 천사(The worse angels of our nature)입니다. 어쩔 수 없는 일입니다. 자신의 안전을 위해서라면 타인을 미워하고, 때리고, 죽일 수도 있는 것이 바로 우리 본성입니다. 체면 때문에, 법 때문에, 평판 때문에 잠들어 있는 오랜 본성입니다. 그러나 팬데믹 상황에서는 강력하게 활성화될 수 있습니다.

감염병에 걸리면 속수무책으로 당하기만 하던 때가 불과 100여 년 전입니다. 잠시잠깐 일부 북반구 선진국이 누린 수십년간의 감염안전사회(infection-free society). 그러나 그 짧았던 단꿈에서 깨어나고 있습니다. 이제 우리 앞에 기다리고 있는 것은 영원히 지속될 역병의 시대인지도 모릅니다. 지난 1만년 동안 시달렸던 역병입니다. 앞으로 1만년을 더 지속해도 이상한 일은 아닙니다.

몇몇 진화인류학자와 진화의학자가 오랜 과거로 눈을 돌리고 있습니다. 감염병과 종교에 대한 진화적 지식을 가지고 코로나 시대에 벌어지는 여러 현상을 설명해보려는 인지종교학자도 있습니다. 감염병 그리고 혐오와 싸울 수 있는 답은 분명 우리 인류의 과거에 있습니다. 인류의 오랜 기억을 더듬어야 합니다.

인류는 이미 수백만년 동안 감염병과 씨름하며 살아온 경험이 있지만, 앞으로 어떤 운명을 맞게 될지 미래를 정확히 예측하는 것은 불가능합니다. 제한된 공간에서 상호작용하며 살아온 인류가 지금까지 한번도 경험하지 못했던 삶의 방식과 새로운 일상이 등장할 것이라는 '뉴노멀'의 담론이 형성되고 있습니다. 우리의 상상력은 아직 절망에 이르지 않았습니다.

새로운 세계의 시민윤리에 대한 논의도 시작되었습니다. 인류 공동체의 붕괴를 막고 더 건강한 사회를 만들기 위한 다양한 아이디어가 제시되고 있습니다. 기후변화를 억제하고 자연생태계를 보존하며 사회적 혐오를 줄여야 한다고 합니다. 의제는 차고 넘칩니다. 그러나 저절로 되는 일은 아무것도 없습니다. 의식적인 노력과 광범위한 협력이 필요합니다.

절대 놓치지 말아야 할 과제가 있습니다. 우리 자신, 즉 인간에 대한 더 투명하고 정직한 이해를 공유하는 것입니다. 현재는 불확실하고, 미래는 아무도 모릅니다. 하지만 과거는 조금 알고 있습니다. 인간과 질병의 역사에 관한 인류학적 지혜라는 이름의 책입니다. 책의 앞부분은 대부분 떨어져 나갔고, 중간중간 비어 있으며, 찢어진 페이지도 많습니다. 그러나 우리가 의지할 수 있는 유일한 경전입니다. 그 책을 한 손에 쥐고, 우리는 이제 출발점에 섰습니다.

알베르 카뮈(Albert Camus)는 자신의 책 『페스트』에서 수많은 희생자를 낳은 후 드디어 페스트를 이겨낸 오랑시를 바라보는 주인공의 말을 빌려 다음과 같이 말했습니다. 책의 마지막 구절입니다.

그는 이 연대기가 결정적인 승리의 기록일 수 없다는 것을 잘 알고 있었다. 이 기록은 다만 공포와 그 공포가 지닌 악착같은 무기에 대항해 수행하여야 했던 것, 그리고 성자가 될 수도 없고 재앙을 용납할 수도 없기에 그 대신 의사가 되겠다고 노력하는 모든 사람이 그들의 개인적인 고통에도 불구하고 아직도 수행하여야 할 것에 대한 증언일 뿐이다.

군중이 모르는 사실, 즉 페스트균은 결코 죽거나 소멸하지 않으며, 그 균은 수십년간 가구나 옷가지들 속에서 잠자고 있을 수 있고, 방이나 지하실이나 트렁크나 손수건이나 낡은 서류 같은 것들 속에서 꾸준히 살아남아 있다가 아마 언젠가는 인간들에게 불행과 교훈을 가져다주기 위해서 또다시 저 쥐를 흔들어 깨워서 어느 행복한 도시로 그것을 몰아넣어 거기서 죽게 할 날이 온다는 것을 알고 있었기 때문이다.•

• 알베르 카뮈 『페스트』, 김화영 옮김, 민음사 2011, 401~402면.

새로운 과거

방성혜『조선, 종기와 사투를 벌이다: 조선의 역사를 만든 병, 균, 약』, 시대
의 창 2012.

「阿 CDC수장 "아프리카서 백신 실험 발상…역겨운 인종차별"」, 뉴시
스 2020. 4. 10. http://www.donga.com/news/article/all/20200410/
100593458/1

알베르 카뮈『페스트』, 김화영 옮김, 민음사 2011.

조너선 스위프트『걸리버 여행기』, 이종인 옮김, 현대지성 2019.

지크문트 프로이트『종교의 기원』, 이윤기 옮김, 열린책들 1997.

Carroll, Rory. "Guatemala victims of US syphilis study still haunted by the
'devil's experiment'". *The Guardian*. June 8, 2011.

Lederer, Susan E. *Subjected to Science: Human Experimentation in America before the Second World War*. Johns Hopkins University Press 1995.

Lozano, Rafael. Naghavi, Mohsen. Foreman, Kyle et al. "Global and regional mortality from 235 causes of death for 20 age groups in 1990 and 2010: a systematic analysis for the Global Burden of Disease Study 2010". *The Lancet* vol. 380, no. 9859. December 15, 2012. pp. 2095-128. https://doi.org/10.1016/S0140-6736(12)61728-0

Swift, Jonathan. *Gulliver's Travels into Several Remote Nations of the World*. Willoughby & Company 1825.

1장 감염병과 우리 안의 원시인

리더스다이제스트 편『상식의 허실』, 동아출판사 1992.

무츠 도시유키『닥터노구찌』1~9, 단행본 소년 편집부 옮김, 학산문화사 2002~2003.

웬다 트레바탄『여성의 진화: 몸, 생애사 그리고 건강』, 박한선 옮김, 에이도스 2017.

조승한「미국인 4명 중 1명, '코로나19 음모론' 믿는다」,『동아사이언스』 2020. 3. 23. http://dongascience.donga.com/news.php?idx=35352

G. 올리비에『인류생태학』, 권숙표 옮김, 삼성문화재단 1978.

찰스 다윈『인간과 동물의 감정 표현』, 김홍표 옮김, 지만지 2014.

_____『인간의 유래와 성선택』, 이종호 옮김, 지만지 2010.

Aristotle. *History of Animals*. Edited and translated by D. M. Balme & A. L. Peck. Harvard University Press 1965.

Bergreen, Laurence. *Capone: The Man and the Era*. Simon & Schuster 1994.

Brath, Klaus. "100 years ago died Fritz Schaudinn, discoverer of the syphilis agent: unrecognized in his own country". *MMW Fortschritte der Medizin* vol. 148, no. 23. June 2006. p. 68.

Diaz, James H. "Hypothesis: angiotensin-converting enzyme inhibitors and angiotensin receptor blockers may increase the risk of severe COVID-19". *Journal of Travel Medicine* vol. 27, no. 3. April 2020. taaa041. https://doi. org/10.1093/jtm/taaa041

Eliade, Mircea. *The Sacred and the Profane: The Nature of Religion*. tr. Willard R. Trask. Harcourt Brace Jovanovich 1987.

Freud, Sigmund. *Civilization and its discontents* vol. XXI. ed. & trans. James Strachey. Vintage 2001.

_____. *Civilization and its discontents*. tr. Gregory C. Richter. Broadview Press 2015.

Gallagher, James. "Coronavirus: Malaria drug hydroxychloroquine 'does not save lives'". *BBC*. June 5, 2020. https://www.bbc.com/news/health-52937153

Gladstein, Jay. "Hunter's Chancre: Did the Surgeon Give Himself Syphilis?". *Clinical Infectious Diseases* vol. 41, no. 1. July 1, 2005. p. 128. https://doi. org/10.1086/430834

Huxley, Thomas Henry. *Man's Place in Nature, and Other Essays*. 1906. The Project Gutenberg EBook. 2012. https://www.gutenberg.org/files/40257/40257-h/40257-h.htm

Jiang, Shibo. Shi, Zhengli. Shu, Yuelong et al. "A distinct name is needed for the new coronavirus". *The Lancet* vol. 395, no. 10228. March 21, 2020. p. 949. https://doi.org/10.1016/S0140-6736(20)30419-0

Meng, Juan. Xiao, Guohui. Zhang, Juanjuan et al. "Renin-angiotensin system inhibitors improve the clinical outcomes of COVID-19 patients with hypertension". *Emerging Microbes & Infections* vol. 9, no. 1. 2020. pp. 757–60. https://doi.org/10.1080/22221751.2020.1746200

Meyer, Christian G. Marks, Florian and May, Jürgen. "Editorial: Gin tonic revisited". *Tropical Medicine & International Health* vol. 9, no. 12. December 2004. pp. 1239–40. DOI: 10.1111/j.1365-3156.2004.01357.x

Online Etymology Dictionary. "hypothesis". https://www.etymonline.com/word/hypothesis#etymonline_v_16140

Propper, Ruth E. "Does Cigarette Smoking Protect Against SARS-CoV-2 Infection?". *Nicotine & Tobacco Research* vol. 22, no. 9. September 2020. p. 1666. DOI: 10.1093/ntr/ntaa073

Retief, F.P. and Wessels, A. "Did Adolf Hitler have syphilis?: a history of medicine". *South African Medical Journal* (SAMJ) vol. 95, no. 10. October 2005. pp. 750–56.

Ross, John J. "Shakespeare's Chancre: Did the Bard Have Syphilis?". *Clinical Infectious Diseases* vol. 40, no. 3. February 1, 2005. pp. 399–404. https://doi.org/10.1086/427288

Tampa, Mircea. Matei, Clara. Benea, Vasile et al. "Brief history of syphilis". *Journal of medicine and life* vol. 7, no. 1. January–March 2014. pp. 4-10.

Watts, Fraser and Turner, Léon (eds.) *Evolution, Religion and Cognitive Science*. Oxford University Press 2014.

World Health Organization Technical document. "World Health Organization best practices for the naming of new human infectious diseases". May 15, 2015. https://www.who.int/publications/i/item/WHO-HSE-FOS-15.1

Zhao, Qianwen. Meng, Meng. Kumar, Rahul et al. "The impact of COPD and smoking history on the severity of COVID-19: A systemic review and meta-analysis". *Journal of Medical Virology* vol. 92, no. 10. October 2020. pp. 1915-21. https://doi.org/10.1002/jmv.25889

http://ncov.mohw.go.kr/

https://www.rcseng.ac.uk/museums-and-archives/hunterian-museum/

2장 감염병 연대기

윌리엄 H. 맥닐 『전염병과 인류의 역사』, 허정 옮김, 한울 2008.

제임스 C. 스콧 『농경의 배신: 길들이기, 정착생활, 국가의 기원에 관한 대항서사』, 전경훈 옮김, 책과함께 2019.

폴 W. 이월드 『전염성 질병의 진화』, 이성호 옮김, 아카넷 2014.

Diamond, Jared. "The Worst Mistake in the History of the Human Race". *Discover*. May 1, 1999. https://www.discovermagazine.com/planet-earth/the-worst-mistake-in-the-history-of-the-human-race

3장 기생체와 숙주의 기나긴 군비경쟁

김성순·최보율·이상원 「신종 인플루엔자 유행 관리를 위한 수학적 이론과 전략에 관한 고찰」, 『Epidemiology and Health』 30권 2호, 한국역학회 2008, 157~67면.

앤드류 니키포룩 『대혼란: 유전자 스와핑과 바이러스 섹스』, 이희수 옮김, 알마 2010.

질병관리청 '2018년도 옴, 머릿니 예방 및 관리 안내서', 2018. 6. 11. http://www.cdc.go.kr/board.es?mid=a20507020000&bid=0019&act=view&list_no=138001

Anthony, Simon J. Epstein, Jonathan H. Murray, Kris A. et al. "A Strategy To Estimate Unknown Viral Diversity in Mammals". *mBio* vol. 4, no. 5. September 3, 2013. e00598-13. DOI: 10.1128/mBio.00598-13

"Biologists find 'surprising' number of unknown viruses in sewage". *ScienceDaily*. October 6, 2011. https://www.sciencedaily.com/releases/2011/10/111005172651.htm

Chisholm, Rebecca H. Trauer, James M. Curnoe, Darren and Tanaka, Mark M. "Controlled fire use in early humans might have triggered the evolutionary emergence of tuberculosis". *Proceedings of the National Academy of Sciences of the United States of America* (PNAS) vol. 113, no. 32. August 2016. pp. 9051 – 56. https://doi.org/10.1073/pnas.1603224113

Dykhuizen, Daniel. "Species Numbers in Bacteria". *Proceedings of the California Academy of Sciences* vol. 56, no. 6 suppl 1. Jun 3, 2005. pp. 62 – 71. https://www.ncbi.nlm.nih.gov/pmc/articles/PMC3160642/

Enard, David and Petrov, Dmitri A. "Evidence that RNA viruses drove adaptive introgression between Neanderthals and modern humans". *Cell* vol. 175, no. 2. October 4, 2018. pp. 360-71. https://doi.org/10.1016/j.cell.2018.08.034

Epidemiology Working Group for NCIP Epidemic Response, Chinese Center for Disease Control and Prevention. "The epidemiological characteristics of an outbreak of 2019 novel coronavirus diseases (COVID-19) in China". *Zhonghua Liuxingbingxue Zazhi* (in Chinese) vol. 41, no. 2. February 2020. pp. 145-51. DOI: 10.3760/cma.j.issn.0254-6450.2020.02.003

Gajdusek, D. Carleton. Gibbs Jr., Clarence J. and Alpers, Michael.

"Transmission and Passage of Experimental 'Kuru' to Chimpanzees". *Science* vol. 155, no. 3759. January 13, 1967. pp. 212 – 14. DOI: 10.1126/science.155.3759.212

Huang, Chaolin. Wang, Yeming. Li, Xingwang et al. "Clinical features of patients infected with 2019 novel coronavirus in Wuhan, China". *The Lancet* vol. 395, no. 10223. February 15, 2020. pp. 497–506. https://doi.org/10.1016/S0140-6736(20)30183-5

James, Steven R. "Hominid Use of Fire in the Lower and Middle Pleistocene: A Review of the Evidence (and Comments and Replies)". *Current Anthropology* vol. 30, no. 1. February 1989. pp. 1 – 26. https://doi.org/10.1086/203705

Kirkness, Ewen F. Haas, Brian J. Sun, Weilin et al. "Genome sequences of the human body louse and its primary endosymbiont provide insights into the permanent parasitic lifestyle". *PNAS* vol. 107, no. 27. July 2010. pp. 12168–73. https://doi.org/10.1073/pnas.1003379107

Kittler, Ralf. Kayser, Manfred and Stoneking, Mark. "Molecular Evolution of Pediculus humanus and the Origin of Clothing". *Current Biology* vol. 13, no. 16. August 19, 2003. pp. 1414 – 17. https://doi.org/10.1016/S0960-9822(03)00507-4

Light, Jessica E. Allen, Julie M. Long, Lauren M. et al. "Geographic Distributions and Origins of Human Head Lice (*Pediculus humanus capitis*) Based on Mitochondrial Data". *Journal of Parasitology* vol. 94, no. 6. December 2008. pp. 1275 – 81. https://doi.org/10.1645/GE-1618.1

Mora, Camilo. Tittensor, Derek P. Adl, Sina et al. "How Many Species Are There on Earth and in the Ocean?". *PLOS Biology* vol. 9, no. 8. August 2011. https://doi.org/10.1371/journal.pbio.1001127

Nasir, Arshan and Caetano-Anollés, Gustavo. "A phylogenomic data-driven exploration of viral origins and evolution". *Science Advances* vol. 1, no. 8. September 4, 2015. e1500527. DOI: 10.1126/sciadv.1500527

NCBI, National Library of Medicine, NIH. "Table 3: WHO Pandemic Phase Descriptions and Main Actions by Phase". https://www.who.int/influenza/resources/documents/pandemic_phase_descriptions_and_actions.pdf. Archived from the original on 23 April 2020. Table/Figure 3 is from Chapter 4 of *Pandemic Influenza Preparedness and Response: A WHO Guidance Document*, 2009.

Oosting, Marije. Cheng, Shih-Chin. Bolscher, Judith M. et al. "Human TLR10 is an anti-inflammatory pattern-recognition receptor". *PNAS* vol. 111, no. 42. October 2014. E4478-E4484. https://doi.org/10.1073/pnas.1410293111

Pinker, Susan. "The truth about falling coconuts". *CMAJ* vol. 166, no. 6. March 19, 2002. p. 801.

Pruetz, Jill D. and Herzog, Nicole M. "Savanna Chimpanzees at Fongoli, Senegal, Navigate a Fire Landscape". *Current Anthropology* vol. 58, suppl 16. August 2017. https://doi.org/10.1086/692112

Prusiner, S.B. "Novel proteinaceous infectious particles cause scrapie". *Science* vol. 216, no. 4542. April 9, 1982. pp. 136–44. DOI: 10.1126/science.6801762

Reed, David L. Light, Jessica E. Allen, Julie M. and Kirchman, Jeremy J. "Pair of lice lost or parasites regained: the evolutionary history of anthropoid primate lice". *BMC Biology* vol. 5, no. 7. March 7, 2007. https://bmcbiol.biomedcentral.com/articles/10.1186/1741-7007-5-7

Reuters Staff. "WHO says it no longer uses 'pandemic' category, but virus still emergency". *Reuters*. February 24, 2020.

Simonti, Corinne N. Vernot, Benjamin. Bastarache, Lisa et al. "The phenotypic legacy of admixture between modern humans and Neandertals". *Science* vol. 351, no. 6274. February 12, 2016. pp. 737-41. DOI: 10.1126/science.aad2149

Stearns, Stephen C. and Koella, Jacob C. *Evolution in Health and Disease* (2nd edition). Oxford University Press 2008.

Vernot, Benjamin. Tucci, Serena. Kelso, Janet et al. "Excavating Neandertal and Denisovan DNA from the genomes of Melanesian individuals". *Science* vol. 352, no. 6282. April 8, 2016. pp. 235-39. DOI: 10.1126/science.aad9416

Wolfe, Nathan D. Dunavan, Claire Panosian and Diamond, Jared. "Origins of major human infectious diseases". *Nature* vol. 447, no. 7142. May 17, 2007. pp. 279-83. DOI: 10.1038/nature05775

http://www.whonamedit.com/doctor.cfm/3185.html

http://www.whonamedit.com/doctor.cfm/3334.html

https://www.google.com/search?q=etymology+of+virus&oq=etymology+of+virus&aqs=chrome..69i57.7305j0j9&sourceid=chrome&ie=UTF-8

https://www.sdsc.edu/ScienceWomen/franklin.html

https://www.who.int/immunization/diseases/typhoid/en/

https://www.who.int/whosis/whostat/2011/en/

4장 면역의 진화

강석기 『과학을 취하다 과학에 취하다』, 엠아이디 2014.

존 카트라이트 『진화와 인간 행동: 인간의 조건에 대한 다윈주의적 전망』,

박한선 옮김, 에이도스 2019.

Barreiro, Luis B. and Quintana-Murci, Lluís. "From evolutionary genetics to human immunology: how selection shapes host defence genes". *Nature Reviews Genetics* vol. 11, no. 1. 2010. pp. 17-30. https://doi.org/10.1038/nrg2698

Coon, Eric R. Quinonez, Ricardo A. Moyer, Virginia A. and Schroeder, Alan R. "Overdiagnosis: How Our Compulsion for Diagnosis May Be Harming Children". *Pediatrics* vol. 134, no. 5. November 2014. pp. 1013-23. https://doi.org/10.1542/peds.2014-1778

Dantzer, Robert. Bluthé, Rose-Marie. Layé, Sophie et al. "Cytokines and sickness behavior". *Annals of the New York Academy of Sciences* vol. 933, no. 1. March 2001. pp. 222-34. https://doi.org/10.1111/j.1749-6632.2001.tb05827.x

De Swert, L.F.A. "Risk factors for allergy". *European Journal of Pediatrics* vol. 158, no. 2. February 1999. pp. 89 – 94. DOI: 10.1007/s004310051024

Enard, David and Petrov, Dmitri A. "Evidence that RNA viruses drove adaptive introgression between Neanderthals and modern humans". *Cell* vol. 175, no. 2. October 4, 2018. pp. 360-71. https://doi.org/10.1016/j.cell.2018.08.034

Ewald, Paul W. "The Evolution of Virulence". *Scientific American* vol. 268, no. 4. April 1993. pp. 86-93.

Falcone, Franco H. and Pritchard, David I. "Parasite role reversal: worms on trial". *Trends in Parasitology* vol. 21, no. 4. April 2005. pp. 157-60. DOI: 10.1016/j.pt.2005.02.002

Fallon, Padraic G. and Mangan, Niamh E. "Suppression of TH2-type allergic reactions by helminth infection". *Nature Reviews Immunology* vol. 7. March 2007. pp. 220 – 30.

Frank, Steven A. *Immunology and Evolution of Infectious Disease.* Princeton University Press 2002.

Galli, S.J. "Allergy". *Current Biology* vol. 10, no. 3. February 1, 2000. pp. R93 – R95. https://doi.org/10.1016/S0960-9822(00)00322-5

Grammatikos, Alexandros P. "The genetic and environmental basis of atopic diseases". *Annals of Medicine* vol. 40, no. 7. 2008. pp. 482-95. https://doi.org/10.1080/07853890802082096

Inhorn, Marcia C. and Brown, Peter J. "The Anthropology of Infectious Disease". *Annual Review of Anthropology* vol. 19. 1990. pp. 89-117. https://www.jstor.org/stable/2155960

Matricardi, P.M. "99th Dahlem conference on infection, inflammation and chronic inflammatory disorders: controversial aspects of the 'hygiene hypothesis'". *Clinical & Experimental Immunology* vol. 160, no. 1. April 2010. pp. 98 – 105. https://doi.org/10.1111/j.1365-2249.2010.04130.x

Oosting, Marije. Cheng, Shih-Chin. Bolscher, Judith M. et al. "Human TLR10 is an anti-inflammatory pattern-recognition receptor". *PNAS* vol. 111, no. 42. October 2014. E4478-E4484. https://doi.org/10.1073/pnas.1410293111

Rook, Graham A.W. and Brunet, L.R. "Microbes, immunoregulation, and the gut". *Gut* vol. 54, no. 3. 2005. pp. 317 – 20. https://doi.org/10.1136/gut.2004.053785

Rook, Graham A.W. Lowry, Christopher A. and Raison, Charles L. "Microbial 'Old Friends', immunoregulation and stress resilience". *Evolution, Medicine, and Public Health* vol. 2013, no. 1. 2013. pp. 46 – 64.

https://doi.org/10.1093/emph/eot004

Rook, Graham A.W. Martinelli, Roberta and Brunet, Laura Rosa. "Innate immune responses to mycobacteria and the downregulation of atopic responses". *Current Opinion in Allergy and Clinical Immunology* vol. 3, no. 5. October 2003. pp. 337–42. DOI: 10.1097/00130832-200310000-00003

Simonti, Corinne N. Vernot, Benjamin. Bastarache, Lisa et al. "The phenotypic legacy of admixture between modern humans and Neandertals". *Science* vol. 351, no. 6274. February 12, 2016. pp. 737–41. DOI: 10.1126/science.aad2149

Stanwell-Smith, Rosalind. Bloomfield, Sally F. and Rook, Graham A. "The Hygiene Hypothesis and its implications for home hygiene, lifestyle and public health". International Scientific Forum on Home Hygiene, September 2012. http://www.ifh-homehygiene.org

Strachan, David P. "Hay fever, hygiene, and household size". *British Medical Journal* (BMJ) vol. 299. November 18, 1989. pp. 1259–60. https://doi.org/10.1136/bmj.299.6710.1259

Trevathan, Wenda R. *Evolutionary Medicine.* Edited by Wenda R. Trevathan, Euclid O. Smith and James J. McKenna. Oxford University Press 1999.

Venter, C. Pereira, B. Voigt, K. et al. "Prevalence and cumulative incidence of food hypersensitivity in the first 3 years of life". *Allergy* vol. 63, no. 3. March 2008. pp. 354–59. https://doi.org/10.1111/j.1398-9995.2007.01570.x

Vernot, Benjamin. Tucci, Serena. Kelso, Janet et al. "Excavating Neandertal and Denisovan DNA from the genomes of Melanesian individuals". *Science* vol. 352, no. 6282. April 8, 2016. pp. 235–39. DOI: 10.1126/

science.aad9416

Virella, Gabriel (ed.) *Medical immunology*. CRC Press 2019.

Wolfe, Nathan D. Dunavan, Claire Panosian and Diamond, Jared. "Origins of major human infectious diseases". *Nature* vol. 447, no. 7142. May 17, 2007. pp. 279–83. DOI: 10.1038/nature05775

Yazdanbakhsh, Maria. Kremsner, Peter G. and van Ree, Ronald. "Allergy, parasites, and the hygiene hypothesis". *Science* vol. 296, no. 5567. April 19, 2002. pp. 490-94. DOI: 10.1126/science.296.5567.490

Zhang, Qing. Zmasek, Christian M. and Godzik, Adam. "Domain architecture evolution of pattern-recognition receptors". *Immunogenetics* vol. 62, no. 5. 2010. pp. 263-72. DOI: 10.1007/s00251-010-0428-1

5장 행동면역체계의 진화

웬다 트레바탄 『여성의 진화: 몸, 생애사 그리고 건강』, 박한선 옮김, 에이도스 2017.

존 카트라이트 『진화와 인간 행동: 인간의 조건에 대한 다윈주의적 전망』, 박한선 옮김, 에이도스 2019.

Barreiro, Luis B. and Quintana-Murci, Lluís. "From evolutionary genetics to human immunology: how selection shapes host defence genes". *Nature Reviews Genetics* vol. 11, no. 1. 2010. pp. 17-30. https://doi.org/10.1038/nrg2698

Barrett, Louise and Dunbar, Robin (eds.) *The Oxford handbook of Evolutionary Psychology*. Oxford University Press 2007.

Curtis, Val. Aunger, Robert and Rabie Tamer. "Evidence that disgust evolved to protect from risk of disease". *Proceedings of the Royal Society B: Biological Sciences* vol. 271, suppl 4. May 7, 2004. S131–S133. https://doi.org/10.1098/rsbl.2003.0144

Curtis, Valerie. De Barra, Mícheál and Aunger, Robert. "Disgust as an adaptive system for disease avoidance behaviour". *Philosophical Transactions of the Royal Society B: Biological Sciences* vol. 366, no. 1563. February 12, 2011. pp. 389–401. https://doi.org/10.1098/rstb.2010.0117

Dantzer, Robert. Bluthé, Rose–Marie. Layé, Sophie et al. "Cytokines and sickness behavior". *Annals of the New York Academy of Sciences* vol. 933, no. 1. March 2001. pp. 222–34. https://doi.org/10.1111/j.1749-6632.2001.tb05827.x

De Kruif, Paul. *Men against death*. Harcourt 1932.

Duncan, Lesley A. Park, Justin H. Faulkner, Jason et al. "Adaptive allocation of attention: effects of sex and sociosexuality on visual attention to attractive opposite-sex faces". *Evolution and Human Behavior* vol. 28, no. 5. September 2007. pp. 359–64. https://doi.org/10.1016/j.evolhumbehav.2007.05.001

Eibl–Eibesfeldt, Irenaus. *The Biology of Peace and War: Men, Animals and Aggression*. Viking 1979.

Esses, Victoria M. Dovidio, John F. and Hodson, Gordon. "Public Attitudes Toward Immigration in the United States and Canada in Response to the September 11, 2001 'Attack on America'". *Analyses of Social Issues and Public Policy* (ASAP) vol. 2, no. 1. December 2002. pp. 69–85. https://doi.org/10.1111/j.1530-2415.2002.00028.x

Ewald, Paul W. "The Evolution of Virulence". *Scientific American* vol. 268, no. 4. April 1993. pp. 86–93.

Fabrega Jr., Horacio. "Earliest Phases in the Evolution of Sickness and Healing". *Medical Anthropology Quarterly* vol. 11, no. 1. March 1997. pp. 26-55. DOI: 10.1525/maq.1997.11.1.26

_____. *Origins of Psychopathology: The Phylogenetic and Cultural Basis of Mental Illness*. Rutgers University Press 2002.

Faulkner, Jason. Schaller, Mark. Park, Justin H. and Duncan, Lesley A. "Evolved Disease-Avoidance Mechanisms and Contemporary Xenophobic Attitudes". *Group Processes & Intergroup Relations* vol. 7, no. 4. 2004. pp. 333-53. https://doi.org/10.1177/1368430204046142

Fessler, Daniel M.T. Eng, Serena J. and Navarrete, C. David. "Elevated disgust sensitivity in the first trimester of pregnancy: Evidence supporting the compensatory prophylaxis hypothesis." *Evolution and Human Behavior* vol. 26, no. 4. July 2005. pp. 344-51. https://doi.org/10.1016/j.evolhumbehav.2004.12.001

Fincher, Corey L. and Thornhill, Randy. "Assortative sociality, limited dispersal, infectious disease and the genesis of the global pattern of religion diversity". *Proceedings of the Royal Society B: Biological Sciences* vol. 275, no. 1651. November 22, 2008. pp. 2587-94. https://doi.org/10.1098/rspb.2008.0688

Frank, Steven A. *Immunology and Evolution of Infectious Disease*. Princeton University Press 2002.

Gangestad, Steven W. Haselton, Martie G. and Buss, David M. "Evolutionary Foundations of Cultural Variation: Evoked Culture and Mate Preferences". *Psychological Inquiry* vol. 17, no. 2. 2006. pp. 75-95.

Goodall, Jane. "Social rejection, exclusion, and shunning among the Gombe chimpanzees". *Ethology and Sociobiology* vol. 7, no. 3-4. 1986. pp. 227-36.

https://doi.org/10.1016/0162-3095(86)90050-6

Haidt, Jonathan. "The New Synthesis in Moral Psychology". *Science* vol. 316, no. 5827. May 18, 2007. pp. 998-1002. DOI: 10.1126/science.1137651

Haidt, Jonathan. McCauley, Clark and Rozin, Paul. "Individual differences in sensitivity to disgust: A scale sampling seven domains of disgust elicitors". *Personality and Individual Differences* vol. 16, no. 5. May 1994. pp. 701-13. https://doi.org/10.1016/0191-8869(94)90212-7

Helzer, Erik G. and Pizarro, David A. "Dirty liberals! Reminders of physical cleanliness influence moral and political attitudes". *Psychological Science* vol. 22, no. 4. 2011. pp. 517-22. https://doi.org/10.1177/0956797611402514

Inhorn, Marcia C. and Brown, Peter J. "The Anthropology of Infectious Disease". *Annual Review of Anthropology* vol. 19. 1990. pp. 89-117. https://www.jstor.org/stable/2155960

Kiesecker, Joseph M. Skelly, David K. Beard, Karen H. and Preisser, Evan. "Behavioral reduction of infection risk". *PNAS* vol. 96, no. 16. August 1999. pp. 9165-68. https://doi.org/10.1073/pnas.96.16.9165

Kurzban, Robert and Leary, Mark R. "Evolutionary Origins of Stigmatization: The Functions of Social Exclusion". *Psychological Bulletin* vol. 127, no. 2. 2001. pp. 187-208. https://doi.org/10.1037/0033-2909.127.2.187

Letendre, Kenneth. Fincher, Corey L. and Thornhill, Randy. "Does infectious disease cause global variation in the frequency of intrastate armed conflict and civil war?". *Biological Reviews* vol. 85, no. 3. August 2010. pp. 669-83. https://doi.org/10.1111/j.1469-185X.2010.00133.x

Linz, Bodo. Balloux, François. Moodley, Yoshan et al. "An African origin

for the intimate association between humans and Helicobacter pylori".
Nature vol. 445, no. 7130. February 7, 2007. pp. 915 – 18. DOI: 10.1038/
nature05562

Luther, Jay. Dave, Maneesh. Higgins, Peter D.R. and Kao, John Y.
"Association between Helicobacter pylori infection and inflammatory
bowel disease: a meta-analysis and systematic review of the literature".
Inflammatory Bowel Diseases vol. 16, no. 6. June 1, 2010. pp. 1077 – 84.
https://doi.org/10.1002/ibd.21116

"Microbiology by numbers". *Nature Reviews Microbiology* vol. 9. August 12,
2011. p. 628. https://doi.org/10.1038/nrmicro2644

Murray, Damian R. "Direct and Indirect Implications of Pathogen
Prevalence for Scientific and Technological Innovation". *Journal of
Cross-Cultural Psychology* vol. 45, no. 6. 2014. pp. 971-85. https://doi.
org/10.1177/0022022114532356

Murray, Damian R. and Schaller, Mark. "Historical Prevalence of Infectious
Diseases Within 230 Geopolitical Regions: A Tool for Investigating
Origins of Culture". *Journal of Cross-Cultural Psychology* vol. 41, no. 1.
2010. pp. 99-108. https://doi.org/10.1177/0022022109349510

_____. "Threat(s) and conformity deconstructed: Perceived threat of
infectious disease and its implications for conformist attitudes and
behavior". *European Journal of Social Psychology* vol. 42, no. 2. March 2012.
pp. 180-88. https://doi.org/10.1002/ejsp.863

Murray, Damian R. Trudeau, Russell and Schaller, Mark. "On the Origins
of Cultural Differences in Conformity: Four Tests of the Pathogen
Prevalence Hypothesis". *Personality and Social Psychology Bulletin* vol. 37,
no. 3. 2011. pp. 318-29. https://doi.org/10.1177/0146167210394451

Navarette, Carlos David. Fessler, Daniel M.T. and Eng, Serena J. "Elevated ethnocentrism in the first trimester of pregnancy". *Evolution and Human Behavior* vol. 28, no. 1. January 2007. pp. 60–65. https://doi.org/10.1016/j.evolhumbehav.2006.06.002

Oaten, Megan. Stevenson, Richard J. and Case, Trevor I. "Disease avoidance as a functional basis for stigmatization". *Philosophical Transactions of the Royal Society B: Biological Sciences* vol. 366, no. 1583. December 12, 2011. pp. 3433–52. https://doi.org/10.1098/rstb.2011.0095

_____. "Disgust as a disease–avoidance mechanism". *Psychological Bulletin* vol. 135, no. 2. 2009. pp. 303–21. https://doi.org/10.1037/a0014823

Park, Justin H. Faulkner, Jason and Schaller, Mark. "Evolved Disease–Avoidance Processes and Contemporary Anti–Social Behavior: Prejudicial Attitudes and Avoidance of People with Physical Disabilities". *Journal of Nonverbal Behavior* vol. 27. 2003. pp. 65–87. https://doi.org/10.1023/A:1023910408854

Park, Justin H. Schaller, Mark and Crandallc, Christian S. "Pathogen–avoidance mechanisms and the stigmatization of obese people". *Evolution and Human Behavior* vol. 28, no. 6. November 2007. pp. 410–14. https://doi.org/10.1016/j.evolhumbehav.2007.05.008

Pounder, R.E. and Ng D. "The prevalence of Helicobacter pylori infection in different countries". *Alimentary Pharmacology & Therapeutics* vol. 9, suppl 2. 1995. pp. 33–39.

Rozin, Paul and Fallon, April E. "A perspective on disgust". *Psychological Review* vol. 94, no. 1. 1987. pp. 23–41. https://doi.org/10.1037/0033-295X.94.1.23

Rozin, Paul. Haidt, Jonathan and McCauley, Clark. *Disgust*. The Guilford

Press 2008.

Rozin, Paul. Lowery, Laura and Ebert, Rhonda. "Varieties of disgust faces and the structure of disgust". *Journal of Personality and Social Psychology* vol. 66, no. 5. 1994. pp. 870–81. https://doi.org/10.1037/0022-3514.66.5.870

Schaller, Mark and Murray, Damian R. "Pathogens, personality, and culture: disease prevalence predicts worldwide variability in sociosexuality, extraversion, and openness to experience". *Journal of Personality and Social Psychology* vol. 95, no. 1. 2008. pp. 212–21. https://doi.org/10.1037/0022-3514.95.1.212

Schaller, Mark and Neuberg, Steven. "Danger, Disease, and the Nature of Prejudice(s)". *Advances in Experimental Social Psychology* vol. 46. 2012. pp. 1–54. https://doi.org/10.1016/B978-0-12-394281-4.00001-5

Schaller, Mark and Park, Justin H. "The Behavioral Immune System (and Why It Matters)". *Current Directions in Psychological Science* vol. 20, no. 2. April 15, 2011. pp. 99–103. https://doi.org/10.1177/0963721411402596

Schaller, Mark. Park, Justin H. and Mueller, Annette. "Fear of the dark: Interactive effects of beliefs about danger and ambient darkness on ethnic stereotypes". *Personality and Social Psychology Bulletin* vol. 29, no. 5. 2003. pp. 637–49. https://doi.org/10.1177/0146167203029005008

Schulenburg, Hinrich and Müller, Sylke. "Natural variation in the response of Caenorhabditis elegans towards Bacillus thuringiensis". *Parasitology* vol. 128, no. 4. April 16, 2004. pp. 433–43. DOI: 10.1017/s003118200300461x

Sherman, Paul W. and Billing, Jennifer. "Darwinian Gastronomy: Why We Use Spices: Spices taste good because they are good for us". *BioScience* vol. 49, no. 6. June 1999. pp. 453‒63. https://doi.org/10.2307/1313553

Sicinschi, Liviu A. Correa, Pelayo. Peek Jr., Richard M. et al. "Helicobacter pylori Genotyping and Sequencing Using Paraffin-Embedded Biopsies from Residents of Colombian Areas with Contrasting Gastric Cancer Risks". *Helicobacter* vol. 13, no. 2. April 2008. pp. 135‒45. https://doi.org/10.1111/j.1523-5378.2008.00554.x

Terrizzi Jr., John A. Shook, Natalie J. and McDaniel, Michael A. "The behavioral immune system and social conservatism: A meta-analysis". *Evolution and Human Behavior* vol. 34, no. 2. March 2013. pp. 99‒108. https://doi.org/10.1016/j.evolhumbehav.2012.10.003

Thornhill, Randy. Fincher, Corey L. and Aran, Devaraj. "Parasites, democratization, and the liberalization of values across contemporary countries". *Biological Reviews* vol. 84, no. 1. February 2009. pp. 113‒31 https://doi.org/10.1111/j.1469-185X.2008.00062.x

Tybur, Joshua M. Lieberman, Debra. Kurzban, Robert and DeScioli, Peter. "Disgust: Evolved function and structure". *Psychological Review* vol. 120, no. 1. 2013. pp. 65‒84. https://doi.org/10.1037/a0030778

Virella, Gabriel (ed.) *Medical immunology*. CRC Press 2019.

Wolfe, Nathan D. Dunavan, Claire Panosian and Diamond, Jared. "Origins of major human infectious diseases". *Nature* vol. 447, no. 7142. May 17, 2007. pp. 279‒83. DOI: 10.1038/nature05775

Wu, Bao‒Pei and Chang, Lei. "The social impact of pathogen threat: How disease salience influences conformity". *Personality and Individual Differences* vol. 53, no. 1. July 2012. pp. 50‒54. https://doi.org/10.1016/j.paid.2012.02.023

Zhang, Qing. Zmasek, Christian M. and Godzik, Adam. "Domain

architecture evolution of pattern-recognition receptors". *Immunogenetics* vol. 62, no. 5. 2010. pp. 263-72. DOI: 10.1007/s00251-010-0428-1

6장 전염병과 추방, 배제의 이야기

김동리「바위」,『신동아』1936년 5월호.

데이비드 M. 버스 편『진화심리학 핸드북』, 김한영 옮김, 아카넷 2019.

로날트 D. 게르슈테『질병이 바꾼 세계의 역사: 인류를 위협한 전염병과 권력자들의 질병에 대한 기록』, 강희진 옮김, 미래의 창 2020.

소포클레스『소포클레스 비극 전집』, 천병희 옮김, 숲 2008.

예병일『세상을 바꾼 전염병: 세균과 바이러스에 맞선 인간의 생존 투쟁』, 다른 2015.

윌리엄 H. 맥닐『전염병의 세계사』, 김우영 옮김, 이산 2005.

이욱『조선시대 재난과 국가의례』, 창비 2009.

장항석『판데믹 히스토리: 질병이 바꾼 인류 문명의 역사』, 시대의창 2018.

제니퍼 라이트『세계사를 바꾼 전염병 13가지』, 이규원 옮김, 산처럼 2020.

제러미 리프킨 외 인터뷰, 안희경『오늘부터의 세계: 세계 석학 7인에게 코로나 이후 인류의 미래를 묻다』, 메디치미디어 2020.

투퀴디데스『펠로폰네소스 전쟁사』, 천병희 옮김, 숲 2011.

7장 전통에 반영된 감염병 회피 전략

국가법령정보센터, '장사 등에 관한 법률' 제2조 제3호. https://www.law.go.kr/

마빈 해리스『음식문화의 수수께끼』, 서진영 옮김, 한길사 2018.

메리 더글라스『순수와 위험: 오염과 금기 개념의 분석』, 유제분·이훈상 옮김, 현대미학사 1997.

이욱 「조선시대 사대부의 두창신(痘瘡神)에 대한 이해와 의례」, 『종교문화비평』 38호, 2020.

『조선왕조실록』 『세종실록』 56권, 세종 14년 4월 22일 경술 6번째 기사.

_____ 76권, 세종 19년 3월 8일 무술 2번째 기사.

_____ 103권, 세종 26년 3월 16일 병인 4번째 기사.

지크문트 프로이트 『종교의 기원』, 이윤기 옮김, 열린책들 1997.

Billing, Jennifer and Sherman, Paul W. "Antimicrobial Functions of Spices: Why Some Like it Hot". *The Quarterly Review of Biology* vol. 73, no. 1. March 1998. pp. 3-49. https://www.jstor.org/stable/3036683

Boyer, Pascal. *Religion Explained: The Evolutionary Origins of Religious Thought*. Basic Books 2002.

Boyer, Pascal and Liénard, Pierre. "Why ritualized behavior? Precaution Systems and action parsing in developmental, pathological and cultural rituals". *Behavioral and Brain Sciences* vol. 29, no. 6. December 2006. pp. 595-613. https://doi.org/10.1017/s0140525x06009332

Hobson, Nicholas M. Schroeder, Juliana. Risen, Jane L. et al. "The Psychology of Rituals: An Integrative Review and Process-Based Framework". *Personality and Social Psychology Review* vol. 22, no. 3. 2018. pp. 260-84. https://doi.org/10.1177/1088868317734944

McCorkle Jr., William W. *Ritualizing the disposal of the deceased: from corpse to concept*. Peter Lang 2010.

8장 병원체를 피하는 마음과 사회적 혐오

데이비드 M. 버스 편 『진화심리학 핸드북』, 김한영 옮김, 아카넷 2019.

박한선 「감염병 대응의 그림자」, 『Future Horizon +』 44호 (2020. 1호), 35~41면.

_____ 「메르스와 전염병 인류학」, 『생명윤리포럼』 4권 3호, 2015.

이광수 「'코로나 집단혐오' 한국은 신천지에, 인도는 무슬림에」, 뉴스톱 2020. 6. 18. http://www.newstof.com/news/articleView.html?idxno=10857

조너선 하이트 『바른 마음: 나의 옳음과 그들의 옳음은 왜 다른가』, 왕수민 옮김, 웅진지식하우스 2014.

존 카트라이트 『진화와 인간 행동: 인간의 조건에 대한 다윈주의적 전망』, 박한선 옮김, 에이도스 2019.

Haidt, Jonathan. "The emotional dog and its rational tail: a social intuitionist approach to moral judgment". *Psychological Review* vol. 108, no. 4. 2001. pp. 814-34. https://doi.org/10.1037/0033-295X.108.4.814

Miller, Saul L. and Maner, Jon K. "Overperceiving disease cues: The basic cognition of the behavioral immune system". *Journal of Personality and Social Psychology* vol. 102, no. 6. 2012. pp. 1198-213. https://doi.org/10.1037/a0027198

https://stopaapihate.org/

9장 전쟁 혹은 공생

김두종 「우리나라의 두창의 유행과 종두법의 실시」, 『서울대학교 논문집』 인문사회학 4, 1956, 51면, 211면.

알베르 카뮈 『페스트』, 한수민 옮김, Midnight Bookstore(심야책방) 2015.

윌리엄 H. 맥닐 『전염병의 세계사』, 김우영 옮김, 이산 2005.
이규경 『오주연문장전산고』 권11, 동국문화사 1959, 376~77면.

Baxby, Derrick. "Edward Jenner's Inquiry; a bicentenary analysis". *Vaccine* vol. 17, no. 4. February 1999. pp. 301‒307. https://doi.org/10.1016/S0264-410X(98)00207-2

Boylston, Arthur. "The origins of inoculation". *Journal of the Royal Society of Medicine* (JRSM) vol. 105, no. 7. July 2012. pp. 309‒13. https://doi.org/10.1258/jrsm.2012.12k044

Davies, Nicholas B. "Cuckoos". *Current Biology* vol. 17, no. 10. May 15, 2007. pp. R346-R348. https://doi.org/10.1016/j.cub.2007.02.033

Fenner, F. Henderson, D.A. Arita, I. et al. "The development of the global smallpox eradication programme, 1958‒1966". In *Smallpox and its eradication*. WHO 1988. pp. 365‒420.

Howard-Jones, Norman. "The scientific background of the International Sanitary Conferences, 1851‒1938". WHO 1975.

Jenner, Edward. "Observation on the natural history of the cuckoo. By Mr. Edward Jenner. In a letter to John Hunter, Esq. F. R. S". *Philosophical Transactions of the Royal Society* vol. 78. December 31, 1788. pp. 219‒37. https://doi.org/10.1098/rstl.1788.0016

Linz, Bodo. Balloux, François. Moodley, Yoshan et al. "An African origin for the intimate association between humans and Helicobacter pylori". *Nature* vol. 445, no. 7130. February 7, 2007. pp. 915‒18. DOI: 10.1038/nature05562

Luther, Jay. Dave, Maneesh. Higgins, Peter D.R. and Kao, John Y. "Association between Helicobacter pylori infection and inflammatory bowel disease: a meta-analysis and systematic review of the literature". *Inflammatory Bowel Diseases* vol. 16, no. 6. June 1, 2010. pp. 1077-84. https://doi.org/10.1002/ibd.21116

McCarthy, Michael. "A brief history of the World Health Organization". *The Lancet* vol. 360, no. 9340. October 12, 2002. pp. 1111-12. https://doi.org/10.1016/S0140-6736(02)11244-X

"Microbiology by numbers". *Nature Reviews Microbiology* vol. 9. August 12, 2011. p. 628. https://doi.org/10.1038/nrmicro2644

Pounder, R.E. and Ng D. "The prevalence of Helicobacter pylori infection in different countries". *Alimentary Pharmacology & Therapeutics* vol. 9, suppl 2. 1995. pp. 33-39.

Sicinschi, Liviu A. Correa, Pelayo. Peek Jr., Richard M. et al. "Helicobacter pylori Genotyping and Sequencing Using Paraffin-Embedded Biopsies from Residents of Colombian Areas with Contrasting Gastric Cancer Risks". *Helicobacter* vol. 13, no. 2. April 2008. pp. 135-45. https://doi.org/10.1111/j.1523-5378.2008.00554.x

ULS Digital Collections. "Guide to the Szeming Sze Papers, 1945-1988 UA.90.F14.1". University of Pittsburgh. https://digital.library.pitt.edu/islandora/object/pitt%3AUS-PPiU-ua90f141/viewer

Young, Leslie. *The everything parent's guide to vaccines: balanced, professional advice to help you make the best decision for your child.* Simon & Schuster 2009.

10장 오래된 미래

구형찬 「재앙의 고통을 바라보는 자의 예의: 쓰나미 참사, 그때 신은 어디에 있었는가」, 『공동선』 2005년 3-4월호(통권 61호).

김수련·김동은·박철현 외『포스트 코로나 사회: 팬데믹의 경험과 달라진 세계』, 글항아리 2020.

데이비드 콰먼『인수공통 모든 전염병의 열쇠』, 강병철 옮김, 꿈꿀자유 2017.

박한선「(인류와 질병) 공생 혹은 공멸…감염균의 진화」, 『동아사이언스』 2020. 2. 1. http://dongascience.donga.com/news.php?idx=33915

_____「(인류와 질병) 불과 철 같은 감염성 질환과 인간의 공진화」, 『동아사이언스』 2020. 3. 15. http://dongascience.donga.com/news. php?idx=35114

_____「감염병과 인류, 그리고 진화」, 『황해문화』 2020년 여름호(통권 107호).

앤드류 니키포룩『대혼란: 유전자 스와핑과 바이러스 섹스』, 이희수 옮김, 알마 2010.

_____『바이러스 대습격: 인간이 초래한 새로운 대유행병의 시대』, 이희수 옮김, 알마 2015.

윌리엄 H. 맥닐『전염병과 인류의 역사』, 허정 옮김, 한울 2008.

이진구「근대 한국사회의 종교자유 담론: 양심의 자유와 종교집단의 자유」, 『종교문화비평』 1권, 2002, 50~79면.

『조선왕조실록』『인조실록』 5권, 인조 2년(4월 29일) 임자 1번째 기사.

제임스 C. 스콧『농경의 배신: 길들이기, 정착생활, 국가의 기원에 관한 대항서사』, 전경훈 옮김, 책과함께 2019.

폴 W. 이월드『전염성 질병의 진화』, 이성호 옮김, 아카넷 2014.

한국종교문화연구소『우리에게 종교란 무엇인가: 청년을 위한 종교인문학 특강』, 이진구 엮음, 들녘 2016.

Adebayo, Bukola. Mahvunga, Columbus. S. and McKenzie, David. "Zimbabwe shuts down social media as UN slams military crackdown". *CNN*. January 19, 2019. https://edition.cnn.com/2019/01/18/africa/zimbabwe-army-brutality-allegations/index.html. Accessed October 14, 2019.

Boyer, Pascal. *Religion Explained: The Evolutionary Origins of Religious Thought*. Basic Books 2002.

Broniatowski, David A. Jamison, Amelia M. Qi, SiHua et al. "Weaponized Health Communication: Twitter Bots and Russian Trolls Amplify the Vaccine Debate". *American Journal of Public Health* (AJPH) vol. 108, no. 10. October 2018. pp. 1378-84

Fidler, David P. "Disinformation and Disease: Social Media and the Ebola Epidemic in the Democratic Republic of the Congo". Council on Foreign Relations blog post. August 20, 2019. https://www.cfr.org/blog/disinformation-and-disease-social-media-and-ebola-epidemic-democratic-republic-congo. Accessed October 14, 2019.

Foundation center and the council on foundations. "The State of Global Giving by U.S. Foundations: 2011-2015". 2018. https://www.issuelab.org/resources/31306/31306.pdf. Accessed October 14, 2019.

Funke, Daniel and Flamini, Daniela. "A guide to anti-misinformation actions around the world". *Poynter*. 2019. https://www.poynter.org/ifcn/anti-misinformation-actions/. Accessed August 26, 2019.

Harvey, Del and Gasca, David. "Serving healthy conversation". Twitter blog. May 15, 2018. https://blog.twitter.com/en_us/topics/product/2018/Serving_Healthy_Conversation.html. Accessed October 14, 2019.

Hayden, Sally. "How misinformation is making it almost impossible to contain the Ebola outbreak in DRC". *Time*. June 20, 2019. https://time.com/5609718/rumors-spread-ebola-drc/. Accessed October 14, 2019.

Huber, Caroline. Finelli, Lyn and Stevens, Warren. "The Economic and Social Burden of the 2014 Ebola Outbreak in West Africa". *The Journal of Infectious Diseases* vol. 218, suppl 5. December 2018. pp. S698–S704. https://doi.org/10.1093/infdis/jiy213

Inhorn, Marcia C. and Brown, Peter J. "The Anthropology of Infectious Disease". *Annual Review of Anthropology* vol. 19. 1990. pp. 89-117. https://www.jstor.org/stable/2155960

International Development Association. "Crisis Response Window". 2019. http://ida.worldbank.org/financing/crisis-response-window. Accessed October 14, 2019.

International Development Association. "IDA18 Mid-Term Review— Crisis Response Window: Review of Implementation". October 24, 2018. http://documents1.worldbank.org/curated/en/537601542812085820/pdf/ida18-mtr-crw-stocktake-10252018-636762749768484873.pdf. Accessed October 14, 2019.

International Monetary Fund. "IMF lending". February 25, 2019. https://www.imf.org/en/About/Factsheets/IMF-Lending. Accessed October 14, 2019.

International Monetary Fund. "Where the IMF gets its money". March 8, 2019. https://www.imf.org/en/About/Factsheets/Where-the-IMF-Gets-Its-Money. Accessed October 14, 2019.

Matsakis, Louise. "Facebook cracks down on networks of fake pages and groups". *WIRED*. January 23, 2019. https://www.wired.com/story/facebook-pages-misinformation-networks/. Accessed October 14, 2019.

McCarthy, Niall. "Infographic: the countries shutting down the internet the most". *Statista*. August 29, 2018. https://www.statista.com/chart/15250/ the-number-of- internet-shutdowns-by-country/. Accessed October 14, 2019.

Mitchell, Amy. Simmons, Katie. Matsa, Katerina E. and Silver, Laura. "3. People in poorer countries just as likely to use social media for news as those in wealthier countries". *Global Attitudes & Trends* (Pew Research Center's). January 11, 2018. https://www.pewresearch.org/ global/2018/01/11/people-in-poorer-countries-just-as-likely-to-use- social-media-for-news-as-those-in-wealthier-countries/. Accessed October 14, 2019.

Shearer, Elisa. "Social media outpaces print newspapers in the U.S. as a news source". *FACTANK* (Pew Research Center's). December 10, 2018. https:// www.pewresearch.org/fact-tank/2018/12/10/social-media-outpaces- print-newspapers-in-the-u-s-as-a-news-source/. Accessed October 14, 2019.

Statista Infographics. "Most famous social network sites worldwide as of July 2019, ranked by number of active users (in millions)". *Statista*. https:// www.statista.com/statistics/272014/global-social-networks- ranked-by- number-of-users/. Accessed October 14, 2019.

Stearns, Stephen C. and Koella, Jacob C. *Evolution in Health and Disease* (2nd edition). Oxford University Press 2008.

The Pathology Guy. "Rudolf Virchow on Pathology Education". http://www. pathguy.com/virchow.htm.

Trevathan, Wenda R. *Evolutionary Medicine*. Edited by Wenda R. Trevathan, Euclid O. Smith and James J. McKenna. Oxford University Press 1999.

Virchow, Rudolf Carl. "Report on the typhus epidemic in Upper Silesia". *AJPH* vol. 96, no. 12. December 2006. pp. 2102-105. DOI: 10.2105/ajph.96.12.2102

Wikipedia. "List of development aid country donors". Updated August 12, 2019. https://en.wikipedia.org/wiki/List_of_development_aid_country_donors. Accessed October 14, 2019.

Wikipedia. "List of wealthiest charitable foundations". Updated September 27, 2019. https://en.wikipedia.org/wiki/List_of_wealthiest_charitable_foundations. Accessed October 14, 2019.

Wolfe, Nathan D. Dunavan, Claire Panosian and Diamond, Jared. "Origins of major human infectious diseases". *Nature* vol. 447, no. 7142. May 17, 2007. pp. 279–83. DOI: 10.1038/nature05775

World Bank. "International Bank for Reconstruction and Development". Prospectus supplement. dated June 28, 2017. http://pubdocs.worldbank.org/en/882831509568634367/PEF-Final-Prospectus-PEF.pdf. Accessed October 14, 2019.

World Bank. "Pandemic Emergency Financing Facility". Updated May 7, 2019. https://www.worldbank.org/en/topic/pandemics/brief/pandemic-emergency-financing- facility. Accessed October 14, 2019.

http://www.centerforhealthsecurity.org/event201.

찾아보기